瓜类病虫害快速鉴别与防治妙招

GUALEI BINGCHONGHAI
KUAISU JIANBIE YU FANGZHI
MIAOZHAO

王天元　鲍继胜　肖希田　编

化学工业出版社
·北京·

图书在版编目（CIP）数据

瓜类病虫害快速鉴别与防治妙招/王天元，鲍继胜，肖希田编．—北京：化学工业出版社，2024.3

ISBN 978-7-122-45064-7

Ⅰ.①瓜… Ⅱ.①王… ②鲍… ③肖… Ⅲ.①瓜类蔬菜-病虫害防治 Ⅳ.①S436.42

中国国家版本馆CIP数据核字（2024）第034427号

责任编辑：邵桂林　　文字编辑：李娇娇
责任校对：宋　夏　　装帧设计：韩　飞

出版发行：化学工业出版社
（北京市东城区青年湖南街13号　邮政编码100011）
印　　装：北京缤索印刷有限公司
850mm×1168mm　1/32　印张8½　字数236千字
2024年6月北京第1版第1次印刷

购书咨询：010-64518888　　售后服务：010-64518899
网　　址：http://www.cip.com.cn
凡购买本书，如有缺损质量问题，本社销售中心负责调换。

定　　价：59.80元

蔬菜生产是农业生产的重要组成部分。由于种植蔬菜效益比较高，因而蔬菜市场需求旺盛，种植规模持续扩大。蔬菜生长期短，安全生产问题受到高度重视和关注。蔬菜发生病虫害是不可避免的，病虫害防治是蔬菜生产的重要保障。只有正确识别、了解病虫害的发生规律、传播途径，才能做到对症下药，进行及时预防和控制。在病虫害防治上，过去长期单一依赖化学药剂防治，导致病虫害产生抗药性，且天敌数量严重减少，部分物种甚至灭绝，农药残留问题也愈发严重。既要减少化学药剂的污染，同时又能保证蔬菜丰产、稳产、高效，已成为蔬菜生产的重要目标。因此，应正确合理使用低毒低残留、无公害农药，按照科学的使用方法，科学有效地防治蔬菜病虫害，要充分利用整个农业的生态系统，应用综合防治方法，采取可持续治理的策略，安全、经济、有效地控制病虫害发生，减少生产损失，提高蔬菜产品的质量。

为了适应蔬菜生产的需求，结合各地蔬菜生产及实践经验，紧密围绕无公害蔬菜生产需要，针对瓜类蔬菜生产上可能遇到的病虫害，包括不断出现的新病虫害，编写了本书。主要介绍了黄瓜、西葫芦、冬瓜、苦瓜和丝瓜病虫害为害症状、快速鉴别方法、病害病原及发病规律、虫害生活习性及发生规律、虫害形态特征及病虫害的综合防治方法。内容详尽、科学实用、通俗易懂、图文并茂，彩图与文字相配合，便于更准确快速地鉴别病虫害，做到有效防治。书中设计了“提示”和“注意”等小栏目，方便读者阅读。内容具科学性、实用性和可操作性，适合广大蔬菜生产者学习应用，可作为各地家庭农场、蔬菜基地、农家书屋、农业技术服务部门的参考图书，也可供基层农业技术人员和农业院校相关专业师生学习参考。本书贴近农业生产、贴近农村生活、符合菜农需求，可用于指导现代蔬菜生产，帮助尽快实现农村致富、农业增产、农民增收。

尽管编者从主观上力图将理论与实践、经验与创新、当前与长远充分结合起来写好此书，但由于水平有限，疏漏之处在所难免，敬请广大读者批评指正，以便进一步修改和完善。

编　者

第一章 黄瓜病虫害快速鉴别与防治 / 1

第一节 黄瓜主要侵染性病害快速鉴别与防治 / 1

第二节 黄瓜主要非侵染性病害快速鉴别与防治 / 73

第三节　黄瓜主要病虫害快速鉴别与防治 / 128

第二章　西葫芦病虫害快速鉴别与防治 / 151

第三章　冬瓜病虫害快速鉴别与防治 / 184

第四章　苦瓜病虫害快速鉴别与防治 / 220

第五章　丝瓜病虫害快速鉴别与防治 / 254

参考文献 / 263

第一章 黄瓜病虫害快速鉴别与防治

第一节 黄瓜主要侵染性病害快速鉴别与防治

一、黄瓜霜霉病

黄瓜霜霉病也叫跑马干、干叶子、黑毛、火石病等，是黄瓜栽培中发生最普遍、为害最严重的病害之一。病情来势凶猛，传播扩展快，植株发病重。一般受害地块黄瓜可减产20% ～ 30%，严重流行时损失可达50% ～ 60%，甚至造成绝收。

1.症状及快速鉴别

苗期、成株期都可发病受害，主要为害叶片和茎，卷须及花梗受害较少。

（1）苗期　刚展开的子叶极易感病。发病初期子叶出现褪绿色斑，逐渐呈黄色不规则形斑，扩大后为黄褐色。潮湿条件下子叶背面开始出现白色霜霉状物，后霜霉状物变为黑色。随着病情发展，子叶很快变黄、枯干（图1-1 ～图1-4）。

（2）成株期　叶片染病，初为浅绿色水浸状病斑，早晨更为明显。病斑的扩展受叶脉限制，因此病斑扩大后呈“多角形”；颜色变为黄绿、黄色，最后为褐色。病健交界处不明显，呈黄绿色。潮湿条件下叶片背面病斑上长出灰黑色霉层，即为孢囊梗和孢子囊。抗病强的品种病斑少而小，为褐色多角形，叶背霉层稀疏。短时间内可多次再侵染，后期病斑汇合连片，导致全叶干枯，由叶缘向上卷缩。严重时全株叶片枯死，枯干早落（图1-5 ～图1-9）。

图1-1　子叶褪绿

图1-2　黄色不规则形斑

图1-3　子叶背面霜霉状物

图1-4　子叶变黄枯干

图1-5　浅绿色水浸状病斑

图1-6　叶背灰黑色霉层

图1-7　褐色多角形病斑

图1-8　叶缘向上卷缩

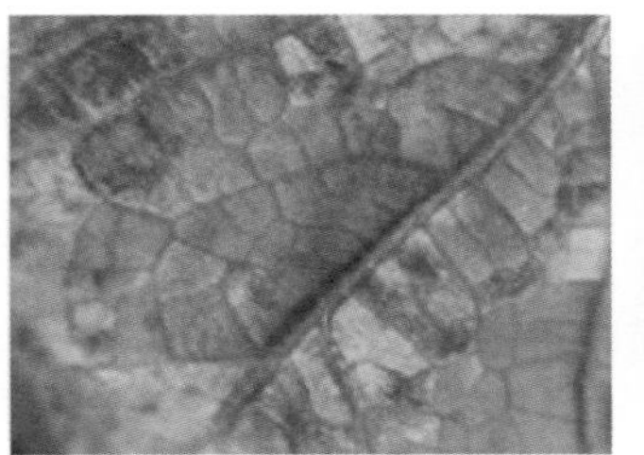

图1–9　叶片枯死

可从水浸状、褐色多角形病斑，后期全叶病斑汇合连片干枯等特征进行鉴别（图1-10）。

图1–10　黄瓜霜霉病特征

2.病原及发病规律

病原为假霜霉属古巴假霜霉菌，属鞭毛菌亚门真菌。

病菌在保护地内越冬，种子不带菌。翌年春季开始传播，病菌的孢子囊夏季靠气流和雨水传播，主要靠气流传播，南方也可随季风传播，从叶片气孔侵入。在温室中人们的生产活动是霜霉病的主要传染源。在北方，病菌从温室传到大棚，又传到春季露地黄瓜上，再传到秋季露地黄瓜上，最后又传回到温室黄瓜上。

霜霉病的发生与植株周围的温湿度环境关系非常密切。发病适宜温度为16～24℃，低于10℃或高于28℃较难发病，低于5℃或高于30℃基本不发病。适宜的发病湿度为85%以上，特别在叶片有水膜时最易受侵染发病。湿度低于70%病菌孢子难以发芽侵染，低于60%病菌孢子不能产生。萌发侵染需要结露条件，一般只要3小时。蔓延速度很快，给防治带来困难，因此该病也被称作“跑马干”（“跑马干”意思是跑马转一圈，好端端的瓜秧就干枯了）。一旦有了中心病株，只需3～4次的扩大再侵染，稍一耽搁即可酿成大灾。因此防治的关键是尽早发现中心病株或病区。

3. 防治妙招

防治黄瓜霜霉病，必须认真执行“预防为主、综合防治”的植保方针，在全面做好节能温室蔬菜无公害病虫害综合防治的各项措施基础上，着重抓好生态防治和药剂防治。

（1）选用抗病品种 可选择津研1号、津研2号、津研3号、津研4号和津研6号，津杂1号和津杂2号，唐山秋瓜，石家庄秋瓜，北京截头瓜，丹东刺瓜等黄瓜优良品种。

（2）加强栽培管理 培育无病壮苗，育苗地与生产地隔离。注意实行轮作。定植时严格淘汰病苗。露地栽培时选择地势较高、离大棚较远、排水良好的地块种植。适当稀植，与一些矮生蔬菜间作套种，以利于通风透光。采用高畦栽培。浇小水，严禁大水漫灌，雨天注意防漏，有条件的地区采用滴灌技术，可较好地控制病害。增施优质的有机肥作基肥，注意氮、磷、钾肥合理搭配。发病初期适当控制浇水，注意增强通风降低空气湿度。收获后彻底清除病株及病残落叶，并带出棚，于室外集中妥善处理。

（3）生态防治 改变耕作方法，改善生态环境。实行地膜覆盖，减少土壤水分蒸发，降低空气湿度，还可提高地温。进行膜下暗灌，在晴天上午浇水，严禁阴雨天浇水，防止湿度过大，叶片结露。浇水后及时排除湿气，防止夜间叶面结露。

保护地调控好温室内的温湿度，利用温室封闭的特点，创造一个高温、低湿的生态环境条件，控制霜霉病的发生与发展。白天上午棚温控制在28～30℃，不超过35℃，湿度控制在60%～70%。太阳出来后，棚温28℃时开始通风，超过32℃加大通风量。下午棚内温度降到20～25℃，湿度降到60%，此时虽然温度适合侵染，但湿度不适合。夜间棚温缓慢降至13℃避免水膜形成。棚温降至20℃时开始闭棚。棚温降至10℃时放1小时夜风，通风排湿，降低室内空气湿度，避免结露和水膜，使环境条件不利于黄瓜霜霉病孢子囊的形成和萌发侵染。

（4）药剂防治

① 烟剂　可用45%百菌清烟剂200～250克/667平方米，分放在棚内4～5处，晚上临近闭棚时点燃熏烟，后闷棚熏1夜，第二天早晨开棚通风放烟，5～7天熏1次。

② 喷药　发病前可喷洒70%丙森锌可湿性粉剂500～600倍液，或25%嘧菌酯悬浮剂1500倍液，进行有效预防。

发现中心病株后可用甲霜·锰锌（瑞毒霉）500～600倍液，或乙霉威（万霉灵）500～600倍液，或40%克霜氰500～600倍液，或68%精甲霜灵·锰锌水分散粒剂500～600倍液，或50%氟吗·乙铝可湿性粉剂600倍液，或64%噁霉灵·代森锰锌超微可湿性粉剂600倍液，52.5%噁唑菌酮·霜脲水分散粒剂1500～1800倍液，也可用嘧菌酯（阿米西达）、烯酰吗啉、氟吗啉等新型药剂进行喷雾。

提示　喷药时要均匀周到细致，叶片正、背面均匀喷洒，重点是病叶的叶背霉层。此外，对上部健康叶片也要进行喷药保护。

（5）高温闷棚　控制温湿度，使其不利于病菌生长发育，从而降低病情的发展，这是有效防治黄瓜霜霉病的无公害技术。

当棚内病害已经普遍发生蔓延时，用化学药剂难以控制，可采用高温灭菌处理，具体做法：在晴天的清晨先通风浇水、落秧，使瓜秧生长点处于同一高度，10:00时关闭通风口封闭棚室进行升温。从顶风口均匀分散吊放2～3个温度计，吊放高度与生长点相同，注意观察温度，达到44℃时开始记录时间。晴天上午闭棚升温至44～48℃

维持2小时后逐渐适当通风，使温度缓慢降至28～32℃。视病情为害程度重复或不重复闷棚，每隔7天进行1次，2～3次后可较彻底地杀灭黄瓜霜霉病菌与孢子囊，能基本控制病情的发展。闷棚的前1天要少量浇水，增加湿度。

注意　严格控制高温范围不要超过48℃。过高不利于植株生长，过低杀菌效果不好。

二、黄瓜叶斑病

黄瓜叶斑病也叫黄瓜白斑病、白星病。

1.症状及快速鉴别

主要为害叶片。多发生在生长后期。

叶片感病后，初生白色、大型水浸状湿润斑点。后逐渐扩大，变为黄白色至灰白色或黄褐色斑，中部色较浅，后逐渐干枯，四周有浅绿色水渍状晕环，大小0.5～12毫米，圆形至不规则形，病斑边缘明显或不很明显，边缘紫色至深褐色。后期病斑中间呈薄纸状，浅黄色，易破碎。湿度大时病部表面生出灰色霉层。病斑上可见数量不多、不大明显的小黑粒点，即病菌的分生孢子器。严重时全叶变黄，枯死（图1-11）。

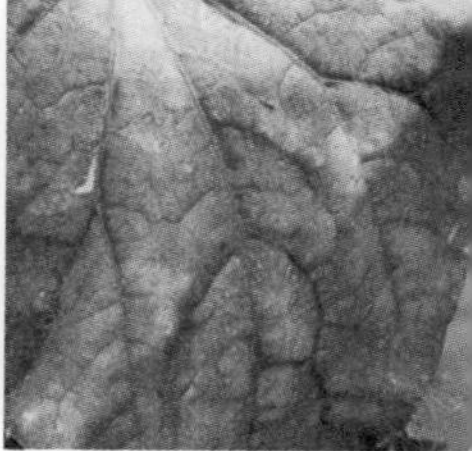

图1–11　黄瓜叶斑病

2.病原及发病规律

病原为瓜类尾孢菌，属半知菌亚门真菌。

病菌以菌丝体或分生孢子器在病残体及种子上越冬。翌年春季产生分生孢子，遇到适宜条件分生孢子萌发，借气流及雨水传播，从气孔或伤口侵入进行初侵染。经过7～10天发病后产生新的分生孢子进行再侵染，之后病情扩展。病菌喜高温、高湿条件，发病适温25～28℃。相对湿度高于85%的棚室易发病，尤其是生长后期发病重。多雨季节易发生和流行。

3.防治妙招

（1）选用无病种子　播种前种子可用55℃温水恒温浸种15～20分钟，之后再进行播种。

（2）合理轮作　实行与非瓜类蔬菜2年以上轮作。覆盖地膜可减少初侵染。

（3）科学施肥　增施充分腐熟的优质有机肥，采用配方施肥技术。每667平方米施多元素复合液肥400毫升，兑水稀释500倍液喷洒叶面，可增强抗病性。

（4）合理灌溉　适时适量浇水，雨后及时排水。必要时去除下部叶片，增加通透性。

（5）药剂防治　发病初期开始喷洒40%百菌清悬浮剂500倍液，或70%代森锰锌可湿性粉剂500倍液，或50%甲基硫菌灵1000倍液，或50%多霉威（多菌灵+万霉灵）可湿性粉剂1000倍液，或50%苯菌灵可湿性粉剂1500倍液，或60%多菌灵（防霉宝）超微可湿性粉剂800倍液，或50%多•硫悬浮剂600倍液。每667平方米喷兑好的药液50升，约隔10天喷1次，连喷2～3次。采收前5天停止用药。

保护地可用45%百菌清烟剂熏烟，每667平方米每次200～250克；或喷撒5%百菌清粉尘剂，每667平方米每次1千克。隔7～9天1次，视病情为害程度防治1～2次。

三、黄瓜叶枯病

1.症状及快速鉴别

主要为害叶片。发病叶片呈褐色，有圆形或近圆形病斑，周缘有的有黄色晕圈，斑面长出灰褐色或黑褐色霉状物，即分生孢子及分生孢子梗。严重时病叶枯死。

幼叶症状不明显，成熟叶片叶面出现黄化区，出现畸形水浸状褪绿斑，逐渐扩大呈近圆形或多角形褐斑，直径1～2毫米，周围有褪绿色晕圈。病叶背面在清晨或阴天极易出现小段明脉（图1-12）。

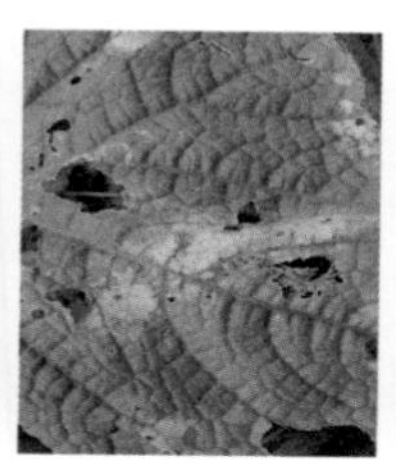

图1-12　黄瓜叶枯病

2. 病原及发病规律

病原为瓜链格孢，属半知菌亚门真菌。

病原菌主要以菌丝体在带病种子或随病株残余组织遗留在田间土中越冬，也可由上年发病棚的旧塑料薄膜带菌越冬。翌年春季产生分生孢子，在环境条件适宜时病原菌从叶缘水孔等自然孔口侵入，雨水反溅是植物病菌最主要的传染途径。随后在病叶上产生分生孢子进行再侵染。也可通过昆虫、气流、农事操作等传播蔓延和重复侵染。播种带菌种子发芽后，直接侵入子叶产生病斑，引起幼苗发病。

病菌喜低温、高湿的环境。适宜发病的温度范围为3～30℃，最适发病环境温度为8～20℃，相对湿度95%以上。发病最适生育期在苗期至成株期。发病潜育期为7～15天。病害只在保护地内发生，通常只在早春低温期发病，当棚室温度超过25℃时病害即受到抑制。棚内夜间饱和湿度在7小时以上时，植株表面结露时间越长水浸状病斑出现越多。黄瓜叶面吐水也为病菌侵入蔓延提供了有利条件。植株衰弱，田间渍水、湿度大，易发病。

3. 防治妙招

（1）留种与种子处理　从无病留种株上采收种子，选用无病种子。引进的种子播种前可用50～55℃温汤浸种20分钟进行催芽播种。

（2）加强田间管理　保护地栽培棚内及时清理水沟，防止雨后积水，雨后及时排水，适时通风换气。株行间注意通风透光。施足底肥，采取轻浇勤浇的措施，浇水施肥在晴天的上午进行并及时开棚通风降湿。

（3）茬口轮作　提倡与非瓜类实行2～3年轮作，减少田间病菌来源。

（4）清洁田园　在病害盛发期及时摘除病老叶。收获后清洁田园，清除病残体，并带出田外集中深埋或烧毁。深翻土壤加速病残体的腐烂分解。

（5）药剂防治　可用速净70～100毫升+大蒜油15毫升+叶面肥（沃丰素）25毫升+有机硅5克兑水15千克喷雾，每3天喷施1次，连喷2～3次。病害得到控制后改为预防。

也可喷洒80%代森锰锌（喷克）可湿性粉剂600～800倍液，或75%百菌清可湿性粉剂600倍液，或50%多菌灵可湿性粉剂800倍液。每约10天喷1次，共喷2～3次。

四、黄瓜绿斑花叶病

黄瓜绿斑花叶病也叫黄瓜绿斑驳花叶病毒病。

1. 症状及快速鉴别

主要为害叶片。与普通花叶病毒类似。分绿斑花叶型和黄斑花叶型两种。

（1）绿斑花叶型　苗期染病，幼苗顶尖部的2～3片叶片出现亮绿或暗绿色斑驳，叶片较平，产生暗绿色斑驳的病部隆起。新叶浓绿，后期叶片变小，植株矮化，叶片斑驳扭曲，呈系统性传染。

瓜条染病，出现浓绿色花斑，有的也产生瘤状物，果实成为畸形瓜，影响商品价值。

（2）黄斑花叶型　叶片上产生淡黄色星状泡斑，老叶近白色。植株生长发育缓慢，叶片出现不规则的褪色，或出现淡黄色花叶，绿色部位突出表面，叶面凹凸不平，叶缘上卷，后出现浓绿凹凸斑。随着叶片老化症状减轻。

瓜条黄化或变白，并产生墨绿色水泡状的坏死斑（图1-13）。

图1–13　黄瓜绿斑花叶病

2.病原及发病规律

病原为黄瓜绿斑驳花叶病毒。

主要通过种子和接触（汁液摩擦接触或农事操作）传播，也可通过土壤传播。体外可存活数月至1年，种子和土壤传毒遇到适宜的条件即可进行初侵染。种皮上的病毒可传到子叶上，21天后导致幼嫩叶片显现病症。此外病毒很容易通过手、刀、衣物及病株污染的地块借风雨或农事操作传毒，进行多次再侵染。

田间遇有暴风雨造成植株互相碰撞及枝叶摩擦，或锄地时造成伤根，都是侵染的重要途径。田间或棚室高温发病重。

3.防治妙招

（1）农业防治　可用中农7号、中农8号、春秋绿、津春4号等抗病品种。建立无病留种田，施用无病毒的有机肥，培育壮苗。农事操作时应小心，及时拔除病株，采种要注意清洁，防止种子带毒。如果病毒已经大面积发生要适时换茬。

（2）种子消毒　播种前种子可经70℃处理72小时杀死毒源。也可用10%磷酸三钠浸种20分钟后，用清水冲洗2～3次晾干备用，或催芽播种。

（3）加强管理　农事操作时避免相互摩擦、伤根等。打杈、绑蔓、授粉、采收等农事操作注意减少植株碰撞。中耕时浇水要适时适量，防止土壤过干。

（4）清园灭菌　苗期发现疑似病毒症状的立即拔除。周围植株要隔离观察，并喷洒病毒A预防。

（5）药剂防治　发病初期可喷5%菌毒清可湿性粉剂300倍液，或0.5%菇类蛋白多糖（抗毒剂1号）水剂250～300倍液，或7.5%克毒灵水剂700～800倍液，或30%盐酸吗啉胍·铜可湿性粉剂500倍液，或植物病毒钝化剂912，每667平方米用75克药剂加1千克开水浸泡12小时，兑水15千克喷洒。

此外可喷高锰酸钾1000倍液，或硫酸锌1500倍液，也有一定的防治效果。

五、黄瓜绿粉病

1.症状及快速鉴别

发病初期，叶片正、背面出现不规则形黄色小粉团，常从叶正面的叶脉处发生。后扩大覆盖全叶，呈黄绿色丝绒状粉层。病叶叶脉多皱缩变形，叶肉较粗糙。严重时叶柄、卷须、残花、瓜蔓均会受害，覆盖一层绿粉。病害先从基部叶片发生，后向上扩展，严重时可扩展至全株，影响黄瓜正常开花结果，使产量明显减少（图1-14）。

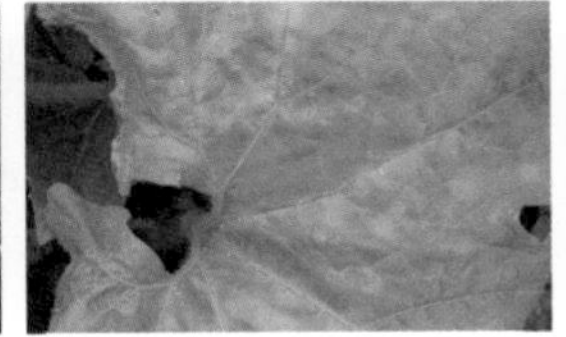
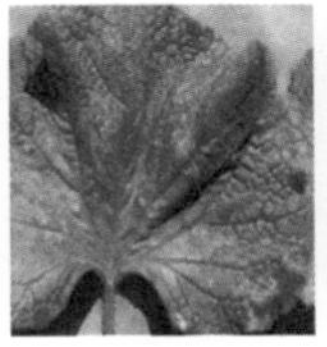

图1-14　黄瓜绿粉病

2.病原及发病规律

病原为一种集球藻，属绿藻门卵囊藻科。

每年1～3月发病。病害发生与大棚内湿度关系密切，每日棚室中相对湿度不低于80%，或相对湿度达100%，持续12小时以上藻孢生长旺盛。当中午有1小时以上相对湿度低于70%时藻孢的发育受到抑制。栽植过密或浇水过多，湿气滞留时间长，发病重。

3. 防治妙招

（1）竹竿等架材可能带菌，注意灭菌消毒。

（2）1～3月注意通风散湿，防止高湿持续时间过长，是预防病害发生的重要措施。减少浇水次数，加强通风排湿，使棚内空气相对湿度不超过80%。

（3）在增加光照强度的同时，叶面可喷洒10%苯醚甲环唑（世高）水分散粒剂2000倍液。

六、黄瓜细菌性角斑病

1. 症状及快速鉴别

幼苗期和成株期均可受害，但以成株期叶片受害为主。主要为害叶片，偶尔发生在叶柄、卷须和果实上，有时也侵染茎蔓。

（1）子叶　初呈水浸状、浅绿色、近圆形凹陷小病斑，后微带黄褐色，干枯透明。

（2）成株期叶片　初为淡绿色针尖大小水浸状斑。后扩大逐渐变为淡褐色，病斑扩大受叶脉限制呈多角形，呈灰褐或黄褐色，后期病斑呈灰白色。湿度大时叶背溢出乳白色浑浊水珠状菌脓，蒸发变干后形成一层白色粉末状物质，或留下一层白膜。后期干燥时病部开裂，病斑中央干枯脱落穿孔。

（3）茎、叶柄、卷须　发病部位开始形成稍凹陷、呈油渍状的暗绿色小病斑，侵染点水浸状，近圆形。后呈淡灰色，沿茎沟纵向扩展呈短条状。湿度大时可见分泌白色菌脓，后期呈水浸状腐烂，有臭味。严重时纵向开裂，病斑中央常产生裂纹，变褐干枯，表层残留白痕。

（4）瓜条　出现水浸状小斑点，扩展后从淡褐色变为灰白色病斑，形成溃疡和裂口，不规则或连片。湿度大时病部溢出大量污白色菌脓。条件适宜病斑向表皮下扩展并沿维管束逐渐变褐色，并侵入至种子，导致种子带菌。幼瓜条感病后腐烂脱落。大瓜条感病后，严重时出现裂口或腐烂发臭。常伴有软腐病菌侵染，呈黄褐色水渍状腐烂（图1-15）。

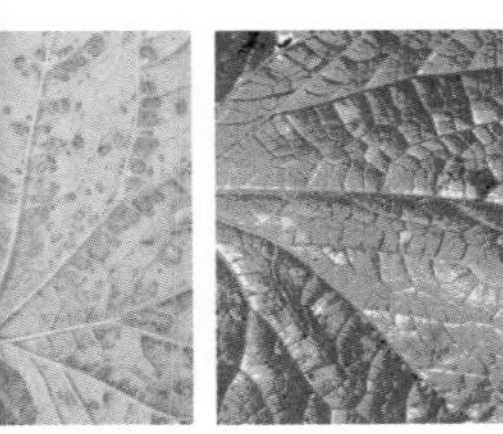

图1–15　黄瓜细菌性角斑病

2.病原及发病规律

病原为丁香假单胞杆菌黄瓜角斑致病型变种，属细菌。

病原细菌主要潜伏在种子内、外或随病残体残留在土壤中越冬。种子上的病菌在种皮和种子内部可存活1～2年，为翌年初侵染源。主要以种子带菌作远距离传播，也可随病残体遗留在土壤中作为初侵染源。土壤中的病菌通过灌水、风雨、气流、昆虫及农事作业在田间传播蔓延。病菌由叶片或瓜条的气孔、伤口、水孔侵入。带病种子播种发芽后病菌即可侵入，直接侵染子叶。病菌在细胞间繁殖，经7～10天潜育出现病斑，潮湿时产生菌脓。

发病适宜温度18～28℃，相对湿度85%以上，湿度愈大病害愈重。在塑料棚室低温、高湿、结露时间长有利于发病，易造成流行。暴风雨过后病害易流行。地势低洼，排水不良，重茬连作地，氮肥过多，偏施氮肥，钾肥不足，有机肥缺乏，病害均较重。种植过密的地块植株长势差，贪青徒长发病重。光照不足或长时间阴雨有利于病菌的扩展与蔓延。叶面结露或叶缘吐水发病快。另外棚室前缘及棚内低凹和有水滴处往往形成发病中心，连阴雨天往往造成较高的发病率。最易感病生育期为开花坐果期至采收盛期。如果昼夜温差大，结露时间长，发病重。

3.防治妙招

（1）农业防治

① 选用抗病品种　可因地制宜地选用津春1号、津早3号、津优30号、津研2号、津研6号、中农5号、中农13号、夏青、黑油条、龙杂黄5号等抗病性强的品种。

② 选无病种　加强黄瓜制种基地的无病生产，选无病田中的健康瓜留种。

③ 种子消毒　播种前种子进行70℃恒温干热灭菌72小时（种子含水量须在10%以下）。或用50～55℃的温水浸种15～20分钟。捞出后立即投入冷水中，浸种降温2～4小时再催芽播种。或用40%福尔马林150倍液浸种1.5小时，清水洗净后催芽播种。或用农用链霉素200毫克/千克浸种30分钟。或用50%代森铵水剂500倍液浸种1小时。或用新植霉素200毫克/千克浸种1小时，沥去药水，再用清水浸3小时。或用次氯酸钙300倍液浸种30～60分钟。或用72%农用硫酸链霉素可溶粉剂1000～1500倍液浸种2小时，取出冲洗干净晾干催芽后，再进行播种。

④ 培育无病壮苗，用无病土苗床育苗　最好是采用无菌土营养钵育苗。注意适时防风，降低棚室温度，增加光照。

⑤ 加强田间管理　培育无病种苗，用新的无病土育苗。深沟窄畦栽培，三沟（三沟指畦沟、腰沟和围沟，深度分别为20～25cm、30cm、40cm）配套，增强雨季防涝排渍能力。施足基肥，增施磷、钾肥，防止氮肥施用过多，增强植株抗病性。露地黄瓜推广避雨栽培，平整土地，完善排灌设施，采用高垄覆膜栽培。保护地黄瓜开花结瓜前少浇水、勤中耕、适时放风，多通风，降低棚内湿度，减少结露和滴水。发病后控制浇水，促进根系发育，增强抗病能力。收获结束后及时清除病残叶等病株残体，翻晒土壤。同时可叶面喷施0.3%的磷酸二氢钾，提高黄瓜抗病能力。增施充分腐熟的有机肥，发病后控制灌水，促进根生长发育。清除病残体，及时翻晒土壤。深翻土地，清洁菜园，均有利于控制病害的发生。

围绕以控制温度、降低湿度为中心，注意通风。要求黄瓜叶面不结露，或结露时间缩短。

⑥ 注意适当轮作　与非瓜类作物2～3年以上轮作。

（2）药剂防治

① 预防　可用氟硅唑30毫升兑水15千克，进行全株均匀喷施。隔3天后再喷第2次效果更佳。以后7天用药1次。也可用2%春雷霉

素500倍液喷雾。

提示 细菌性角斑病和霜霉病同时发生时，注意所用农药的安全间隔期。

② 治疗 可用氟硅唑50毫升+咪鲜胺40毫升+有机硅5毫升，兑水15千克。发病前期应用也可兼治霜霉病。每隔7～10天喷1次，连续喷3～4次。

提示 喷药须仔细地喷到叶片正面和背面，可以提高防治效果。

发病初期，可用50%琥胶肥酸铜可湿性粉剂500倍液，或12%松脂酸铜（绿乳铜）乳油300倍液，或60%琥·乙膦铝可湿性粉剂500倍液，或14%络氨铜水剂300倍液，或72%农用链霉素4000倍液，或72%新植霉素4000倍液，或农抗751水剂100倍液，或30%王菌铜微乳剂400倍液，或20%吗啉胍·乙铜可湿性粉剂600倍液，或88%水合霉素可溶粉剂1500～2000倍液，或3%中生菌素可湿性粉剂600～800倍液，或20%叶枯唑可湿性粉剂600～800倍液，或47%春雷·王铜（加瑞农）可湿性粉剂700倍液，或77%氢氧化铜（可杀得）可湿性微粒粉剂500倍液，或50%甲霜·铜可湿性粉剂600～700倍液等药剂均匀喷雾。视病情为害程度，隔5～7天喷1次，一般连续喷3～4次，防效可达90%以上。

注意 铜制剂使用过多易引起药害，一般不超过3次。喷药需仔细周到地喷到叶片正面和背面，可提高防治效果。

保护地发病初期可喷5%加瑞农粉尘剂，或5%防细菌粉尘剂。与霜霉病同时发生时可喷12%乙滴粉尘剂，或7%防霉灵粉尘剂+5%防细菌粉尘剂，每667平方米每次喷1千克，7天喷1次，连喷3～4次。

七、黄瓜圆叶枯病

黄瓜圆叶枯病也叫黄瓜长蠕孢圆叶枯病。

1. 症状及快速鉴别

主要为害棚室栽培黄瓜的叶片。病斑初期为暗绿色水浸状，圆形，直径10～30毫米，后变褐色。湿度大时病斑表面产生黑褐色霉层，即病菌分生孢子梗和分生孢子（图1-16）。

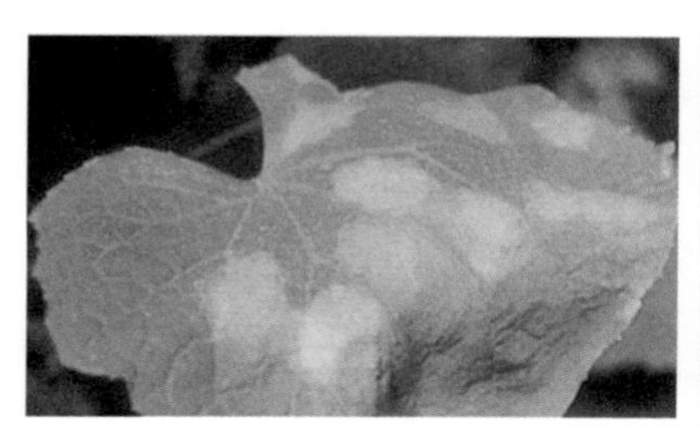
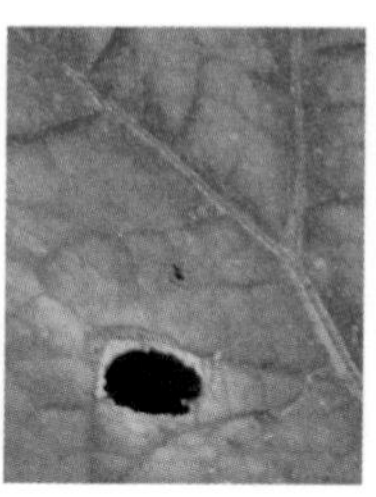

图1–16　黄瓜圆叶枯病

2. 病原及发病规律

病原为黄瓜圆叶枯菌，属半知菌亚门真菌。

主要以菌丝体随病残体在田间越冬。发病条件适宜时产生分生孢子，借气流、雨水反溅到寄主植株上，遇适宜条件分生孢子萌发，从气孔侵入，潜育期2～3天，进行初侵染。病叶上产生的分生孢子通过气流传播，引起再侵染。

病菌发育适温25～28℃，高温、高湿特别是在多雨的高温季节易流行。湿度是诱发本病的重要因素，相对湿度在85%以上，温度约在26℃，病害潜育期2天。在适宜的温度范围内，空气湿度大易发病。菜地潮湿、黄瓜生长衰弱、种植过密、通透性差或肥料不足发病重。

3. 防治妙招

（1）选用抗病品种　各地可根据实际情况因地制宜地选用适合本地的抗病性强的优良品种。

（2）加强田间管理　低洼或易积水地应采用高畦深沟种植，栽植不宜过密，以改善田间通透性。采用配方施肥技术，可喷多效唑4000倍液，或1.4%复硝酚钠水剂7000倍液，提高植株抗病能力。采收后清除病残体，土壤及时深翻。

（3）药剂防治　发病初期可喷25%络氨铜水剂500倍液，或27%碱式硫酸铜（铜高尚）悬浮剂600倍液，或77%可杀得可湿性粉剂400～500倍液，或1：1：200倍式波尔多液，或50%混杀硫悬浮剂500倍液，或50%多·硫悬浮剂600～800倍液，或甲基硫菌灵可湿性粉剂600～800倍液，或硫黄悬浮剂600～800倍液，或60%防霉宝超微可湿性粉剂800倍液等药剂。约隔10天喷1次，连续防治2～3次。采收前3天停止用药。

八、黄瓜斑点病

黄瓜斑点病也叫黄瓜叶点霉叶斑病。

1.症状及快速鉴别

主要为害叶片。多在开花结瓜期发生，中下部叶片易发病，上部叶片发病机会相对较少。

发病初期，出现大型水浸状斑，后逐渐干枯，但四周具有浅绿色水渍状晕环，病斑直径15～20毫米。后期病斑中间呈浅黄色薄纸状，易破碎。病斑上可见数量不多、不很明显的小黑粒点，即病菌的分生孢子器（图1-17）。

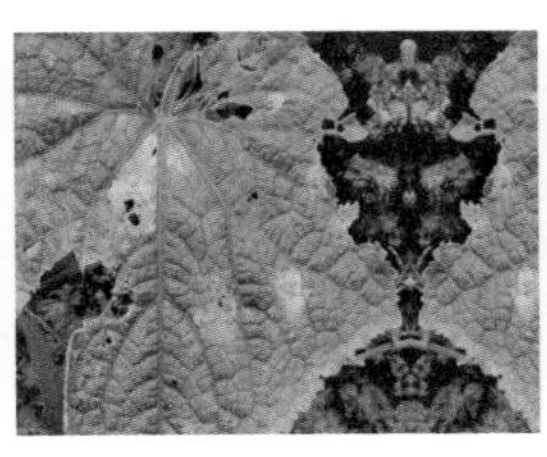
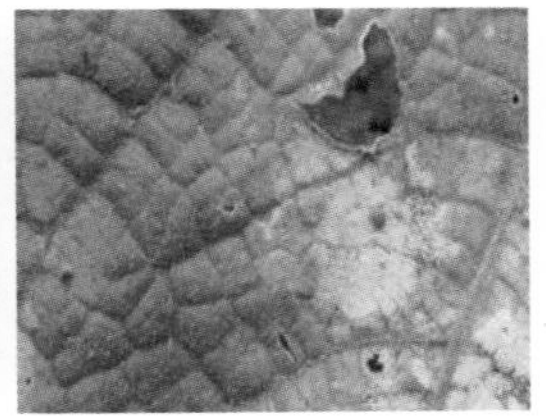

图1–17　黄瓜斑点病

2.病原及发病规律

病原为葫芦科叶点霉菌，属半知菌亚门真菌。

病菌以菌丝体和分生孢子器随病残体在土壤中越冬。翌年春季分生孢子借雨水溅射或灌溉水传播。遇到适宜的条件分生孢子萌发，经气孔或从伤口侵入，进行初侵染和再侵染，导致病情扩展，侵染植株下部叶片。4 ～ 5月温暖、多雨天气易发病。连作、通风不良、湿度高等条件下发病重。

病菌喜高温、高湿条件，发病适温25 ～ 28℃，相对湿度高于85%的棚室易发病。尤其是在生产后期易发病，且发病重。

3. 防治妙招

（1）合理轮作　实行2年以上的轮作。覆盖地膜可减少初侵染。

（2）加强管理　增施充分腐熟的优质有机肥，科学施肥，配方施肥。每667平方米施多元素复合液肥400毫升，兑水稀释500倍液喷洒叶面。也可叶面喷惠满丰、绿风95等，提高植株的抗病能力。

（3）科学浇水，适时放风　合理灌溉，适时适量控制浇水。浇水后通风降湿，雨后及时排除积水，减少棚室空气湿度。必要时去掉下部叶片，增加通透性。

（4）药剂防治　发病初期可喷75%百菌清可湿性粉剂600倍液，或80%代森锰锌可湿性粉剂500倍液，或64%噁霜•锰锌（杀毒矾）可湿性粉剂500倍液，或50%甲基硫菌灵•硫黄悬浮剂800倍液，或50%苯菌灵可湿性粉剂1500倍液，或50%多菌灵可湿性粉剂600倍液，或52.5%噁唑菌酮•霜脲水分散粒剂1800倍液，或25%丙环唑乳油5000倍液，或70%甲基硫菌灵可湿性粉剂1000倍液+75%百菌清可湿性粉剂1000倍液等药剂。7 ～ 10天喷1次，连喷2 ～ 3次。采收前3天停止用药。

九、黄瓜细菌性圆斑病

1. 症状及快速鉴别

主要为害叶片，有时也为害幼茎或叶柄。

叶片染病，幼叶症状不明显，成长叶片叶面初现黄化区，叶背呈水渍状小斑点。后扩展为圆形或近圆形、黄至褐黄色很薄的病斑，病斑中间半透明，四周具黄色晕圈，菌脓不明显。

幼茎染病，导致茎部开裂。苗期生长点染病多造成幼苗枯死。

果实染病，在果实上形成圆形灰色斑点，其中有黄色干菌脓，似痂斑（图1-18）。

  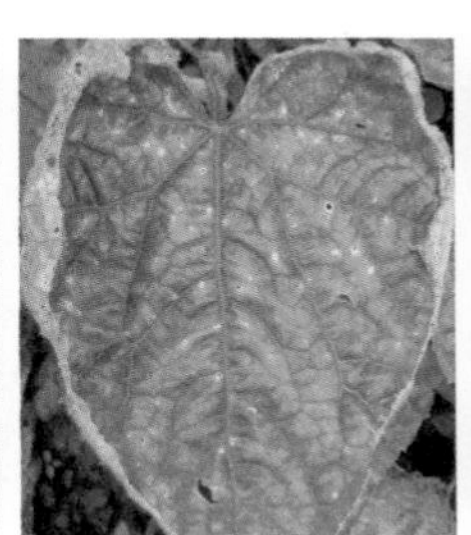 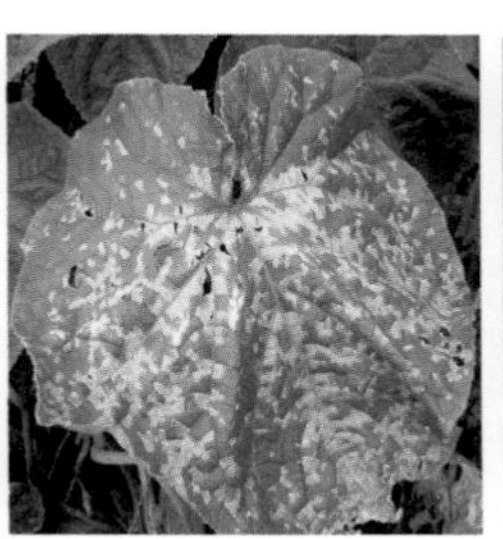 

图1-18　黄瓜细菌性圆斑病

2.病原及发病规律

病原为黄瓜细菌斑点病黄单胞菌，属细菌。

果肉受害扩展到种子上，病菌由种子传带，也可随病残体遗留在土壤中越冬。从幼苗的子叶或真叶的水孔或伤口侵入，引起发病。真叶染病后，细菌在薄壁细胞内繁殖，后进入维管束，导致叶片染病。然后再从叶片维管束蔓延至茎部维管束，进入瓜内，导致瓜种带菌。

棚室湿度大、温度高，黄瓜叶面结露、叶缘吐水，有利于病菌的侵入和扩展。

3.防治妙招

（1）选用抗细菌病害的品种　可用中农5号、碧春、满园绿等抗细菌性病害的优良品种。

（2）合理轮作　无病土育苗，与非瓜类作物实行2年以上轮作。加强田间管理，生长期及收获后清除病叶，及时深埋。

（3）科学施肥　施用酵素菌沤制的堆肥，采用配方施肥技术，减少化肥的施用量。

（4）药剂防治　发病初期或病害开始蔓延期，可喷27%铜高尚悬浮剂600倍液，或50%甲霜·铜可湿性粉剂600倍液，或50%琥胶肥酸铜可湿性粉剂500倍液，或60%琥·乙膦铝可湿性粉剂500倍液，或53.8%可杀得2000干悬浮剂1000倍液，或硫酸链霉素4000倍液，或72%农用链霉素可溶粉剂4000倍液。采收前3天停止用药。

提示　琥胶肥酸铜对白粉病、霜霉病也有一定的兼防作用。

十、黄瓜白粉病

黄瓜白粉病也叫黄瓜白霉病、白毛病。

1.症状及快速鉴别

主要侵害叶片，也可为害茎和叶柄，一般不为害果实。叶片发病重，叶柄、茎次之，果实受害较少。苗期至收获期均可染病，生长后期受害重。

发病初期，叶片正面或背面产生白色近圆形星状、粉状霉点。后向四周扩展，整个叶片布满白粉斑，这是典型的发病症状。有时病斑上长出成堆的黄褐色小粒点，后变黑，即病菌有性态的闭囊壳。抹去白粉可见叶褪绿、枯黄变脆。以后整个叶片黄褐干枯，一般不脱落。

叶柄和嫩茎受害与叶片相似，只是霉斑较小，白粉较少（图1-19）。

图1–19　黄瓜白粉病

2. 病原及发病规律

病原为瓜类单丝壳白粉菌，属子囊菌亚门真菌。

病菌随着病残体在土中越冬，或在保护地黄瓜上及温室花卉上继续为害越冬，并成为翌年的初侵染源。病菌可常年寄生在寄主植物上，成为初侵染源。病菌发病适温为20～25℃，相对湿度在25%～85%之间。在饱和湿度即叶面有水珠的情况下，病菌会吸水破裂死亡。高温、高湿无结露或管理不当，黄瓜生长衰败，白粉病会发生严重。

病菌喜温湿、耐干燥。雨后干燥或少雨时，田间湿度大，白粉病流行速度加快。尤其在高温干旱与高温、高湿交替出现，又有大量白粉菌源时容易流行。棚室保护地栽培易发病。通风透光不良、栽培密度过高、氮肥施用过多发病重。植株过嫩抗性降低易发病。土壤黏重、偏酸，多年重茬，田间病残体多，发病重。肥力不足、耕作粗放、杂草丛生的田块，植株抗性降低，发病重。肥料未充分腐熟、有机肥带菌或肥料中混有禾本科作物病残体的地块易发病。连阴雨后长期干燥易发病。田块低洼发病较重。

3. 防治妙招

（1）选用抗病品种　一般抗霜霉病的品种也较抗白粉病。目前的主栽品种除密刺类黄瓜易感白粉病外，大多数杂交种对白粉病的抗性均较强。

（2）种子处理　播种前种子可用1%络氨铜（抗枯宁）悬浮液20毫升加水10千克，浸种1小时。

（3）加强栽培管理　选择健壮的幼苗定植。切忌大水漫灌，可采用膜下软管滴灌、管道暗浇、渗灌等灌溉技术。定植后尽量少浇水，防止幼苗徒长。不偏施氮肥，注意增施磷、钾肥，防止植株徒长和脱肥早衰，增强植株抗病性。结瓜期加大肥水用量，适时喷施叶面微肥，防止植株早衰。棚室注意通风透光、降湿。

（4）铲除病原体　清除棚室中的杂草、病残株。及时剪除病株下部的病叶、老叶，改善棚室内的环境条件，拉秧后清除病残组织，切断病菌的传播途径。

（5）设施消毒　温室熏蒸消毒，减少初侵染源。棚室内栽培在幼苗定植前，每30～100立方米空间用硫黄粉250克，均匀混拌锯末500克（1∶2）。或用45%百菌清烟雾剂（安全型）进行熏蒸，用量250～300克/667平方米，在瓦片或铁片上分放几处，用暗火（不出火苗）点燃后密封熏蒸1昼夜（24小时），熏蒸时温度维持在20℃，以杀灭棚室内的病菌。

提示 在生长期也可进行熏蒸，但药量应酌情减少。

（6）药剂防治 可用保护剂先进行预防，使用保护剂要早。可用50%硫黄悬浮剂500倍液，或40%百菌清（达科宁）悬浮剂600倍液，或75%百菌清600倍液，或80%代森锰锌（山德生）可湿性粉剂600倍液，或80%代森锰锌（大生M-45）可湿性粉剂600倍液等保护剂喷雾。

如果病害已经盛发，应使用内吸性杀菌剂。可用50%多菌灵可湿性粉剂600～800倍液，或40%氟硅唑（福星）乳油6000～8000倍液，或10%世高水分散粒剂2000～3000倍液，或43%戊唑醇（好力克）悬浮剂3000～4000倍液，或25%腈菌唑乳油5000～6000倍液，或50%硫菌灵可湿性粉剂1000倍液，或62%腈菌·锰锌（仙生）可湿性粉剂800倍液等内吸性杀菌剂。每隔7～10天喷1次，连续喷3～4次。

提示 ①粉锈宁对白粉病的防治效果很好，但不能在黄瓜上使用。因为粉锈宁会严重抑制黄瓜的生长，使用后1个月之内黄瓜生长特别缓慢，直接影响经济效益。

②喷雾要周到，这样既能将药液均匀喷到叶片，使白粉菌孢子胀裂，又不至于因过分提高空气湿度而引起霜霉病。各种药剂交替使用，防止长期单一使用一种药剂，使病菌产生抗药性，降低防治效果。喷药时选择高温时间段，最佳时间为11:30～12:00。必须叶片正、背面一起喷。白粉病必须单独用药效果才好。

③发现中心病株要及时用药，大水量喷布，白粉病病菌遇水或湿度饱和时易吸水破裂死亡。持续用药，充分杀死残留的菌丝体及分生孢子，防止病害再次流行。

发病期间，可用乙嘧·醚菌酯（控白）可湿性粉剂50克/667平方米，或5%百菌清粉尘剂，进行喷粉。

保护地可用烟雾剂熏蒸。可用45%百菌清烟剂0.4千克/667平方米，或15%三唑酮烟剂0.75～0.9千克/667平方米。

十一、黄瓜灰霉病

黄瓜灰霉病也叫烂果病、霉烂病。

1.症状及快速鉴别

多从开败的雌花开始侵入。初在花蒂产生水渍状病斑，逐渐长出灰褐色霉层，引起花器变软、萎缩和腐烂，并逐步向幼瓜扩展。瓜条病部先发黄，后期产生白霉，并逐渐变为淡灰色，导致病瓜生长停止，变软、腐烂和萎缩，最后脱落。

叶片染病，病斑初为水渍状，后变为不规则形的淡褐色病斑，边缘明显，有时病斑长出少量灰褐色霉层。高湿条件下病斑迅速扩展，形成直径15～20毫米的大型病斑。

茎蔓染病后，茎部腐烂，瓜蔓折断，引起烂秧（图1-20）。

图1-20　黄瓜灰霉病

2. 病原及发病规律

病原为灰葡萄孢菌，属半知菌亚门真菌。

以菌核在土壤中或以菌丝及分生孢子在病残体上越冬或越夏。翌年春季条件适宜时菌核萌发，产生菌丝体、孢子梗及分生孢子。分生孢子成熟后随气流、雨水、露水及农事操作等传播。光照不足、低温和高湿条件下病害易流行，多在冬季低温寡照的温室内发生。

黄瓜结瓜期是病菌侵染和发病的高峰期。高湿（相对湿度94%以上）、较低温（18～23℃）、光照不足、植株长势弱时易发病。气温超过30℃，相对湿度不足90%时病害停止蔓延。

3. 防治妙招

（1）农业防治　发病初期，适当控制浇水次数，严防浇水过多。浇水宜在上午进行。

（2）清园　发病后及时摘除病果、病叶，集中烧毁或深埋。

（3）药剂防治　发病初期可喷施25%丙环唑（敌力脱）乳油3000～4000倍液，或30%苯甲·丙环唑（爱苗）乳油3000～4000倍液，或10%多抗霉素（宝丽安）可湿性粉剂900～1000倍液，或50%腐霉利（速克灵）可湿性粉剂2000倍液，或25%阿米西达乳油1000倍液，或45%噻菌灵（特克多）悬浮剂3000～4000倍液，或50%异菌脲（扑海因）可湿性粉剂1500倍液，或40%多·硫悬浮剂600倍液，或2%武夷菌素水剂150倍液。药剂交替使用，每隔7～10天喷1次，连续喷2～3次即可控制病害的发展。

十二、黄瓜炭疽病

1. 症状及快速鉴别

黄瓜从幼苗期至成株期均可被害。炭疽病主要为害叶片，也可为害叶柄、茎及瓜条。

幼苗发病，多在子叶边缘产生半椭圆形或圆形的淡褐色病斑。病斑上有淡红色黏稠物，即病原菌的分生孢子盘和分生孢子。严重时幼苗近地面茎基部呈淡褐色，逐渐萎缩，造成幼苗折倒枯死。

真叶被害，病斑呈近圆形或圆形，直径4～18毫米，初为水渍状，后变为黄褐色，边缘有黄色晕圈。严重时病斑相互连结成不规则的大病斑，导致叶片干枯。潮湿时病部分泌出粉红色的黏稠物。在高温或低温条件下症状常表现不同类型，易与叶斑病相混淆。

叶柄、茎蔓被害，产生稍凹陷呈淡黄褐色的椭圆形或长圆形病斑。严重时病斑连结，环绕茎部一周包围主蔓，导致上面或整株全部枯死。潮湿时表面有粉红色黏质物或许多小黑点。

瓜条被害，开始产生水渍状浅绿色病斑，后变为黑褐色稍凹陷的圆形或近圆形病斑，表面有粉红色黏质物，后期常开裂。叶柄或瓜条上有时出现琥珀色流胶（图1-21）。

图1-21　黄瓜炭疽病

2.病原及发病规律

病原为葫芦科刺盘孢，属半知菌亚门真菌。

多在保护地栽培中发生，发病盛期在5～6月和9～10月。病菌主要以菌丝体或拟菌核附着在种子上，或随病残株在田间土壤中越冬，也可在温室或塑料大棚的骨架上、旧木料中存活。越冬后的病菌在翌年春季条件适宜时产生分生孢子盘，并产生大量的分生孢子，成为初侵染源。此外潜伏在种子上的菌丝体也可直接侵入子叶，导致苗期发病。通过灌溉水、气流、人畜活动传播，也可由害虫携带传播，或在田间农事操作时传播，进行再侵染。种子调运可造成远距离传播。

田间10～30℃时均可发病，适温为20～27℃，病菌最适宜生长温度为24℃，8℃以下30℃以上即停止生长。高湿是该病发生流行的主要因素，在适宜的温度范围内，空气湿度高易发病。相对湿度80%～98%，温度在10～30℃范围内都可以发病。当气温28℃以上病情发展受到一定的抑制，病情减轻。早春塑料棚温度低，湿度高，叶面结有大量水珠，黄瓜吐水或叶面结露，处于满足发病的湿度条件，病害易流行。一般处于高温高湿、地势低洼、排水不良、连作地块环境，且生长势弱的瓜秧易染病。氮肥施用过多、大水漫灌、通风不良的地块，植株衰弱，发病重。

3. 防治妙招

（1）选用抗病品种 可选用津研4号、早青2号、中农5号、夏青2号等较耐病的品种。

（2）生态防治 选择排水良好的棚室，采用高畦地膜栽培。黄瓜炭疽病属于低温、高湿病害，露地定植后至结瓜期要控制浇水。

加强棚室温、湿度管理。通风排湿，尤其要注意温、湿度管理，提高棚室温度，及时放风降低湿度，减少结露时间，抑制病菌萌发和侵入。上午温度控制在30～33℃，下午和晚上适当放风，使棚内湿度保持在70%以下，可减少叶面结露和吐水。

（3）加强田间管理 田间除病灭虫，绑蔓、采收等作业均应在露水落干后进行，减少人为传播蔓延。施足基肥，增施磷、钾肥，提高植株抗病力。中后期注意适度放风排湿。用添加了蚯蚓粪的土壤种植黄瓜，能明显抑制炭疽病的发生。

（4）种子处理 用无病种子。从无病株的无病果上采收种子。播种前进行种子消毒，可用55℃恒温水浸种15分钟，或用50%代森铵水剂500倍液浸种1小时。

（5）减少初侵染源 实行3年以上轮作。对苗床应选用无病土或进行苗床土壤消毒。采用地膜覆盖可减少病菌的传播，降低为害概率。

（6）药剂防治 发病前可用25%嘧菌酯悬浮剂1500～2000倍液，或70%甲硫·福美双可湿性粉剂800～1000倍液，或50%甲硫·锰锌可湿性粉剂1000～1500倍液，或80%福·福锌可湿性粉剂800～1500倍液，或47%春雷霉素·氧氯化铜可湿性粉剂600～800倍液，或70%甲基硫菌灵可湿性粉剂600～800倍液+75%百菌清可湿性粉剂600～800倍液，或70%丙森锌可湿性粉剂600～800倍液，或45%代森铵水剂200～400倍液，或80%代森锌可湿性粉剂600～800倍液，或25%络氨铜水剂400～600倍液，或70%代森联水分散粒剂800～1000倍液等药剂兑水喷雾。视田间生长情况和病情程度，间隔7～10天喷1次。

棚室或露地在发病初期，可用25%咪鲜胺乳油1000倍液，或50%咪鲜胺锰盐可湿性粉剂1500倍液，或60%福·福锌可湿性粉剂700倍液，或1%多抗霉素水剂300倍液，或68.75%噁唑菌酮·锰锌水分散粒剂800倍液，或70%丙森锌可湿性粉剂600倍液，或70%代森联干悬浮剂600倍液，或2.5%咯菌睛悬浮剂1000倍液等药剂喷雾防治，每隔7～10天喷1次，连续防治2～3次。

田间发病普遍时，可用20%唑菌胺酯水分散粒剂1000～1500倍液，或20%硅唑·咪鲜胺水乳剂2000～3000倍液，或20%苯醚·咪鲜胺微乳剂2500～3500倍液，或60%唑醚·代森联水分散粒剂1500～2000倍液，或50%嘧菌酯干悬浮剂3000倍液，或30%苯噻硫氰乳油1000～1500倍液，或25%溴菌腈可湿性粉剂500倍液，或25%咪鲜胺乳油1000～1500倍液+75%百菌清可湿性粉剂600倍液等药剂兑水喷雾。视病情为害程度间隔7～10天喷1次。

提示 喷药时可混入喷施宝（或植宝素）7500倍液，能收到药肥兼治之效。

塑料棚或温室可采用烟雾法或粉尘法。

十三、黄瓜立枯病

1.症状及快速鉴别

多在黄瓜育苗的中、后期发病。幼苗茎基部先出现椭圆形或不完整形暗褐色病斑，有的病苗白天萎蔫，夜间恢复，病斑逐渐凹陷。湿度大时可看到淡褐色蛛状霉，但不显著。病斑扩大后可绕茎一周，甚至导致木质部外露，最后病部收缩干枯，叶片萎蔫，不能恢复原状，幼苗干枯死亡。

地下根部皮层变褐色或腐烂，但不易折倒。病部具轮纹状或淡褐色网状霉层（图1-22）。

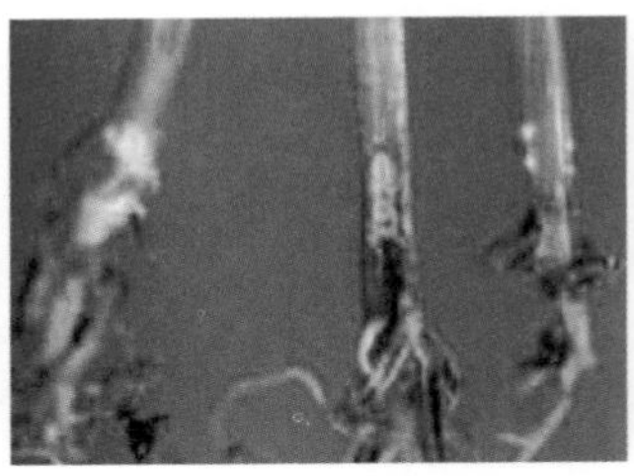
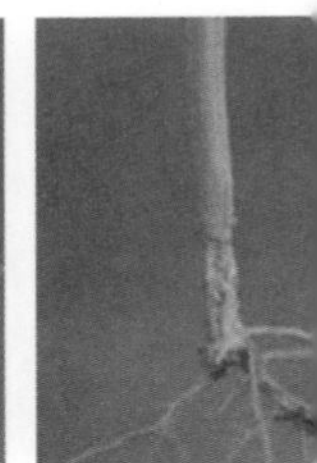

图1–22　黄瓜立枯病

2. 病原及发病规律

病原为立枯丝核菌，属半知菌亚门真菌。

病菌以菌丝体或菌核在土壤中或病组织上越冬，腐生性较强，一般在土壤中可存活2～3年。病菌适宜温度范围较广，发育最适温度为24℃，最高40～42℃，最低13～15℃。

在适宜的环境条件下，病菌从伤口或表皮直接侵入幼茎及根部，引起发病。此外还可通过雨水、流水、农具以及带菌的堆肥传播为害。多在苗床温度较高或育苗后期发生，阴雨多湿、土壤过黏、重茬发病重。播种过密、间苗不及时、温度过高易发病。

3. 防治妙招

（1）农业防治　选择地势高、地下水位低、排水良好的地块作苗床。播前一次性灌足底水，出苗后尽量不浇水，必须浇水时一定要选择晴天喷洒，不宜大水漫灌。育苗畦（床）及时放风、降湿，严防瓜苗徒长染病。

（2）种子处理　每1千克种子可用95%噁霉灵精品0.5～1克+80%多·福·福锌可湿性粉剂4克混合拌种。也可用2.5%咯菌腈悬浮剂用种子重量的0.6% ～ 0.8%拌种。

（3）苗床处理　施用50%拌种双粉剂10 ～ 20克/平方米+40%五氯硝基苯粉剂15 ～ 30克/平方米+50%多菌灵可湿性粉剂10 ～ 20克/平方米，兑细土4 ～ 5千克拌匀成为药土。施药前先将苗床底水浇好，一次性浇透，根据季节确定浇水量，一般使水渗透17 ～ 20厘米，水渗下后取1/3充分拌匀的药土撒在畦面上，播种后再将其余2/3的药土覆盖在种子上面，即上覆下垫。如果覆土厚度不够可补撒营养土，使其达到适宜厚度。种子夹在药土中间防效明显。

提倡选用营养钵或穴盘育苗等现代育苗方法，可减少立枯病的发生和为害。每立方米营养土中加入95%噁霉灵原药50克，或54.5%噁霉·福可湿性粉剂10克，或70%敌磺钠可溶粉剂100克+50%多菌灵可湿性粉剂50 ～ 100克，与营养土充分拌匀后装入营养钵或育苗盘。

（4）药剂防治　出苗后仔细观察，在发病前可用0.5%氨基寡糖水剂300 ～ 500倍液+68.75%噁唑菌酮·锰锌水分散粒剂800 ～ 1000倍液，或70%噁霉灵可湿性粉剂800 ～ 1000倍液，或20%氟酰胺可湿性粉剂600 ～ 1000倍液，或80%乙蒜素乳油2000 ～ 4000倍液等药剂兑水喷淋苗床。视病情为害程度每隔7 ～ 10天喷1次。

田间发现病株及时用药防治。发病初期可用30%苯醚甲·丙环乳油3500倍液，或20%甲基立枯磷乳油800 ～ 1200倍液+75%百菌清可湿性粉剂600倍液，或50%苯菌灵可湿性粉剂600 ～ 1000倍液+50%克菌丹可湿性粉剂400 ～ 600倍液，或70%甲基硫菌灵可湿性粉剂500 ～ 700倍液+70%代森锰锌可湿性粉剂800倍液，或15%噁霉灵水剂500 ～ 700倍液+25%咪鲜胺乳油800 ～ 1000倍液，或20%唑菌胺酯水分散粒剂800 ～ 1000倍液+70%代森联干悬浮剂700倍液等药剂兑水喷淋苗床。视病情为害程度每隔5 ～ 7天喷1次。

十四、黄瓜猝倒病

黄瓜猝倒病是黄瓜苗期主要病害之一，保护地育苗期最为常见，特别是在气温低、土壤湿度大时发病严重，可造成烂种、烂芽及幼苗猝倒。

1. 症状及快速鉴别

在直播育苗出苗前就可受害。染病后常造成种子、胚芽或子叶腐烂。

幼苗受害，露出土表的茎基部或中部呈水浸状，后变为黄褐色，干枯缩为线状，往往子叶尚未凋萎即突然猝倒，导致幼苗贴伏地面。有时瓜苗出土，胚轴和子叶已经腐烂变褐枯死。湿度大时病株附近长出白色棉絮状菌丝（图1-23）。

图1–23 黄瓜猝倒病

2. 病原及发病规律

病原为瓜果腐霉菌，属鞭毛菌亚门真菌。

病菌以卵孢子在12 ～ 18厘米的表土层中越冬，并在土中长期存活。翌年春季遇到适宜条件萌发产生孢子囊，以游动孢子或直接长出芽管侵入寄主。病菌侵入后在皮层薄壁细胞中扩展，菌丝蔓延于细胞间或细胞内，后在病组织内形成卵孢子越冬。病菌生长适宜地温为15 ～ 16℃，温度高于30℃受到抑制。适宜发病地温为10℃，低温对寄主生长不利，但病菌尚能活动。尤其是苗期处于低温、高湿条件有利于发病。黄瓜猝倒病主要在幼苗长出1 ～ 2片真叶期发生，3片真叶后发病较少。结果期阴雨连绵，果实易染病。

3. 防治妙招

（1）选用优良品种　可选春香、津春3号等耐低温弱光、早熟的品种。

（2）育苗地选择　选地势高燥、背风向阳、地下水位低、排灌方便良好的生茬地块作苗床，保证采光，提高床土地温。播种前充分晒地，必要时最好更新育苗床床土。施足酵素菌沤制的堆肥或经过充分发酵腐熟的优质有机肥作基肥。播前一次灌足底水，出苗后尽量不浇水；必须浇水时一定要选择晴天喷洒，不宜大水漫灌。育苗畦（床）及时放风、降湿，严防瓜苗徒长。有条件的可在冬春茬黄瓜育苗时采用电热线温床，营养钵育苗。

（3）种子处理　播种前种子可用50℃温水消毒20分钟，或70℃干热灭菌72小时后再进行催芽播种，也有良好的效果。

（4）苗期加强管理　黄瓜齐苗后，白天苗床或棚温保持在25～30℃，夜间保持在10～15℃，防止寒流侵袭。苗床或棚室湿度不宜过高，连阴雨或雨雪天气或床土不干时，应少浇水或不浇水。必须浇水时可用喷壶轻浇，避免湿度过高。苗床保温与防风协调进行，增加光照。

（5）苗床处理　重茬地或旧苗床育苗要进行土壤消毒。在播种前15～20天，每平方米苗床用40%的拌种灵粉剂+50%福美双粉剂1：1混合，或将40%五氯·拌种双粉剂8克兑细干土40千克充分混匀后备用。或用25%的甲霜灵可湿性粉剂按每平方米苗床面积用4～5克，掺细土4～5千克拌匀。施药土时先要浇足底水，待水渗下后将1/3的药土撒施于苗床表面，然后再将催好芽的种子播好，后将余下的2/3药土撒施覆盖在播种后的种子上面，覆土厚约1厘米，使种子夹在药土中间。

提示　畦面表土保持湿润，撒药土要均匀，以免发生药害。此法既可防治猝倒病，又可兼治立枯病。

（6）提倡用营养钵或穴盘育苗　用营养钵育苗可大大减少猝倒病的发生和为害，每667平方米菜地需1个20～25平方米的苗床（带埂平畦）。如果分苗，每667平方米菜地需40～50平方米的分苗床。营养土配制需选用优质田园土和充分腐熟的优质有机肥（按7：3配制），每立方米营养土中加入磷酸二铵1千克+草木灰5千克+95%噁霉灵原药50克，混匀后过筛装入营养钵育苗。

（7）采用热水循环温床育苗　在背风向阳或日光塑料温室中间挖

一深25厘米的育苗畦，在畦两头隔10厘米插一木橛，按照铺地热线的方法，在木橛上缠绕塑料软管，软管直径约1厘米，内径大于0.2厘米，外壁厚0.18～0.2厘米。当地温降至20℃以下时开始从进水口加热水补温，也可连接蜂窝煤球热炉或其他热源，制成热水循环器（可用铁板焊成铝壶状）效果更好。出苗后降温，以利于幼苗茁壮成长。这种育苗方法发病少，出苗快。

（8）合理施肥　苗床或棚室施用酵素菌沤制的堆肥，减少化肥及农药施用量，生产无公害蔬菜。

（9）选用无滴膜覆盖棚室　改善光照条件，增加光照强度，提高幼苗抗病力。

（10）药剂防治　发病初期发现病苗要立即拔除，并用72.2%霜霉威盐酸盐水剂500～800倍液，或64%噁霜灵·锰锌可湿性粉剂500～600倍液，或70%百德富可湿性粉剂600倍液，或70%安泰生可湿性粉剂500～700倍液，或72.2%普力克水剂400倍液，或15%噁霉灵水剂450倍液等药剂喷雾。每隔7天喷1次，连喷2～3次。

对成片死苗的地方可用72.2%霜霉威盐酸盐水剂600倍液，或90%噁霉灵可湿性粉剂3000～4000倍液灌根。每隔7天1次，连续灌根2～3次。

出苗后经常调查病情，在发病前期可用53%精甲霜·锰锌水分散粒剂600～800倍液，或25%嘧菌酯悬浮剂1500～2000倍液，或25%甲霜·霜霉威可湿性粉剂1500～2000倍液，或70%丙森锌可湿性粉剂600～800倍液+25%甲霜灵可湿性粉剂400～600倍液，或72%霜脲·锰锌可湿性粉剂600～800倍液等药剂兑水喷雾。每平方米用药液3升，视病情程度每隔5～7天喷1次。

注意　用药剂喷淋，等苗上药液干后，再撒些草木灰或细干土，降湿保温。

提示　喷洒绿风95植物生长调节剂800倍液，或喷淋95%绿亨1号精品3000倍液，均可增强抗病力。

十五、黄瓜疫病

1.症状及快速鉴别

苗期至成株期均可发病。主要为害叶、茎和瓜条，以茎蔓基部和幼嫩节部发病最重。

幼苗被害，初呈暗绿色水浸状软腐，病部缢缩，后干枯萎蔫。

成株发病，先从近地面茎基部开始，初呈水渍状，暗绿色，病部软化缢缩，上部叶片萎蔫下垂，全株枯死。茎部受害变细、发霉或呈暗绿色软腐，后稍微开裂，产生白色粉状霉。

叶片发病，初呈圆形或不规则形暗绿色水浸状病斑，边缘不明显。湿度大时病斑扩展很快，病叶迅速腐烂。干燥时病斑发展较慢，边缘暗绿色，中部淡褐色，常干枯脆裂。叶柄和茎部发病初呈水浸状，后缢缩，导致病部以上枯死。

果实先从花蒂部发病，出现暗绿色、水渍状、近圆形凹陷的病斑。后果实皱缩软腐，表面生有白色稀疏霉状物，或呈现污白色绒毛状霉（图1-24）。

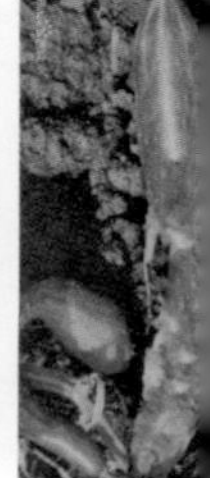

图1–24　黄瓜疫病

2.病原及发病规律

病原为甜瓜疫霉菌，属鞭毛菌亚门真菌。

病菌以菌丝体和厚垣孢子、卵孢子随病残体在土壤中或土杂肥中越冬，种子上不能越冬。越冬后的病菌主要借助流水、灌溉水及雨水飞溅传播，也可借助施肥传播，传到茎基部或近地面果实上，从伤口或自然孔口侵入致病。发病后病部产生孢子囊及游动孢子，借助气流及雨水溅射传播进行再侵染，病害迅速蔓延。

病菌发育温度范围为9～37℃，最适温度为28～30℃。在适宜温度范围内湿度是病害发生的决定性因素。相对湿度大于85%发病重。如果雨季来得早、雨量大、雨天多，病害易流行。浇水过多、土质黏重不利于根系发育，植株抗病力降低，发病重。施用未充分腐熟的有机肥，重茬连作，发病重。一般雨季或大雨后天气突然转晴，气温急剧上升，病害易流行。种植过密，通透不良，易积水，发病重。

3.防治妙招

（1）农业防治 选用抗病品种。与非瓜类作物实行5年以上轮作。覆盖地膜，阻挡土壤中病菌溅附到植株上，可减少侵染机会。采用高畦栽植避免积水，苗期控制浇水，结瓜后做到间干间湿。发现疫病后浇水减到最低量，控制病情发展。但进入结瓜盛期要及时供给所需水量，严禁雨前浇水。发现中心病株拔除深埋，及时清洁菜园。底肥选用生物菌肥。加强田间管理是预防病害发生的有效措施。

（2）土壤处理 可用25%甲霜灵可湿性粉剂8克/平方米与适量细土拌匀撒在苗床上。大棚在定植前可用25%甲霜灵可湿性粉剂750倍液喷淋地面。

（3）种子处理 播种前种子可用72.2%霜霉威水剂（或25%甲霜灵可湿性粉剂）800倍液浸种0.5小时后，用清水浸种催芽。

（4）药剂防治 发病前结合其他病害的防治，注意定期施用保护性杀菌剂，尤其在雨季到来之前要施药预防。

田间发现中心病株后，可用嘧菌·百菌清悬浮剂2000～3000倍液，或25%嘧菌酯悬浮剂1500～2000倍液，或72%丙森·磷酸铝可湿性粉剂800～1000倍液，或18%霜脲·百菌清悬浮剂1000～1500倍液，或76%丙森·霜脲氰可湿性粉剂1000～1500倍液，或60%氟吗·锰锌可湿性粉剂1000～1500倍液，或78%波·锰锌可湿性粉剂800倍液等药剂兑水喷雾。视病情为害程度每隔7～10天喷1次。

田间病株较多发病很普遍时，可用60%唑醚·代森联水分散粒剂1000～2000倍液，或250克/升双炔酚菌胺悬浮剂1500～2000倍液，或50%锰锌·氟吗啉可湿性粉剂1000～1500倍液，或72.2%霜霉威盐酸盐水剂800～1000倍液+10%氰霜唑悬浮剂2000～2500倍液，或84.51%霜霉威·乙磷酸盐可溶水剂600～1000倍液，或50%烯酰吗啉可湿性粉剂1000～1500倍液+75%百菌清可湿性粉剂600～800倍液等药剂兑水喷雾。视病情为害程度每隔5～7天喷1次。

保护地栽培可用15%百·烯酰烟剂每100立方米用药25～40克熏烟，或20%百·霜脲烟剂每100立方米用药25克熏烟，或10%百菌清烟剂每100立方米用药45克熏烟。

提示 发病严重时，病原菌对上述药剂产生抗性的地区可改用10%苯醚甲环唑微乳剂1500～2000倍液，或10%氰霜唑悬浮剂1500倍液等药剂喷雾防治，连用2～3次。

十六、黄瓜灰色疫病

1.症状及快速鉴别

主要为害叶、茎和瓜条。

叶片染病，产生圆形暗绿色病斑，后呈软腐状下垂。

茎部染病，茎变细，发霉或出现暗绿色软腐。后期稍微开裂，病部产生白色粉状霉。

果实染病，病斑暗绿色、圆形，呈水渍状，病部及其四周凹陷。发病早的在病部产生逐渐密集的白色霉状物，或呈现紧密的污白色天鹅绒状霉，果实下部病斑凹陷显著，近果梗的上半部不明显（图1-25）。

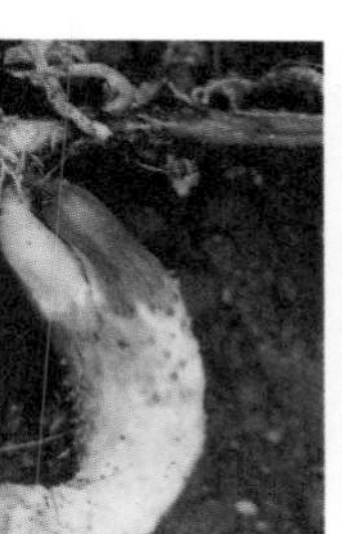
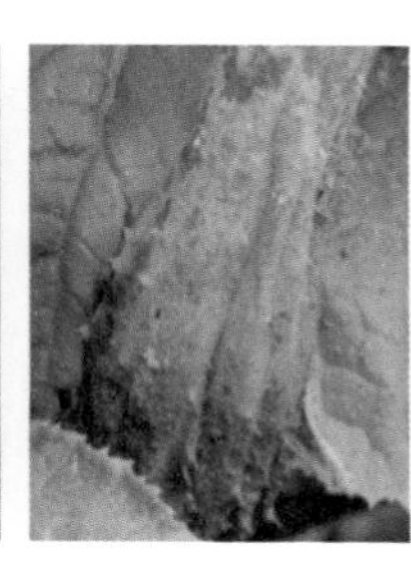

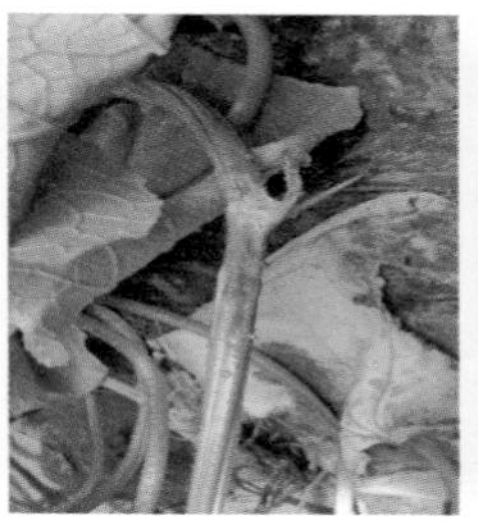
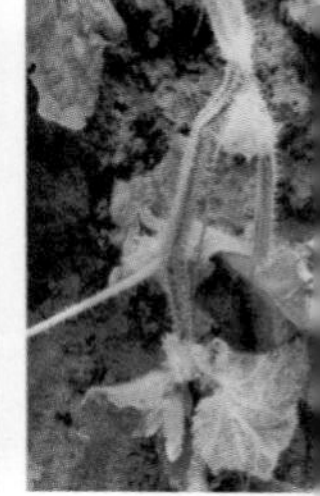

图1–25 黄瓜灰色疫病

提示 瓜条上症状与黄瓜疫病有不同之处，茎部染病与蔓枯病很相近，鉴别时需镜检孢子囊，进行准确鉴定。

2. 病原及发病规律

病原为辣椒疫霉，属鞭毛菌亚门真菌。

北方寒冷地区病菌以卵孢子在病残体上和土壤中越冬，种子上不能越冬，菌丝因耐寒性差，不能成为初侵染源。南方温暖地区病菌主要以卵孢子、厚垣孢子在病残体或土壤及种子上越冬，其中土壤中病残体带菌率高，是主要的初侵染源。条件适宜时越冬后的病菌经雨水飞溅或通过灌溉水传到茎基部或近地面果实上，引起发病。重复侵染主要是因为病部产生的孢子囊借雨水传播为害。田间25～30℃，相对湿度高于85%时发病重。一般雨季或大雨后天气突然转晴，气温急剧上升，病害易流行。土壤湿度95%以上持续4～6小时，病菌即完成侵染，2～3天即可完成1代。定植过密，通风透光不良，易积水，发病重。

3. 防治妙招

（1）**轮作** 前茬收获后及时清洁田园，耕翻土地。与菜粮或菜豆轮作，提倡垄作或高畦栽培。

（2）**选择抗病品种** 选用中农5号、津杂4号、津杂3号等抗疫病的品种。

（3）**合理施肥** 施用菌肥、复合液肥，采用配方施肥，减少化肥施用量，提高抗病力。

（4）**加强田间管理** 黄瓜蹲苗后进入枝叶及果实旺盛生长期，或进入高温雨季气温高于32℃，尤其要注意暴雨后及时排除积水。雨季应控制浇水，严防田间湿度过高或湿气滞留。

（5）**药剂防治** 田间发现中心病株后，抓准时机喷洒与浇灌并举。及时喷洒和浇灌50%甲霜·铜可湿性粉剂800倍液，或61%乙膦·锰锌可湿性粉剂500倍液，或72.2%霜霉威盐酸盐（普力克）水剂600～800倍液，或58%甲霜灵·锰锌可湿性粉剂400～500倍液，或64%杀毒矾可湿性粉剂500倍液，或60%琥·乙膦铝（DTM）可湿性粉剂500倍液，或47%加瑞农可湿性粉剂600～800倍液，或72%霜脲·锰锌（克露）600倍液，或18%甲霜胺·锰锌可湿性粉剂600倍液。

对上述杀菌剂产生抗药性的地区，可改用69%甲霜·锰锌可湿性粉剂（或水分散粒剂）1000倍液，或70%百德富可湿性粉剂600倍液，或70%丙森锌（安泰生）可湿性粉剂500～700倍液。

注意 黄瓜采收前3天停止用药。

十七、黄瓜靶斑病

黄瓜靶斑病也叫黄瓜褐斑病、黄瓜环斑病、黄瓜黄点病。

1.症状及快速鉴别

主要为害叶片。叶片染病多在结瓜盛期发生。一般先从中、下部功能叶片开始发病，再向上部叶片发展。在叶片背面初为黄色水浸状斑点，直径约1毫米。发病中期扩大为圆形或不规则形病斑，易穿孔，叶正面病斑粗糙不平，病斑整体褐色，中央灰白色半透明。后期病斑直径可达10～15毫米，病斑中央有1个明显的眼状靶心。湿度大时病斑上可生有稀疏灰黑色、环状的霉状物。严重时可蔓延至叶柄、茎蔓，最终导致植株枯死（图1-26）。

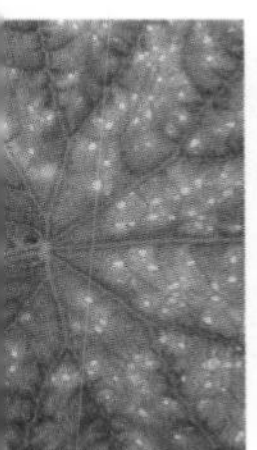

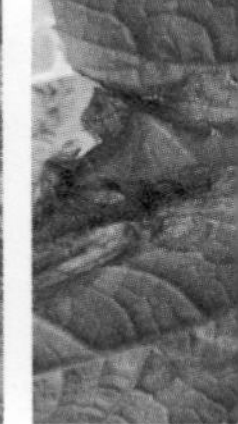

图1-26　黄瓜靶斑病

提示 黄瓜靶斑病与黄瓜霜霉病和细菌性角斑病极为相似，易混淆，生产上常误按霜霉病和细菌性角斑病用药，防治效果较差，为害损失较重。

2.病原及发病规律

病原为瓜棒孢霉菌，属半知菌亚门真菌。

可通过种子进行远距离传播，如通过种皮表面附着病菌，或种皮内潜伏休眠菌丝。病菌以分生孢子或菌丝体在土中或病残体上越冬，菌丝或孢子在病残体上可存活6个月。此外病菌还可产生厚垣孢子及菌核，以利于度过不良的环境条件。翌年产生分生孢子，借气流或雨水飞溅传播进行初侵染。侵入后潜育期一般6～7天，病部新生病原菌，并经叶缘吐水、棚膜结露珠等途径传播，病部新生的孢子进行再侵染。在生长季节再侵染可多次发生，使病害逐渐蔓延。病害适宜发生温度为25～30℃。一般发生在晚秋或早春时节。

温暖、高湿或通风透气不良易发病。昼夜温差大的环境条件有利于发病。饱和相对湿度下发病重。产量过大，营养供应不足，植株衰弱时易发病。氮肥偏多，磷、钾肥不足，缺硼时发病重。霜霉病发生后叶片枯死，光合产物较少时易发病。

3.防治妙招

（1）合理轮作　与非瓜类蔬菜进行2年以上的轮作。

（2）加强管理　由于棚内温度高，蒸发量大，造成棚内的空气湿度大，适宜病害发生。所以应加大棚室通风量，降低棚内空气湿度，抑制发病。通过放风可降低棚室内温、湿度，有利于对病害的控制。

（3）种子消毒处理　播种前黄瓜种子和嫁接用的南瓜种子，用常温水浸种15分钟后，转入55℃温水中浸种15～30分钟，并不断搅拌，然后让水温降至30℃，黄瓜种子继续浸6～8小时，南瓜种子浸8～12小时，捞起晾干后置于25～28℃条件下进行催芽。

（4）药剂防治　可用70%甲基硫菌灵（甲基托布津）700倍液+60%吡唑醚菌酯1500倍液进行防治，效果较好。也可用苯醚甲环唑1000倍液+硝基腐植酸铜500倍液+藻酸叶面肥700倍液喷雾防治。5～7天喷1次，连喷3次。如果病害已经大暴发时，除喷药外应追施硝酸铵冲施肥，每667平方米每次20千克，加速植株生长。

发现病情立即使用20%硅唑·咪鲜胺1000～1200倍液均匀喷施于患病处，效果显著。或用黄瓜靶斑净25克兑15千克水，均匀叶面喷施，病情严重地块可用黄瓜靶斑净50克兑1桶水，间隔5～7天再喷施1次，防治效果非常好。

发病前期可用32.5%嘧菌酯·百菌清悬浮剂1500～2000倍液，或50%醚菌酯干悬浮剂3000～4000倍液，或50%异菌脲可湿性粉剂1000倍液，或86.2%氧化亚铜可湿性粉剂2000～2500倍液，或77%氢氧化铜可湿性粉剂800～1000倍液，或33.5%喹啉铜悬浮剂800～1000倍液，或70%代森联干悬浮剂700倍液，或65%代森锌可湿性粉剂500倍液等药剂兑水喷雾防治。间隔7～10天喷1次，连喷2～3次。

保护地栽培可用45%百菌清烟剂250克/667平方米。或喷撒5%百菌清粉尘剂1千克/667平方米。隔7～9天用药1次，连续2～3次。

十八、黄瓜蔓枯病

黄瓜蔓枯病也叫黄瓜蔓割病、黄瓜黑腐病。

1.症状及快速鉴别

主要为害茎蔓、叶片。叶片上病斑近圆形或不规则形，直径10～35毫米，少数甚至更大。有的病斑淡褐色至黄褐色，自叶缘向内呈“V”字形。后期病斑易破碎，常龟裂。干枯后呈黄褐色至红褐色，病斑轮纹不明显，上生许多黑色小点，即病原菌的分生孢子器。病叶自下而上枯黄，不脱落。严重时只剩顶部1～2片叶，蔓上病斑椭圆形至梭形，油浸状，白色，有时溢出琥珀色的树脂胶状物。后期病茎干缩纵裂，呈乱麻状。严重时导致烂蔓，茎节变黑腐烂、易折断，造成病斑以上局部叶片发黄坏死。病株维管束正常不变色，根部正常（图1-27）。

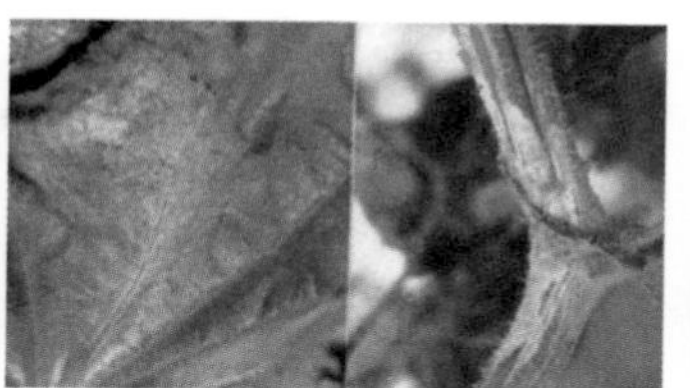

图1–27　黄瓜蔓枯病

2.病原及发生规律

病原为黄瓜壳二孢，属半知菌亚门真菌；有性时期为甜瓜球腔菌，属子囊菌亚门真菌。

病菌以分生孢子器或子囊壳随病残体在土中或附在种子、架杆、温室棚架、大棚棚架上越冬。翌年春季产生子囊孢子和分生孢子，通过风雨及灌溉水、农事操作及昆虫传播。此外种子也能带菌，病菌从气孔、水孔或伤口侵入导致子叶染病。成株由果实蒂部或果柄侵入。

病菌喜温暖、高湿的环境条件，平均气温18～25℃，最高35℃，最低5℃，相对湿度85%以上时发病较重。夜间露水大或台风后遭水淹易发病。土壤水分高易发病。保护地栽培通风不良，种植密度大，光照不足，空气湿度高时发病重。露地栽培时北方夏、秋季，南方春、夏季易流行。连作地、平畦栽培，排水不良，密度过大，肥料不足，植株生长衰弱或徒长，发病重。

3.防治妙招

（1）清园　黄瓜收获后及时彻底清除病残体，集中烧毁或深埋。

（2）选用抗病品种　可选用万青、春燕等抗病强的优良品种。

（3）加强栽培管理　发病严重的地块实行2～3年的轮作。保护地栽培以降低湿度为中心，实行垄作，进行全膜覆盖，膜下暗灌，有条件的可采用滴灌。合理密植，加强通风透光，降低棚室内湿度、减少滴水。黄瓜生长期间及时摘除病叶，增施磷、钾肥。

（4）种子处理　播种前种子可用55℃温水浸种15分钟，并不断搅拌，然后用温水浸泡3～4小时再催芽播种。直播种子可用种子重量0.3%的50%福美双可湿性粉剂拌种。也可用40%福尔马林100倍液浸种30分钟，用清水冲洗后催芽播种。

（5）药剂防治　发病初期及时喷药防治。可用25%咪鲜胺乳油1000倍液，或25%嘧菌酯悬浮剂1200倍液，或40%氟硅唑乳油4000倍液，或75%百菌清可湿性粉剂600倍液，或78%波·锰锌可湿性粉剂500～600倍液，或50%咪鲜胺锰盐乳油1500倍液，或70%甲基托布津可湿性粉剂800～1000倍液，或50%多菌灵可湿性粉剂500～600倍液，或2.5%咯菌腈悬浮剂1000倍液，或20%丙硫多菌灵悬浮剂2000倍液。在发病初期全田用药，进行全株喷雾，隔3～4天后再防治1次，连续施药2～3次，防效较好。

棚室保护地栽培可用45%百菌清烟雾剂250克/667平方米进行熏烟，分放5～6个点，傍晚由里向外点燃，密闭熏烟1夜，视病情程度每隔6～7天熏1次，连熏2～3次。

注意　必须严格控制药剂浓度和作用时间，否则会造成全棚毁秧。使用百菌清时，采收前10天停止用药。

也可喷6.5%甲基硫菌灵·乙霉威粉尘剂1千克/667平方米，早上或傍晚进行，先关闭大棚或温室，喷头向上使粉尘均匀飘落在植株上。视病情为害程度每隔7天喷1次。

发现茎上病斑时可立即用70%甲基硫菌灵可湿性粉剂50倍液，或40%氟硅唑乳油100倍液。用毛笔蘸药涂抹茎部病斑。

十九、黄瓜花叶病毒病

黄瓜花叶病毒病也叫黄瓜花叶病，属系统感染的病害，多是全株发病。

1.症状及快速鉴别

主要为害叶片和瓜。苗期、成株期均可发生和为害。

幼苗期染病，子叶变黄枯萎，幼叶呈深绿与淡绿相间的花叶状。同时发病叶片出现不同程度的皱缩、畸形。

成株染病，新叶呈黄绿相间的花叶状，病叶小，皱缩，叶片变厚。严重时叶片反卷，病株叶片逐渐枯黄。茎部节间缩短，茎畸形。瓜条呈现深绿及浅绿相间的花色、疣状斑块，表面凹凸不平，瓜条畸形。重病株节间短缩，簇生小叶，不结瓜，导致植株萎缩枯死。

（1）花叶型　叶片出现淡黄不明显的斑纹，后出现浓淡不均匀的小型花叶斑驳。果实接近果柄处出现花斑。

（2）皱缩型　症状比花叶型表现明显，新长出的叶片沿叶脉出现浓绿色、有皱缩隆起，或叶片变小，有时沿叶脉出现组织坏死斑。果面出现花斑，产生凹凸不平的瘤状物，果实多为畸形。严重时植株枯死。

（3）绿斑型　新叶产生黄色小斑点，逐渐变为淡黄色斑纹，绿色部分隆起呈瘤状。严重时植株新叶白天萎蔫。果实产生浓绿色花斑和瘤状物，常出现畸形瓜。

（4）黄化型　叶色变黄绿至黄色，叶脉保持绿色，叶脉间产生水渍状小斑点。病叶硬化，向叶背卷曲。定植后，棚室内温、湿度条件适宜时病害发生及蔓延较快，叶片外观开始表现典型症状，以后染病面积逐渐扩大，显现黄化似缺素症状。最后形成黄色干枯坏死斑，导致叶片失去光合作用（图1-28）。

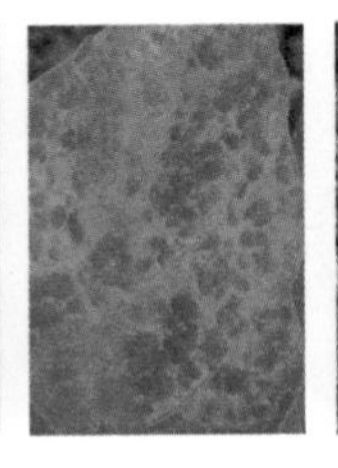

图1–28　黄瓜花叶病毒病

2.病原及发病规律

病原为黄瓜花叶病毒、甜瓜花叶病毒、烟草花叶病毒和黄瓜绿斑驳型病毒。主要由黄瓜花叶病毒（CMV）和甜瓜花叶病毒（MMV）侵染引起。通过雨水进行传播侵染。

黄瓜花叶病毒。种子不带毒，可通过蚜虫和汁液摩擦传播，有60多种蚜虫可传播该病毒，主要为桃蚜、棉蚜。如果翌年春季比较干旱，旺长前温度出现较大的波动，有干热风，可导致病害大流行。阴雨天较多，相对湿度大，蚜虫发生少，病害较轻。

甜瓜花叶病毒。种子可以带毒，带毒率为16%～18%。

绿斑驳型病毒。种子可以带毒，也可在土壤中越冬，成为翌年发病的初侵染源。通过种子、汁液摩擦、土壤或传毒昆虫传毒。病毒很容易通过手、刀子、衣物及病株污染的地块及病毒汁液，借风雨或农事操作传播，进行多次再侵染。田间遇有暴风雨造成植株互相碰撞、枝叶摩擦，或锄地中耕时造成伤根，都是侵染的重要途径。发病适宜温度20℃，气温高于25℃多表现隐症。温度高、日照强、干旱的气候条件，缺水、缺肥、棚室中杂草丛生发病重。

环境条件与瓜类病毒病发生关系密切。高温、干旱、光照强的条件下蚜虫发生严重，有利于病毒的繁殖和传播，且植株的抗病能力降低。所以在气温较高、缺水缺肥的环境条件下，黄瓜病毒病害发生严重。

3. 防治妙招

（1）加强调运和产地检疫，严格控制封锁发生区 对未发病区加强检疫，防止通过种子、种苗进行传播扩散。对从国内发病区调运到未发病区的葫芦科的种子、种苗，必须附有“植物检疫证书”，确保不带病毒，并对种植区加强产地检疫普查和监测，发现病情及时向植物检疫机构报告，并采取有效的控制措施进行封锁防治。

（2）防止病毒传染 高温时应及时防治蚜虫和白粉虱。可用50%抗蚜威可湿性粉剂2000倍液，或万灵2000倍液喷雾防治蚜虫。或用防虫网育苗，阻避蚜虫。室内栽培期间及早清除杂草，彻底杀灭白粉虱和蚜虫。远离带病作物。嫁接、打杈、绑蔓、掐卷须、去雄等田间作业时尽量减少健、病株接触，防止病毒交叉传染。中耕时减少伤根损伤。经常检查，发现病株及时拔除，集中销毁。

（3）加强栽培管理 选用抗病品种，培育壮苗。适期定植，一般当地晚霜过后即应定植，保护地可适当提早。采用配方施肥技术，施足有机肥，增施磷、钾肥，提高抗病力。适当浇水，增加田间湿度。

（4）合理轮作倒茬，减少病毒源 主要侵染葫芦科植物，一般与非寄主作物实行2年以上的轮作倒茬。同时加强田间管理，促进植株健壮生长，减轻毒源和损失。

（5）消毒 温室栽培应抓好种子消毒和苗床土壤消毒处理。播种前可用55℃温水浸种40分钟进行种子消毒处理，或将种子在70℃恒温下热处理72小时（3天）以钝化病毒。或用10%磷酸三钠溶液浸种20分钟，用清水冲洗2～3次后晾干备用，或催芽播种。

（6）采用防病毒药剂 定植前后各喷1次24%混脂酸·铜水剂700～800倍液，或10%混脂酸·铜水剂100倍液，或30%壬基酚磺酸铜水乳剂600倍液，或0.5%菇类蛋白多糖水剂300倍液，或20%吗啉胍·乙铜可湿性粉剂500倍液，可减弱病毒的侵染能力，钝化病毒。也可用27%高脂膜乳剂200倍液，每隔7天喷1次，连续2～3次。

发病前至发病初期，可用2%宁南霉素水剂400～500倍液，或20%盐酸吗啉胍·乙铜可湿性粉剂500～700倍液，或7.5%菌毒·吗啉胍水剂500～700倍液，或25%琥铜·吗啉胍可湿性粉剂600～800倍液，或5%菌毒清水剂300～500倍液，或31%吗啉胍·三氮唑核苷可溶粉剂800倍液，或25%吗胍·硫酸锌可溶粉剂500～700倍液，或3%三氮唑核苷水剂600～800倍液等药剂。视病情为害程度每隔7～10天喷1次，在定植后、初果期、盛果期各喷1次。发病初期也可用20%病毒A可湿性粉剂500倍液，或1.5%植病灵乳剂1000倍液，或83%增抗剂100倍液喷雾。另外混加硫酸锌25～30克、硼肥20克、天然芸苔素5克，配合杀虫剂，每隔5～7天喷1次，连续2～3次。

或用90%高锰酸钾45克兑水60千克喷洒。可用90%高锰酸钾45克加水25千克灌根，每株灌兑好的药液250毫升，能有效地防治病毒病，并兼治枯萎病。

二十、黄瓜细菌性叶枯病

1. 症状及快速鉴别

主要侵染叶片。初现圆形水浸状褪绿小斑，逐渐扩大呈近圆形或多角形的褐色斑，周围具褪绿晕圈。严重时大小1～2毫米，布满整个叶片，病斑可联合，甚至整片叶干枯死亡。

卷须染病，先形成水渍状小点，后折断枯死。大部分发生在中下部的功能叶片上（图1-29）。

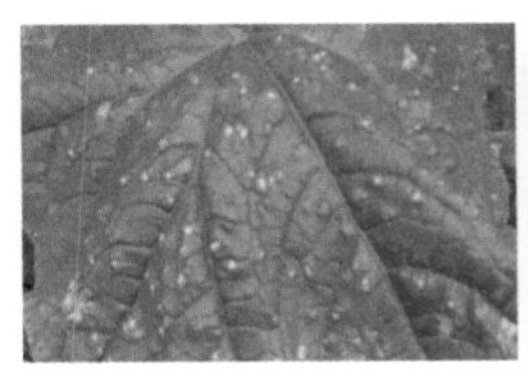   

图1-29　黄瓜细菌性叶枯病

2.病原及发病规律

病原为野油菜黄单胞菌黄瓜叶斑病致病变种，属细菌。

主要通过种子带菌传播蔓延。病菌在土壤中存活非常少。叶色深绿的品种发病重。棚室保护地较露地发病重。

育苗期低温、高湿条件下有利于发病。此外在土中营腐生生活的菌丝也可产生孢子囊，以游动孢子侵染瓜苗引起猝倒。幼苗子叶养分基本用完，新根尚未长满之前最易感病。该病主要在幼苗长出1～2片真叶期发生，3片真叶后发病较少。

3.防治妙招

（1）合理轮作　与非瓜类作物实行2年以上轮作。

（2）加强田间管理　配方施肥。生长期及收获后清除病叶，及时深埋。

（3）种子处理　播种前种子可用50℃温水浸泡15分钟，或用40%福尔马林150倍液浸种1～1.5小时，或用50%代森铵水剂500倍液浸种1小时，后用清水冲洗干净，再用清水浸种6～8小时催芽播种。

（4）药剂防治　发病初期可用20%噻唑锌悬浮剂300～500倍液+12%松脂酸铜乳油600～800倍液，或50%氯溴异氰尿酸可溶粉剂1500～2000倍液，或12%松脂酸铜乳油600～800倍液，或47%

春·氧氯化铜可湿性粉剂700倍液等药剂兑水喷雾。视病情为害程度每隔7～10天喷1次。

普遍发病时可用72%农用硫酸链霉素可溶粉剂3000～4000倍液，或88%水合霉素可溶粉剂1500～2000倍液，或3%中生菌素可湿性粉剂600～800倍液，或20%噻菌铜悬浮剂1000～1500倍液等药剂兑水喷雾。视病情为害程度每隔5～7天喷1次，交替用药。

二十一、黄瓜细菌性缘枯病

1.症状及快速鉴别

主要为害茎、叶、瓜条和卷须。

叶部发病，初产生水浸状小斑点。扩大后呈褐色不规则形病斑，周围有一晕圈。有时由叶缘向内扩展，形成楔形大坏死斑，并沿叶脉呈“V”字形向叶片扩大，病斑似水烫过。

茎、叶柄和卷须上病斑呈褐色水浸状。剖检茎部可见导管褐变。茎的病斑部位分泌出乳白色胶质。重病株发生萎蔫，叶片由下部向上枯萎。

瓜条多从果梗处侵染，果梗部位先形成褐色水浸状病斑，瓜条黄化凋萎，失水后僵硬。空气潮湿时病部常溢出菌脓。严重时瓜条从尖端开始软化，最后风干（图1-30）。

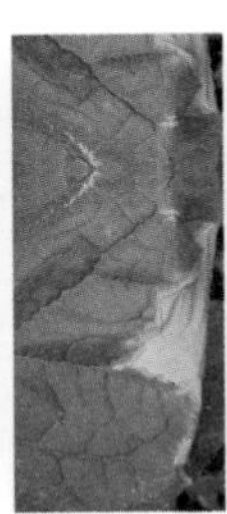

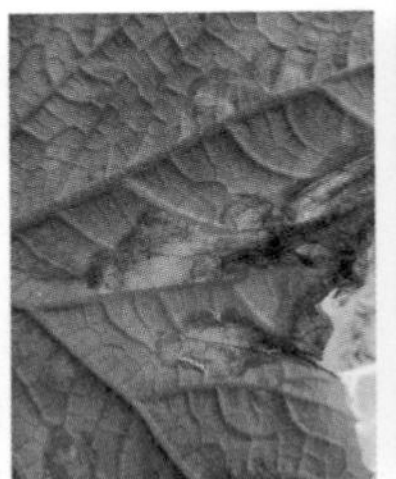
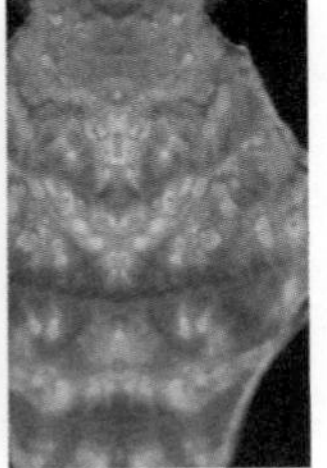

图1-30　黄瓜细菌性缘枯病

2.病原及发病规律

病原为边缘假单胞菌边缘致病变种，属细菌。

病菌主要由种子进行传播蔓延。病原菌在种子上或随病残体留在土壤中越冬，成为翌年初侵染源。病菌从叶缘水孔等自然孔口侵入，在棚室靠风雨、气流、灌水等田间操作传播蔓延和重复侵染。

病害受高温、高湿的生长环境影响，主要受降雨引起的湿度变化及叶面结露影响较大。大棚相对湿度高至70%以上或饱和且长达7～8小时发病较重。黄瓜叶缘吐水有利于病菌侵入。长势弱病害发生严重。暖棚栽培发病较多。随着气温的升高发病也逐渐增多。

3.防治妙招

（1）合理轮作　与非瓜类作物实行2～3年以上轮作。

（2）加强田间管理　生长期及收获后清除病叶，及时深埋。增施磷、钾肥，叶面喷施0.3%磷酸二氢钾可提高黄瓜抗病能力。保护地栽培覆盖地膜，实行膜下浇水，加强通风排湿，降低湿度防止叶面结露，或尽量缩短叶面结露时间，可控制病害的发生。

（3）种子处理　播种前种子可用50℃温水浸泡15分钟。也可用40%福尔马林150倍液浸种1～1.5小时。或用72%农用硫酸链霉素可溶粉剂500倍液浸种2小时。沥去药水再用清水浸3小时，冲洗干净后催芽播种。

（4）生态防治　及时调节棚内温湿度，浇水一定要在晴天上午进行。浇水后及时放风排湿，阴雨天不浇水。当外界夜温不低于15℃时昼夜放风。

（5）药剂防治　发病前期或发病初期可用20%噻菌铜悬浮剂1000～1500倍液，或20%喹菌酮水剂1000～1500倍液，或50%氯溴异氰尿酸可溶粉剂1500～2000倍液，或77%可杀得可湿性微粒粉剂400倍液，或47%春·氧氯化铜可湿性粉剂700倍液，或2%春雷霉素可湿性粉剂300～500倍液，或50%甲霜·铜可湿性粉剂600倍液，或25%络氨铜水剂500倍液，或50% DT杀菌剂500倍液等药剂兑水喷雾。视病情为害程度，每隔7～10天喷施1次，连续喷3～4次。

发病普遍时可用72%农用硫酸链霉素可溶粉剂3000～4000倍液，或88%水合霉素可溶粉剂1500～2000倍液，或3%中生菌素可湿性粉剂600～800倍液，或20%噻唑锌悬浮剂300～500倍液+12%松脂酸铜乳油600 ～ 800倍液，或20%噻菌铜悬浮剂1000 ～ 1500倍液，或20%喹菌酮水剂1000 ～ 1500倍液等药剂兑水喷雾。视病情为害程度每隔7 ～ 10天喷1次，药剂交替喷施。

保护地栽培可用10%乙滴粉尘剂，或5%百菌清粉尘剂喷撒，每667平方米每次用量1千克。也可用烟剂5号，每667平方米每次用350克进行熏烟。

二十二、黄瓜红粉病

1.症状及快速鉴别

黄瓜生育后期，叶片上产生浅褐色、圆形至椭圆形或不规则形病斑，大小1 ～ 5厘米。湿度大时边缘呈水浸状，病斑薄易破裂，常生有浅橙色霉状物，且迅速扩大导致叶片腐烂或干枯。菌落初为白色，后渐变为粉红色（图1-31）。

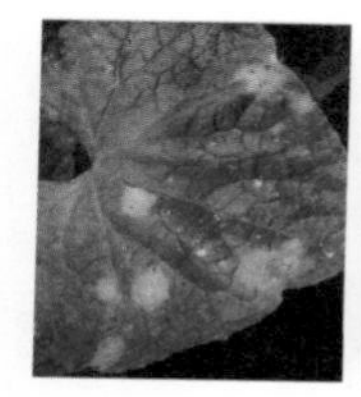
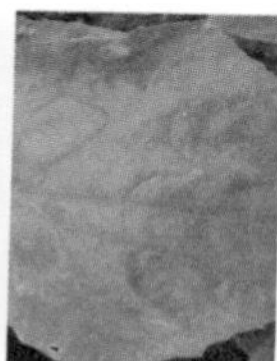

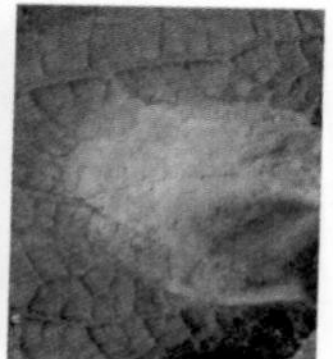

图1–31　黄瓜红粉病

提示　病斑比炭疽病大，病斑处薄，呈暗绿色，不产生黑色小粒点，可区别于炭疽病和蔓枯病。

2.病原及发病规律

病原为粉红单端孢菌，属半知菌亚门真菌。

病菌以菌丝体随病残体留在土壤中越冬。翌年春季条件适宜时产生分生孢子，传播到黄瓜叶片上，由伤口侵入。发病后病部又产生大量分生孢子，借风雨或灌溉水传播蔓延进行再侵染。病菌发育适温25 ～ 30℃，相对湿度高于85%易发病。因此该病多在春季发生。在温度高、光照不足、通风不良的大棚或温室里发病严重。

3.防治妙招

（1）农业防治　棚室栽培可通过适度稀植，及时整枝、绑蔓、摘除病老叶，通风透光，及时排湿等农业措施控制发病。合理灌溉，采用膜下灌溉，适当控制浇水，及时放风，降低棚室湿度，抑制发病。

① 合理密植　密度过大易形成湿度大、光照不足、通风不良的环境，会加重红粉病的发生。因此保护地黄瓜的密度宜在每667平方米约3500株。叶片、株型小的品种密度可适当增加，但不宜超过4000株。叶片、株型较大的品种以2800～3000株为宜。

② 适时绑蔓　黄瓜定植1周后开始立支架、吊绳绑蔓。

③ 及时整枝　及时摘除新发侧枝及底部老、病、黄化叶和枯萎叶。

④ 及时放风　及时放风，让棚内外空气对流。

⑤ 合理浇灌　合理灌溉，提倡滴灌和膜下浇水，使土壤湿润而水分又不高。

（2）药剂防治　发病初期可用40%氟硅唑乳油4000～6000倍液，或50%异菌脲可湿性粉剂1000～1500倍液，或65%甲硫·霉威可湿性粉剂800～1000倍液，或50%咪鲜胺锰盐可湿性粉剂1500～2000倍液+70%代森联干悬浮剂600～800倍液，或80%福美双·福美锌可湿性粉剂800～1000倍液，或25%溴菌清可湿性粉剂500～800倍液+75%百菌清可湿性粉剂600～800倍液，或80%福·福锌（炭疽福美）可湿性粉剂800倍液，或25%溴菌腈（炭特灵）可湿性粉剂500倍液，或50%苯菌灵可湿性粉剂1500倍液等药剂兑水喷雾。视病情为害程度每隔5～7天喷施1次，注意轮换用药。采收前3天停止用药。

二十三、黄瓜黑斑病

黄瓜黑斑病也叫黄瓜疮痂病，俗称烤叶病、烧叶病。

1.症状及快速鉴别

从苗期至采收期的幼株、成株均可发生。叶片自下而上发展，最后常剩下顶端几片好叶。

新叶和新茎初期呈湿润状，后呈褐色或黑色枯萎。病株为害较轻时可以再度生长，严重时完全停止生长。

中下部叶片先发病，后逐渐向上扩展，重病株除心叶外均可染病。叶片初为水渍状斑点，后发展成绿豆至黄豆大小的病斑。病斑多呈圆形或不规则形，中间黄褐色。叶正面稍有突起，表面粗糙。叶脉和叶柄一般不受害。如果条件适宜可迅速扩大联结，最后叶片枯焦，叶缘向上卷起，但不脱落。

幼果发病呈暗绿色萎蔫。果实稍大从病菌最初侵入之处流胶，形成圆形或椭圆形凹陷的病斑，出现黑色霉层，为分生孢子梗和分生孢子（图1-32）。

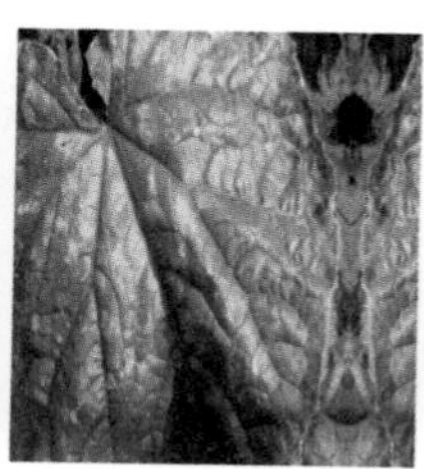

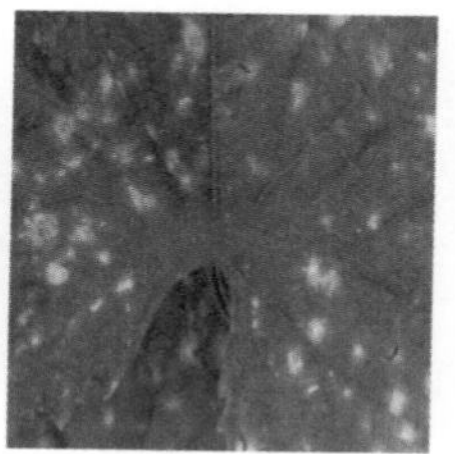

图1–32　黄瓜黑斑病

2.病原及发病规律

病原为瓜链格孢菌，属半知菌亚门真菌。

初始病原由种子带入，种子带菌是远距离传播的重要途径。病菌一旦在土壤中存活则可能在病残体中存活多年，成为翌年发病的初侵染源。病原菌附在叶片从气孔侵入后，与病株一同越冬，成为重要的侵染源。

当温度和湿度适宜时，特别是湿度大时病残体上的分生孢子会借上升气流和滴水飞溅，先在近地面的叶片侵染，后借叶面喷药或叶面喷肥之机迅速向上蔓延。因此在叶面喷肥次数多时病情发展也快。初夏至秋季坐瓜后高温、高湿条件下易发病流行。特别是浇水或风雨过后病情扩展迅速。土壤肥沃、植株健壮发病较轻。

3. 防治妙招

（1）合理轮作　发病地块与非瓜类实行3～4年轮作。

（2）土壤消毒　温室及大棚栽培要更新培养土，用消石灰进行土壤消毒。病株一经发现应立即剔除烧毁。同时对周边土壤进行消毒。

（3）种子消毒　播种前对种子进行消毒，可用50～60℃水恒温浸种15分钟。或用50%多菌灵粉剂500倍液浸种20分钟后，用水冲净再进行催芽。

（4）加强管理　选用抗病品种。施入腐熟的优质有机肥，增施磷、钾肥，加强植株抗病能力。采取高垄地膜覆盖栽培。节制浇水量避免大水漫灌。清洁田园。

（5）药剂防治　开始发病时摘除病叶，并喷药保护。可用80%代森锰锌600倍液+70%甲基托布津可湿性粉剂800倍液，或40%双胍辛烷苯基磺酸盐可湿性粉剂600倍液，或30%嘧菌酯悬浮剂2500倍液，或50%异菌脲可湿性粉剂1000倍液，或80%多菌灵可湿性粉剂800～1000倍液+10%苯醚甲环唑水分散粒剂1500倍液等药剂喷雾防治。每隔7～10天喷1次，连喷3～4次。

注意　喷药必须在下午温度低时进行，可避免发生药害。使用代森锰锌复配制剂时，每季只能用1～2次，防止锰离子超标。

保护地在发病初期可用粉尘剂和烟雾剂防治。在黄昏可喷撒5%百菌清粉尘剂，每667平方米园地每次用1千克。或在黄昏点燃45%百菌清烟剂，每667平方米园地每次用250～300克。或每667平方米园地每次用15%杀毒矾烟剂300～400克。隔7～9天熏烟1次，视病情为害程度可与粉尘剂交替使用。

二十四、黄瓜黑星病

1. 症状及快速鉴别

主要为害黄瓜的生长点，以植株幼嫩部分如嫩叶、嫩茎和幼果受害重。

叶片染病，侵染嫩叶时起初在叶面呈现近圆形褪绿小斑点，后扩大为2～5毫米淡黄色病斑，边缘呈星纹状。病部中央脱落，干枯穿孔后呈黄白色，后期形成边缘有黄晕的星状开裂孔洞，孔的边缘略皱不整齐。

叶柄、瓜蔓被害，病部中间凹陷形成疮痂状，表面生有灰黑色霉层。

嫩茎染病，初为水渍状暗绿色梭形斑，后变暗色，凹陷龟裂。湿度大时病斑长出灰黑色霉层，即病菌分生孢子梗和分生孢子。

瓜条染病，幼瓜和成瓜均可发病。初为圆形或椭圆形褪绿小斑，病斑处溢出透明的黄褐色胶状物，俗称“冒油”，凝结成块。以后病斑逐渐扩大、凹陷，胶状物增多堆积在病斑附近，最后脱落。湿度大时病部密生有黑色霉层。接近收获期病瓜暗绿色，有凹陷疮痂斑，后期变为暗褐色。空气干燥时龟裂，病瓜一般不腐烂。幼瓜受害病斑处组织生长受抑制，引起瓜条弯曲，易形成畸形瓜（图1-33）。

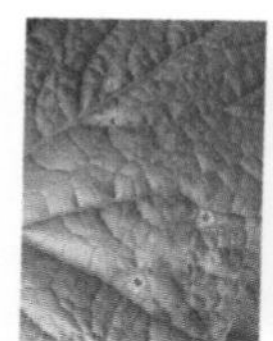

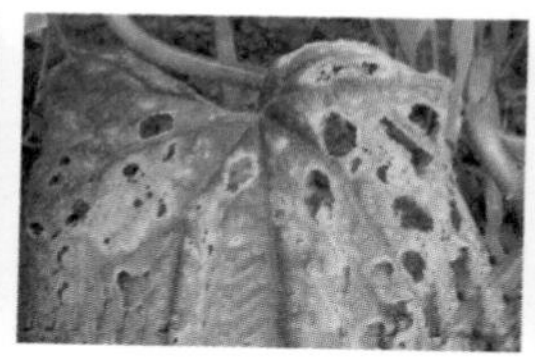

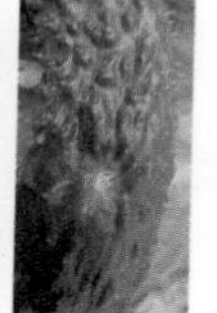

图1–33 黄瓜黑星病

2.病原及发病规律

病原为瓜枝孢霉菌，属半知菌亚门真菌。

病菌以菌丝体附着在病株残体上，在田间、土壤、棚架中越冬，成为翌年侵染源；也可以分生孢子附在种子表面或以菌丝体潜伏在种皮内越冬，成为近距离传播的主要来源。主要靠雨水、气流和农事操作在田间传播。病菌主要从叶片、果实、茎蔓的表皮直接穿透侵入，或从气孔和伤口侵入。潜育期随温度而异，一般在棚室内的潜育期为3～6天，露地9～10天。种植密度大、光照少、通风不良、保护地灌大水、重茬地、肥料少等发病重。

3. 防治妙招

（1）选用抗病品种　各地可根据实际情况选择适合本地的抗病性强的品种。

（2）从无病株上留种　从无病棚、无病株上留种。采用冰冻滤纸法检验种子是否带菌。

（3）播种前种子处理　播种前种子可用55～60℃温水浸种15分钟。或用80%多菌灵500倍液浸种20分钟，处理后再进行播种。

（4）合理轮作　与非瓜类作物进行轮作。

（5）棚室消毒　温室、大棚保护地栽培，定植前10天对棚室进行消毒，可用硫黄粉拌锯末点燃熏棚灭菌。每55立方米空间用硫黄粉0.13千克、锯末0.25千克混合后分放数处，点燃后密闭棚室熏1夜，杀死棚室中的病菌。也可用5%百菌清粉尘剂，用量1千克/667平方米喷粉。或用45%百菌清烟剂用量2500克/667平方米熏烟。

提示　喷粉宜在早晨放风前进行，熏烟应在傍晚闭棚后进行。

（6）加强栽培管理　密度合理。采用地膜覆盖、滴灌等节水技术。升高棚室温度，及时放风，降低棚内湿度，缩短叶片表面结露时间，可控制黑星病的发生。棚室内防止出现低温、高湿状态，科学控制温、湿度，白天气温保持在28～32℃，相对湿度保持在60%，种植后至结瓜期控制浇水。收获后彻底清除病残体，并深埋或烧毁。

（7）药剂防治　发病初期可用10%苯醚甲环唑水分散粒剂1500～2000倍液，或60%唑醚·代森联（百泰）可分散粒剂1500倍液，或40%杜邦福星乳油8000倍液，或43%好力克悬浮剂3000倍液，或30%氟菌唑（特富灵）可湿性粉剂1500倍液，或52.5%噁酮·霜脲氰（抑快净）可分散粒剂2000倍液，或50%醚菌酯（翠贝）干悬浮剂3000倍液，或50%多菌灵可湿性粉剂1000倍液，或25%吡唑醚菌酯（凯润）乳油3000倍液，或80%代森锰锌（云生）可湿性粉剂600倍液，或70%甲基托布津600～700倍液，或70%代森锰锌可湿性粉剂500～1000倍液，或20%氟硅唑·咪鲜胺600倍液，或56%嘧菌酯·百菌清500倍液，或62.5%腈菌唑·代森锰锌可湿性粉剂600倍液等药剂均匀喷雾。每隔7～10天喷1次，连续2～3次，交替用药。

提示 喷药时不要漏喷生长点部分，重点喷幼嫩部分。降低叶面酸度可大大减轻黑星病的发生。

二十五、黄瓜菌核病

1.症状及快速鉴别

主要为害茎基部和果实，也能为害茎蔓和叶。在黄瓜苗期至成株期均可发生，在成株期发病较重。

茎蔓染病，主要在茎基部和茎主、侧枝分杈处，初生褪色水浸状斑。逐渐扩大后呈淡褐色，病茎软腐纵裂，病部以上茎蔓和叶片凋萎枯死。湿度高时病茎软腐，病部长出一层白色棉毛絮状菌丝体。受害后茎秆内髓部遭受破坏，发病末期腐烂中空，或纵裂干枯，剥开可见白色菌丝体和黑色菌核。菌核鼠粪状，呈圆形或不规则形，早期白色，以后外部变为黑色，内部白色。

果实染病，多在残花部。初在幼果脐部呈水浸状腐烂，果实表面长出白霉，为白色棉絮状菌丝。后菌丝纠结长出黑色鼠粪粒状菌核。

叶片染病，初呈水浸状斑。扩大后呈灰褐色近圆形大斑，边缘不明显，病部软腐，并产生白色棉絮状菌丝。发病严重时产生黑色鼠粪状菌核（图1-34）。

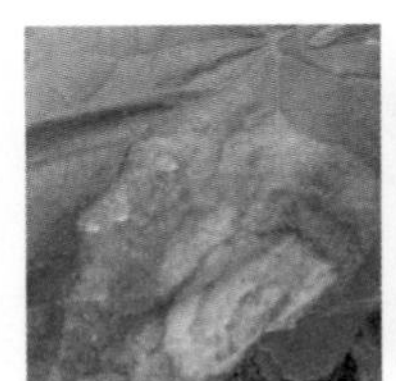

图1–34　黄瓜菌核病

2.病原及发病规律

病原为核盘菌，属子囊菌亚门真菌。

病菌以菌核在土壤中和病株残余组织内及混杂在种子中越冬或越夏。菌核一般可存活 2 年。混在种间的菌核随播种的带病种子进入田间。或遗留在土中的越冬菌核翌年春季在适宜温度5 ～ 20℃和吸足水分时萌发产生子囊盘。露出土面的子囊盘弹放出的子囊孢子在空中飘浮移动，借气流、浇水传播蔓延。接触黄瓜后从伤口或瓜条残花部侵入，侵染衰老叶片或未脱落的花瓣，穿过角质层直接侵入引起初次侵染，长出白色菌丝开始为害柱头或幼瓜。发病瓜条的残花病后脱蕾，带菌雄花掉落在植株健茎蔓、叶片上，经菌丝接触也可引起茎蔓、叶片发病。侵入后病菌破坏寄主的细胞和组织，扩散和破坏邻近未被病原物侵染的组织，通过病、健株间的接触进行重复侵染。直到条件恶化又形成菌核落入土中，或随种株混入种子间越冬或越夏。病叶与健叶或茎干接触，带病花瓣落在健叶上病菌就可以扩展，使健全的茎叶发病。

棚室内主要通过病组织上的菌丝与健株接触传播。菌丝生长适宜温度范围较广，不耐干燥，相对湿度85%以上、温度15 ～ 20℃有利于菌核萌发，菌丝生长、侵入，以及子囊盘的产生。因此低温、湿度大的环境或多雨的早春或晚秋菌核形成时间短、数量多，有利于病害的发生和流行。连年种植葫芦科、茄科及十字花科蔬菜的田块，排水不良的低洼地或偏施氮肥地区，或霜害、冻害条件下发病重。

3.防治妙招

（1）茬口轮作　与水生蔬菜、禾本科及葱蒜类蔬菜隔年轮作。

（2）种子处理　播种前种子可在50℃温水中浸种10分钟，立即移入冷水中冷却。晾干后催芽播种，即可杀死混杂在种子中的菌核。

（3）农业防治　施用有机活性肥或生物有机复合肥。有条件的实行与水生作物轮作。或夏季将病田灌水浸泡半个月，收获后及时深翻，深度要求达到25厘米，将菌核埋入深土层，抑制子囊盘出土。同时采用配方施肥技术，增强寄主抗病力。重病棚室在春、夏换茬期进行日光能高温土壤处理，注意防止病菌再次传入。早春菌核大量萌发出土，子囊盘尚未弹放子囊孢子时铲除子囊盘。

（4）生态防治　塑料棚采用紫外线塑料膜可抑制子囊盘及子囊孢

子的形成。也可采用高畦覆盖地膜减少菌源。创造不利于病菌萌发侵染的温湿度条件。

（5）彻底清理田园 冬、春季棚室注意通风排湿，生长期及时清除植株基部老黄叶和病株、老病叶等。摘除留在果实上的残花，发现病株及时拔除或剪去病枝病果，带出棚外集中烧毁或深埋。有条件的保护地在上茬收获后，可灌水闷棚约1个月，可杀灭土壤中的大部分菌核。采用地膜覆盖高畦栽培方式阻隔子囊孢子释放。在子囊盘出土期勤中耕松土，铲除出土的子囊盘。

（6）化学防治

① 苗床定期适时用药防治 秧苗移栽前一定要做到带药移栽，不移栽病、弱苗，严格控制秧苗带病移栽。

② 土壤消毒 定植前可用50%异菌脲或腐霉利可湿性粉剂配成药土耙入土中，每667平方米用药1千克与细土20千克拌匀。

③ 喷药 发病初期开始喷药。可用43%好力克悬浮剂2000～3000倍液（每667平方米用药40～50克），或50%速克灵可湿性粉剂1000倍液（每667平方米用药100克），或50%扑海因可湿性粉剂1000倍液（每667平方米用药100克），或50%多菌灵可湿性粉剂800倍液（每667平方米用药125克），或70%甲基托布津600～1000倍液（每667平方米用药100克），或65%甲霉灵可湿性粉剂1500倍液，或40%菌核净可湿性粉剂1000倍液等药剂喷雾。每隔7～10天喷1次，连喷3～4次。重病田视病情发展情况，必要时应增加喷药次数。

发现田间始发病株、病枝，最好剪去病部，棚室或露地出现子囊盘时可用25%咪鲜胺乳油1000～1500倍液，或35%多菌灵磺酸盐悬浮剂700倍液，或50%腐霉利·多菌灵可湿性粉剂1000倍液，或50%腐霉利可湿性粉剂1500倍液，或50%异菌脲可湿性粉剂1000倍液，或50%乙烯菌核利悬浮剂 800倍液等药剂在盛花期喷雾。每667平方米喷兑好的药液60升，隔8～9天喷1次，连续防治3～4次。

棚室也可用10%腐霉利烟剂，每100立方米每次用25～40克熏1夜，隔8～10天熏1次，连续或与其他方法交替防治3～4次。或喷施5%百菌清粉尘剂，每667平方米每次用1千克。

二十六、黄瓜花腐病

1.症状及快速鉴别

发病初期，黄瓜花和幼果发生水渍状湿腐，病花变褐腐败，病菌从花蒂部侵入幼瓜后向瓜上扩展，导致病瓜外部逐渐褐变，表面瓜毛之间可见白色茸毛状物在蔓延，有时可见黑色头状物。高温、高湿条件下病情扩展迅速。干燥时半个果实变褐，失去食用价值（图1-35）。

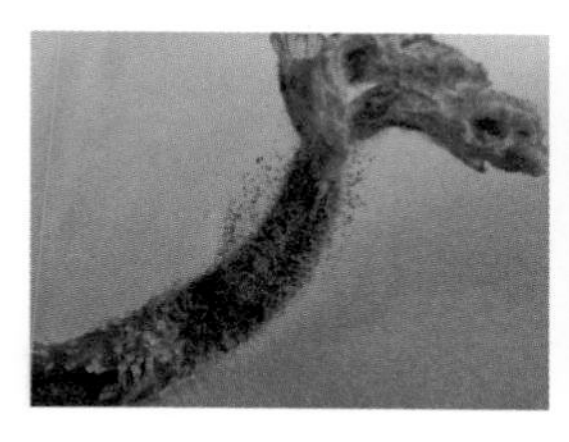

图1–35　黄瓜花腐病

2.病原及发病规律

病原为瓜笄霉，属接合菌亚门真菌。

病菌主要以菌丝体随病残体或产生接合孢子留在土壤中越冬。翌年春季侵染黄瓜的花和幼瓜。发病后病部长出大量孢子，借风雨或昆虫传播。

棚室栽培的黄瓜遇到高温、高湿或低温、高湿条件，且生活力弱易发病。日照不足、雨后积水、伤口多，易发病。

3.防治妙招

（1）农业防治　选择地势高燥地块种植，与非瓜类作物实行3年以上的轮作。施足酵素菌沤制的堆肥或有机肥。采用高畦栽培，合理密植，注意通风。雨后及时排水，严禁大水漫灌。坐果后，及时摘除残花病瓜，集中深埋或烧毁。加强田间管理，增强抗病力。

（2）药剂防治　开花至幼果期，开始喷洒69%甲霜•锰锌可湿性粉剂800倍液，或50%苯菌灵可湿性粉剂1000倍液，或75%百菌清可湿性粉剂600倍液，或58%甲霜灵·锰锌可湿性粉剂500倍液，或60%防霉宝800倍液等药剂。约隔10天喷1次，防治2～3次。采收前3天停止用药。

二十七、黄瓜软腐病

1.症状及快速鉴别

主要为害果实，也可为害茎蔓。主要发生在采收后运输贮藏过程中。多由伤口引起，病蔓断面流出黄白色菌脓。

果实受害，初期为水渍状深绿色的圆斑，病斑周围有水渍状晕环。扩大后稍凹陷，病部发软，逐渐转为褐色，病部逐渐扩大，内部软腐，表皮破裂崩溃，从病部向内腐烂，从内向外淌水，整个果实腐败分解，散发出恶臭味（图1-36）。

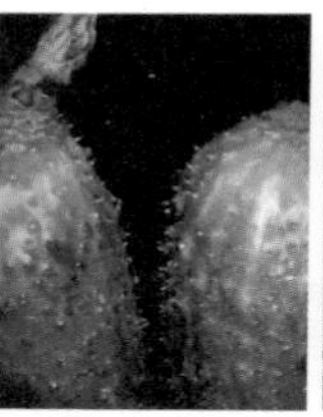
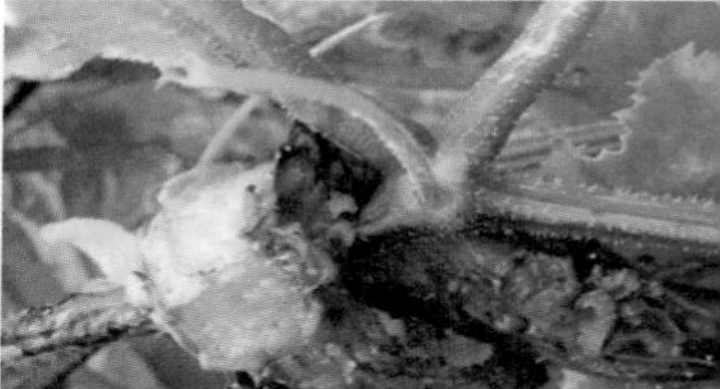

图1–36　黄瓜软腐病

2.病原及发生规律

病原为胡萝卜软腐欧文氏菌胡萝卜软腐致病变种，属细菌。

病原菌在病残体上或土壤中越冬。经伤口或自然裂口侵入，靠接触传播蔓延。

连作地、前茬病重、土壤病菌多易发病。或地势低洼积水，排水不良，土质黏重，土壤偏酸易发病。施肥过多，植株生长过嫩，虫伤多易发病。栽培过密，株行间郁闭，通风透光差易发病。种子带菌，育苗用的营养土带菌，或有机肥没有充分腐熟或带菌易发病。

3. 防治妙招

（1）选用抗病品种　各地可根据实际情况选择适合本地的抗病性强的品种。

（2）清园灭菌　播种或移栽前或收获后，清除田间及四周杂草，集中烧毁或沤肥。深翻灭茬，促使病残体分解，减少病虫源。

（3）种子处理　播种前种子可用45℃恒温水浸种15分钟，捞出后移入冷水中冷却。或用72%农用硫酸链霉素可溶粉剂500倍液浸种4～8小时后，冲洗干净催芽播种。

（4）加强管理　土壤病菌多或地下害虫严重的田块，在播种前撒施或沟施灭菌杀虫的药土。播种后用药土覆盖。适时早播、早移栽、早间苗、早培土、早施肥，及时中耕培土，培育壮苗。移栽前喷施1次除虫灭菌剂是防病的关键。选择排灌方便的田块，开好排水沟，降低地下水位，达到雨停无积水。大雨过后及时清理水沟，防止湿气滞留，降低田间湿度是防病的重要措施。及时防治害虫，减少植株伤口，减少病菌传播途径。高温干旱时控制蚜虫、白粉虱为害与传毒。发现病株及时拔除，清除病叶、病株并带出园外烧毁。病穴施药或撒生石灰消毒，减少田间初侵染和再侵染源，控制病害蔓延。采收、装卸时轻拿轻放，防止碰撞造成伤口。

（5）药剂防治　发病前可喷施14%络氨铜水剂300倍液，或20%噻森铜悬浮剂400倍液，或27%碱式硫酸铜悬浮剂600倍液，或86.2%氧化亚铜悬浮剂1000倍液，或53.8%氢氧化铜干悬浮剂800倍液。隔7～10天喷1次，连续防治2～3次。

二十八、黄瓜绵腐病

1. 症状及快速鉴别

主要在黄瓜成熟期为害，多从贴近土面的部位开始发病。染病的瓜果表皮出现褪绿，逐渐变为黄褐色、不定型的病斑。病斑迅速扩展，很快瓜肉也变黄、变软腐烂，腐烂部分可占瓜果的1/3或更多。随后在腐烂部位长出茂密的白色棉毛状物，有腥臭味（图1-37）。

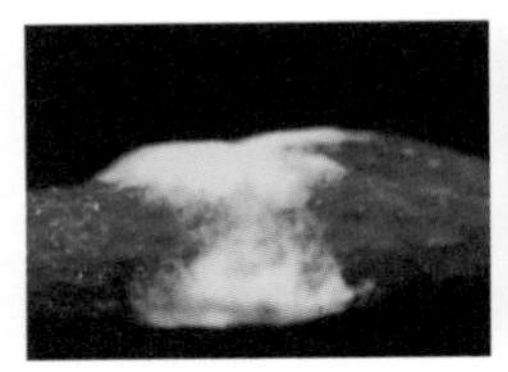

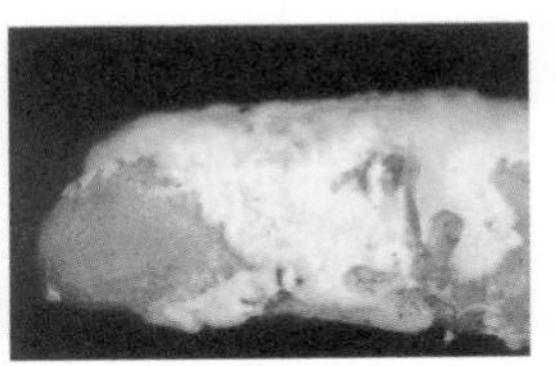

图1–37　黄瓜绵腐病

2.病原及发病规律

病原为瓜果腐霉菌，属鞭毛菌亚门真菌。

腐霉菌是一类弱寄生菌，有很强的腐生能力。病菌通过灌溉水和土壤耕作传播。由于寄生能力很弱，一般不能侵染未成熟的无伤瓜果。一旦瓜果成熟，特别是贴近地面的部位，表皮受到一些机械损伤或虫伤时，病菌就可从伤口处侵入。侵入后破坏力很强，能分泌果胶酶，使细胞和组织崩解，瓜果很快软化腐烂。

一般地势低，土质黏重，管理粗放，机械及虫伤多的瓜田病害较重。高温、多雨、闷热、潮湿的天气有利于病害的发生。

3.防治妙招

（1）加强肥水管理　提倡高畦深沟栽培，完善排灌系统，雨后及时清沟排渍，避免大水漫灌。配方施肥，防止偏施或过量施用氮肥，可减轻发病。

（2）施抗生菌剂　有条件的地方提倡瓜田内淋施抗生菌剂数次，可使土壤中抗生菌迅速增加，利用抗生菌抑制病菌繁殖和侵染可使病害减轻。

（3）药剂防治　发病前或发病初期，从幼果期开始可使用58%甲霜·锰锌可湿性粉剂600～800倍液，或64%噁霜·锰锌可湿性粉剂800倍液，或30%噁霉灵水剂800倍液等药剂均匀喷雾。约隔10天喷1次，连喷2～3次，注意轮换使用。

二十九、黄瓜枯萎病

黄瓜枯萎病也叫萎蔫病、死秧病，是一种由土壤传染，从根或根颈部侵入，在维管束内寄生的系统性病害。

1.症状及快速鉴别

多在开花结果后陆续发病，最初表现为部分叶片或植株的一侧叶片中午萎蔫下垂，似缺水状。早晚可恢复，后萎蔫叶片不断增多，逐渐遍及全株，早晚不能复原，并很快枯死。病株主蔓基部纵裂，纵切病茎可见维管束变褐。茎基部、节和节间出现黄褐色条斑，常有黄色胶状物流出。潮湿时病部表面产生白色至粉红色霉层。病株易被拔起（图1-38）。

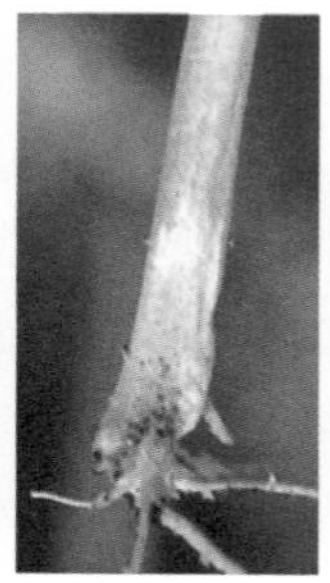
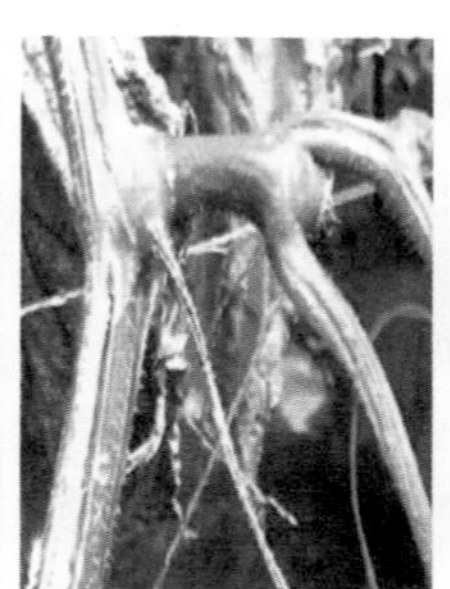

图1–38　黄瓜枯萎病

2.病原及发病规律

病原为尖镰孢菌黄瓜专化型，属半知菌亚门真菌。

病菌主要以厚垣孢子、菌核和菌丝体随寄主病残体在土壤中、病残体和种子上越冬。病菌生命力极强，厚垣孢子在土中能存活5～6年或更长时间。病菌随种子、土壤、肥料、灌溉水、昆虫、农具等进行传播。远距离传播主要借助带菌的种子和带菌的肥料。田间近距离传播主要借助灌溉水、流水、风雨、小昆虫及农事操作、农具等传播，从伤口或不定根处侵入致病。

重茬连作病害重。低洼潮湿、土壤高湿、根部积水、水分管理不当、浇水过多过频或大水漫灌、雨后积水等导致根系呼吸减弱，发育不良。连绵阴雨后转晴，浇水后遇大雨，土壤水分忽高忽低，施用未充分腐熟的土杂肥，皆易诱发病害。高温、高湿是枯萎病发生的有利条件，气温在24～27℃、土温在25～30℃时病害发生快。氮肥过多、土壤酸性（pH4.6～6）发病较重。地下害虫和根结线虫多的地块发病较重。

3.防治妙招

（1）选用抗病品种　各地可根据实际情况选择适合本地的抗病性强的品种。

（2）培育壮苗　选用无病新土育苗，用纸袋或塑料杯育苗。采用营养钵或塑料套分苗。定植时不伤根缓苗快，提高黄瓜苗期的抗病能力。

（3）种子消毒　播种前种子可用噁霉灵粉剂3000倍液+“天达2116”500倍液浸种20分钟。或用50%多菌灵可湿性粉剂500倍液浸种1小时。或用40%甲醛150倍液浸种1.5小时，然后用清水冲洗干净再催芽播种。或在0℃恒温灭菌72小时后再播种。或用25%多菌灵可湿性粉剂按种子重量的1%进行药剂拌种，可杀灭种子携带的病菌。

（4）轮作　与葱韭等非瓜类蔬菜实行3～5年以上的轮作。

（5）嫁接防病　用根系发达、耐低温、抗枯萎病的黑籽南瓜作砧木，采用靠接或顶插接，防治效果可达95%以上。

（6）加强栽培管理　培土不可埋过嫁接切口，栽前多施基肥。收瓜后应适当增加浇水，成瓜期多浇水保持植株旺盛的生长势。勤中耕，中耕时避免伤根，疏松土壤增加透气性。结瓜前控制浇水量，防止漫灌和积水。肥料必须充分腐熟，追肥分期适量施入，减少因施肥不当造成烧根。发现病株及时拔除烧毁，病穴可用生石灰或药剂消毒。

（7）药剂防治　预防时在发病前可喷洒20%唑菌酮可湿性粉剂1000～1500倍液，或20%噻菌酯可湿性粉剂1000倍液，或20%叶枯唑可湿性粉剂800倍液，或30%壬菌铜微乳剂400倍液等药剂防治。

发病初期或蔓延期，可用50%多菌灵可湿性粉剂500倍液，或10%苯醚甲环唑可分散粒剂1500倍液，或70%甲基托布津可湿性粉剂600倍液，或10%双效灵水剂300倍液，或农抗“120”100倍液灌根。每株灌0.25千克药液，每隔5～7天灌1次，连续灌2～3次。

提示 灌根时必须掌握在发病初期，否则效果差。

三十、黄瓜细菌性枯萎病

黄瓜细菌性枯萎病也叫细菌性萎蔫病。

1.症状及快速鉴别

发病初期，叶片上出现暗绿色水浸状病斑，茎部受害处变细，两端呈水浸状。病部以上的蔓和枝杈及叶片先出现萎蔫，迅速扩展，不久全株突然枯萎死亡。剖开茎蔓手捏挤压，从维管束的横断面上溢出白色菌脓，用干净火柴棍或小刀刀尖沾上菌脓轻轻拉开，可将菌脓拉成丝状（图1-39）。

图1-39 黄瓜细菌性枯萎病

提示 导管一般不变色，根部也未见腐烂，可区别于镰刀菌引起的枯萎病。

2.病原及发病规律

病原为嗜维管束欧文氏菌（黄瓜萎蔫欧文氏菌），属细菌。

该病害为系统性侵染的维管束病害，病菌由黄瓜甲虫传播。黄瓜细菌性枯萎病过去国内很少报道，近几年在浙江、吉林已见发病。除为害黄瓜外，还可侵染葫芦科香瓜、南瓜、西瓜属植物。黄瓜和甜瓜易发病。

3. 防治妙招

（1）选用抗细菌性病害的品种 可选用中农5号、碧春、满园绿等抗病性强的优良品种。

（2）种子消毒处理 从无病瓜上选留种，瓜种可用70℃恒温干热灭菌72小时；或50℃温水浸种20分钟，捞出晾干后催芽播种；也可用次氯酸钙300倍液浸种30～60分钟；或40%福尔马林150倍液浸1.5小时；或100万单位硫酸链霉素500倍液浸种2小时。冲洗干净后催芽播种。

（3）加强田间管理 用无病土育苗。与非瓜类作物实行2年以上轮作。生长期及收获后清除病叶，及时深埋。施用酵素菌沤制的堆肥，采用配方施肥技术，减少化肥施用量。

（4）药剂防治 在发病前或瓜蔓延伸开始期，开展预防性药剂防治，可喷27%铜高尚悬浮剂600倍液，或50%甲霜·铜可湿性粉剂600倍液，或50%琥胶肥酸铜可湿性粉剂500倍液，或60%琥·乙膦铝可湿性粉剂500倍液，或53.8%可杀得2000干悬浮剂 1000倍液等药剂。每667平方米用兑好的药液60～75升，连续3～4次。

提示 琥胶肥酸铜对白粉病、霜霉病有一定的兼防作用。

此外，也可用硫酸链霉素4000倍液，或72%农用链霉素可溶粉剂4000倍液，或1∶4∶600铜皂液，或1∶2∶（300～400）倍式波尔多液，或40万单位青霉素钾盐5000倍液等药剂喷雾防治，均有很好的防效。采收前3天停止用药。

三十一、黄瓜根腐病

（一）黄瓜腐霉根腐病

1. 症状及快速鉴别

从黄瓜定植到根瓜采收期均可发病。根瓜采收期最为严重。

发病初期，黄瓜植株上部叶片萎蔫，似缺水状，周围未发病株表现正常。发病植株萎蔫中午最明显，早晚稍微减轻，但植株不能恢复正常。过几天后植株萎蔫程度加重，但植株仍为绿色。拔出病株，根毛淡褐色呈水浸状，根毛区无新生的白细根毛。发病的部位先从根毛处开始向主根和根颈处发展。发病严重的植株根颈处呈水浸状腐烂。自根苗和嫁接苗的根系均能发病。

主要侵染根及茎部，初呈水浸状，后在茎基或根部产生褐斑，逐渐扩大后凹陷。严重时病斑绕茎基部或根部一周导致地上部逐渐枯萎。纵剖茎基或根部导管变为深褐色，后根颈腐烂不长新根，植株枯萎死亡（图1-40）。

图1-40　黄瓜腐霉根腐病

2.病原及发病规律

病原为德里腐霉和卷旋腐霉，均属鞭毛菌亚门真菌。

病菌可在土壤中长期存活，借雨水、灌溉水、带菌粪肥、农具及种子传播。春季床温较低时易发病，土温15～16℃时病菌繁殖速度很快。土壤高湿极易发病。幼苗子叶中养分快耗尽而新根尚未长满之前抗病力最弱。光照不足，遇寒流或连续低温阴雨（雪）天气，苗床保温不好，病菌会乘虚而入。

3.防治妙招

（1）黄瓜定植后浇水时，选择连续晴天的上午采用滴灌的方式，一定要避免大水漫灌。浇水后温室适当通风，降低室内的空气湿度。浇水2～3天后黄瓜根部附近进行多次划锄，降低土壤湿度，增加土壤透气性，以利于根系生长。

（2）推迟覆盖地膜。一般发病严重的温室往往在大水漫灌或滴灌后就覆盖地膜，造成土壤的湿度加大，透气性变差。覆膜后地温升高，一般在连续晴天的条件下白天覆盖地膜的土壤温度约20℃，夜间约16℃，有利于病菌的侵染。因此推迟覆盖地膜的时期可大大降低根腐病的发病率。建议在根瓜坐瓜后再覆盖地膜。

（3）黄瓜定植前可用95%噁霉灵（土菌消）50克，掺细土10千克，撒在定植穴中。缓苗后15天可用95%噁霉灵3000倍液进行灌根处理，每株灌药液量200～250毫升。如果发现田间植株发病中心，应立即拔除，在病株周围撒石灰消毒。避免大水漫灌，防止病害传播。

发病初期可用95%噁霉灵800倍液，或72.2%霜霉威水剂800倍液，或2.5%咯菌腈1000倍液，或20%丙硫·多菌灵悬浮剂2500倍液，或53%精甲霜·锰锌水分散粒剂500倍液，加入生根剂进行交替灌根处理。每株灌药液量300～500毫升，5～7天灌根1次，连续3～4次。

（4）遇连阴天进行补光处理。有条件的温室可同时进行增温，并喷施叶面肥，增强植株的抗性。

（二）黄瓜腐皮镰孢根腐病

黄瓜腐皮镰孢根腐病也叫镰刀菌根腐病，是在水里浸泡时间过长造成的。

1.症状及快速鉴别

该病害是一种常见的根腐病，主要侵染主根及茎部。发病初期病株根部主根或须根变黄。初呈水浸状，后逐渐腐烂。茎缢缩不明显，病部腐烂处的维管束变褐，不向上发展，可区别于枯萎病。后期病部往往变糟，留下丝状维管束。病株地上部初期症状不明显，后病部逐渐扩展，叶片中午萎蔫下垂，早晚尚能恢复。严重时几天后根部呈黄褐色湿腐，地上部呈青枯状萎蔫，多数不能恢复，导致干枯死亡（图1-41）。

2.病原及发病规律

病原为瓜类腐皮镰孢菌，属半知菌亚门真菌。

图1-41　黄瓜腐皮镰孢根腐病

以菌丝体、厚垣孢子或菌核在土壤及病残体中越冬。尤其厚垣孢子可在土壤中存活5～6年或长达10年，成为主要侵染源。病菌从根部的伤口侵入，后在病部产生分生孢子，借雨水或灌溉水传播蔓延进行再侵染。高温、高湿有利于发病。发病的适宜温度为25℃。连作地、低洼地、黏土地或下水头发病重。通透性差，植株生长衰弱易发病。

3.防治妙招

（1）合理轮作。露地可与白菜、葱、蒜等十字花科、百合科蔬菜实行2～3年以上轮作，或与水稻等进行水旱轮作。保护地避免连茬，降低土壤含菌量。

（2）及时拔除病株，并在根穴里撒消石灰。

（3）采用高畦栽培，认真平整土地，苗期发病及时松土，增强土壤透气性。防止大水漫灌，雨后排除积水。进行浅中耕，保持底墒和土表干燥。

（4）定植时可用70%甲基硫菌灵可湿性粉剂，或50%多菌灵可湿性粉剂，或70%敌磺钠可溶粉剂10克兑干细土500克撒在定植穴中，每667平方米用药1～1.25千克。

（5）药剂防治　田间发病后及时用药。发病初期可喷洒或浇灌50%甲基硫菌灵可湿性粉剂500倍液，或根腐灵300倍液，或50%多菌灵可湿性粉剂500倍液，或5%丙烯酸·噁霉·甲霜水剂

800～1000倍液，或80%多·福·福锌可湿性粉剂500～700倍液，或3%噁霉·甲霜水剂600～800倍液，或20%二氯异氰尿酸钠可溶粉剂400～600倍液，或50%福美双可湿性粉剂500～700倍液，或70%甲基硫菌灵可湿性粉剂600～800倍液，或20%甲基立枯磷乳油800～1000倍液+70%敌磺钠可溶粉剂800倍液，或70%噁霉灵可湿性粉剂2000～3000倍液，或80%乙蒜素乳油3000倍液，兑水灌根时每株灌250毫升，视病情为害程度每隔7～10天灌1次。或配成药土撒在茎基部。

（三）黄瓜根颈腐病

黄瓜根颈腐病也叫嫁接黄瓜根颈腐病。

1.症状及快速鉴别

在茎基部与土壤相接处呈现水浸状，并有褐色病斑及白色霉层，造成整株萎蔫死亡。严重发病植株并未枯萎而直接倒伏，根颈部发病较严重，根部受害并不严重（图1-42）。

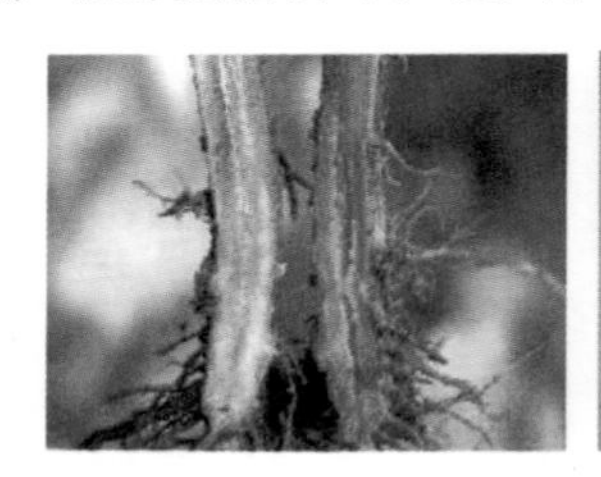
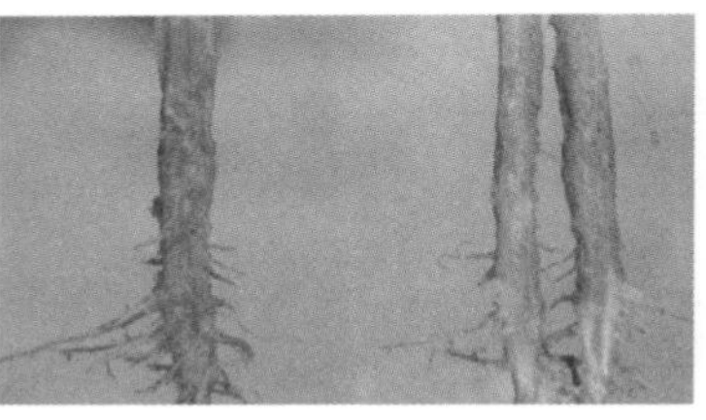

图1–42　黄瓜根颈腐病

2.病原及发病规律

病原为茄病镰刀菌瓜类专化型，属半知菌亚门真菌。

病菌只对瓜类具有致病性，通过种子、土壤传播侵染，在病原菌侵染途径方面，与尖孢镰刀菌黄瓜专化型不同，尖孢镰刀菌黄瓜专化型可在发病黄瓜植株维管束中存在，造成整株的系统侵染。而茄病镰刀菌瓜类专化型在植株维管束中移动性差，不会在植株中造成系统侵染。

3.防治妙招

（1）选用抗病的砧木嫁接，可彻底解决嫁接黄瓜根颈腐病。

（2）播种前对种子及土壤进行消毒，杀死种子与土壤中存活的病原菌。

（3）加强水肥、温度、湿度等管理，为黄瓜提供良好的生长条件，提高抗病性。

（四）黄瓜拟茎点霉根腐病

1.症状及快速鉴别

一般苗期发育正常，进入结瓜期后开始发病。初期叶片失去活力，晴天中午萎蔫，阴天或早晚恢复原状，反复几天后萎蔫枯死。

主要是黑籽南瓜茎基部萎缩变软衰败，但不腐烂，根部维管束不变色，可区别于腐皮镰孢菌根腐病和枯萎病（图1-43）。

图1-43　黄瓜拟茎点霉根腐病

2.病原及发病规律

病原为拟茎点霉菌，属半知菌亚门真菌。

病菌以菌丝体、厚垣孢子或菌核在土壤中及病残体上越冬。厚垣孢子可在土中存活5～6年或长达10年，成为主要侵染源。病菌从根部伤口侵入，后在病部产生分生孢子，借雨水或灌溉水传播蔓延进行再侵染。15～30℃均可发病，20～25℃发病重。

高温、高湿有利于发病。连作地、低洼地、土质黏重的黏土地通透性差，或下水头地方发病重。植株生长衰弱易发病。

3.防治妙招

（1）合理种植　大棚蔬菜收获以后，有条件的可与十字花科、百合科作物实行3年以上轮作。或利用闲置期种植小白菜、蒜苗等蔬菜，可有效降低土壤中病菌的含量，最大限度减少对黄瓜的为害。一定要避免连茬。

（2）采用高畦栽培　认真平整土地，建立高畦定植，达到渗灌的目的，防止大水漫灌及雨后田间积水。苗期发病时及时松土，增强土壤透气性。

（3）药剂防治　发病初期可喷洒或浇灌50%甲基硫菌灵可湿性粉剂500倍液，或根腐灵300倍液，或50%多菌灵可湿性粉剂500倍液。也可配成药土撒在茎基部。

（4）药土定植　定植时可用60%的甲基托布津可湿性粉剂制成药土，将药土播撒在定植苗的土坑中。药土比例为1∶50，即1份药粉和50份土均匀混合。

（5）阳光消毒　收获后对大棚消毒处理。先关闭棚内的主要通风设施，在棚内平铺地膜，使大棚内15厘米厚的土壤温度能够达到40～50℃，维持10天以上，将原来的沟填平。使原来的垄变成沟，原来的沟变成垄。整理完毕后再高温闷棚10天以上。充分利用太阳光的温度对大棚进行消毒，这对防治根腐病有显著的效果。

三十二、黄瓜白绢病

1.症状及快速鉴别

主要为害茎基部或果实。茎基部初产生水渍状暗绿色病斑，逐渐扩大，稍凹陷，表面生有白色绢丝状菌丝体。发病后期植株病部和地表上的菌丝体结出很多油菜籽状的菌核。后导致植株萎蔫死亡（图1-44）。

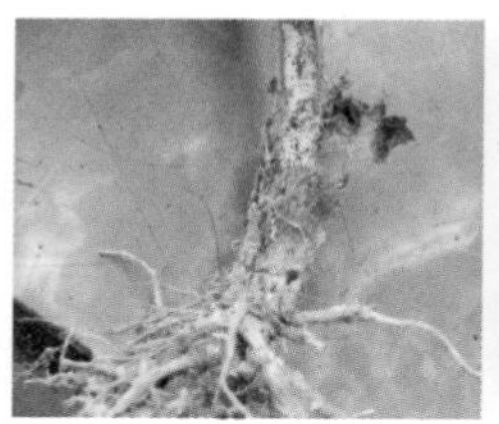

图1-44　黄瓜白绢病

2. 病原及发病规律

病原为齐整小核菌，属半知菌亚门真菌。

主要以菌核或菌丝体在土壤中越冬。条件适宜时菌核萌发产生菌丝，从寄主茎基部或根部侵入，潜育期3 ～ 10天。出现中心病株后地表菌丝向四周蔓延。发病适温30℃，特别是高温及时晴时雨有利于菌核萌发。连作地、酸性土或沙性地发病重。主要为害露地栽培黄瓜，从6月至秋季常发病，连续降雨并持续低温时为害严重。

3. 防治妙招

（1）农业防治　避免连作，选择排水良好的地块栽培。利用秸秆覆盖地面，防止病原菌飞溅。发现病果和病叶应立即摘除并烧毁。

（2）药剂防治　定植后无病早防、见病早治。定期或不定期淋施田安或井冈霉素水剂（用量同上）2 ～ 3次作为预防。检查发现病株后及时拔除、烧毁，妥善处理病株。对病穴及其邻近植株可淋灌5%井冈霉素水剂1000倍液，或20%甲基立枯磷乳油1000倍液，或田安（或速克灵、扑海因），每株（穴）淋灌0.4 ～ 0.5升。封锁发病中心，控制病害蔓延。

三十三、黄瓜根结线虫病

1. 症状及快速鉴别

主要表现在根部。轻病株症状不明显，重病株生长较矮小，发育不良，结实不好。干旱时中午萎蔫。将病秧拔起，侧根或须根上产生大小不等的瘤状根结，有的呈现串珠状使根系变粗，解剖根结病部组织内有很小的乳白色线虫（图1-45）。

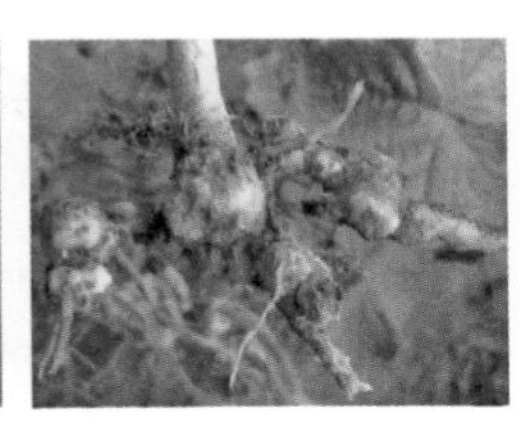
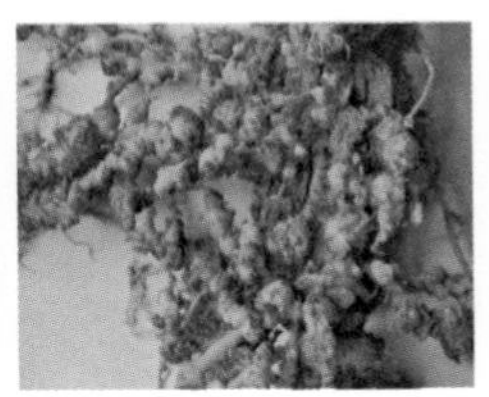

图1–45　黄瓜根结线虫病

2.病原及发生规律

病原为根结线虫，属植物线虫。

根结线虫以2龄幼虫或卵在土中越冬。借助雨水、灌溉水传播。从幼嫩根尖侵入直至发育为成虫，成为内寄生线虫。在取食的同时分泌刺激物，刺激根细胞增大和增殖，形成根结或根瘤。初侵染源为病土、病苗及灌溉水，远距离移动和传播依靠流水、风、带病的种子、病土搬运、农机具粘带的病残体以及人们的各项农事操作。

3.防治妙招

（1）深翻晒土，闲时灌水，增施充分腐熟的优质有机肥。

（2）黄瓜生育期间发现线虫，可用50%辛硫磷乳油1500倍液，或30%佳盛微囊悬浮乳剂500倍液灌根。每株灌药液0.25 ～ 0.5千克，一般灌1次即可。

三十四、黄瓜真滑刃线虫病

1.症状及快速鉴别

黄瓜染病后起初症状不明显，发生数量多或持续时间长时全株生长不良，似缺水或缺肥状，对不良环境条件抵抗力差，容易导致其他病害发生和蔓延。后期根部变褐腐烂（图1-46）。

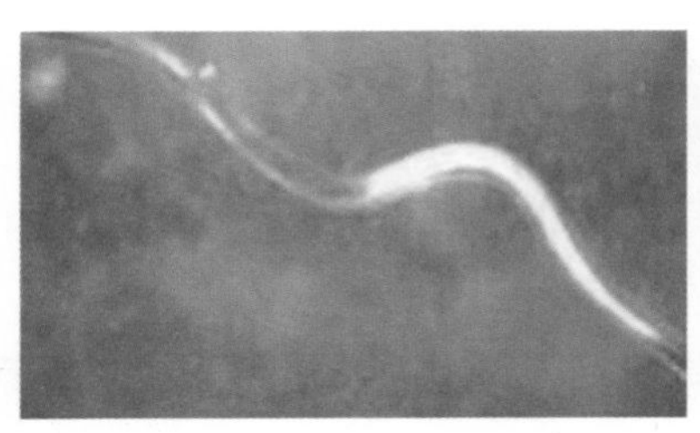
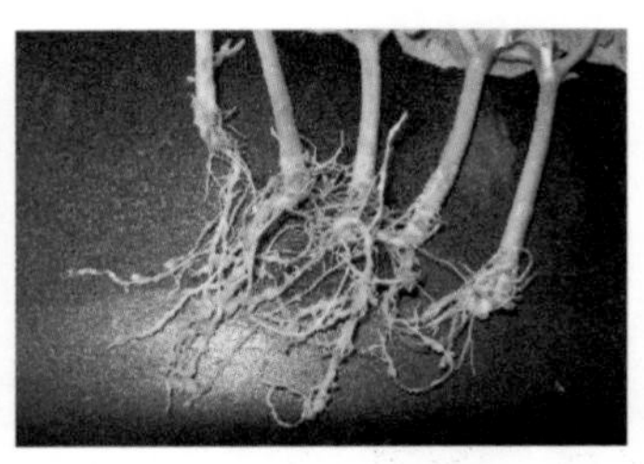

图1–46　黄瓜真滑刃线虫病

2.病原及发生规律

病原为真滑刃线虫，属植物线虫。

线虫体圆筒形，无基部球，基部稍粗，前端较后端略短。线虫产卵后孵化出的幼虫在根附近活动为害。繁殖适温25～30℃，一年发生多代。

3. 防治妙招

（1）农业防治　线虫为害严重的地区或田块收获后立即清除病残体、残根，集中深埋或烧毁，深翻晒田。棚室保护地发生线虫进行高温消毒。每667平方米施用充分腐熟的干鸡粪150～500千克，有较好的防治效果。

（2）药剂防治　可用30%除线特乳剂兑水300～350倍液淋浇在播种沟内。如果用50%除线特粉剂，每667平方米用药1.5～2.5千克与30千克细干土混匀撒在播种沟内，然后再播种、覆土。生长期间如果发生线虫可结合中耕松土再施药1次，用药量较之前增加1～2倍。为防止产生药害，使用前应先进行小面积试验，确定无药害后再大面积推广应用。

第二节　黄瓜主要非侵染性病害快速鉴别与防治

凡是由于气候影响和管理不当引起的发病症状均属于生理性病害范畴。在黄瓜生产中生理性病害往往难以识别，菜农认不准、分不清、胡乱猜、蒙着治，容易造成重大损失。生理性病害具有普遍性和多样性，能占总病害的50%以上。包括黄瓜幼苗异常、黄瓜茎叶异常、黄瓜花果异常、温度异常对黄瓜的为害，以及药害、肥害和缺素症、营养过剩、流胶病等。

一、黄瓜缺氮及氮过剩

（一）黄瓜缺氮症

1. 症状及快速鉴别

缺氮初期，植株生长缓慢，叶片逐渐变黄，呈淡绿或黄绿色，叶脉变得更清晰。严重缺氮时叶片上叶脉凸起，坐果相对减少，果实变小、畸形。

（1）叶片小，上位叶更小。

（2）从下位叶到上位叶逐渐变黄。

（3）开始叶脉间黄化，叶脉凸出可见。最后扩展至全叶变黄。

（4）上位叶变小，不黄化。

（5）坐果数少，瓜果生长发育不良，膨大慢。

（6）叶片含氮在3.0%～3.5%之间为正常，低于2.5%为缺氮（图1-47）。

图1–47　黄瓜缺氮症状

2.病因及发病规律

栽培土壤沙性强，质地粗糙，容易缺氮。下雨或大量浇水，土壤中的氮元素以硝酸根形态流失。土壤微生物的反硝化作用使氮以铵态氮的形式挥发。此外氮肥施用不足、不及时或施用不均匀，秸秆肥施用过多，消耗大量的氮素，灌水量过大等都可能造成缺氮。

（1）前茬作物施入有机肥少，土壤含氮量低。

（2）种植前施用大量没有腐熟的稻草，碳素多，在分解时夺取土壤中的氮。

（3）露地栽培由于降雨多，氮被淋失。

（4）沙土、沙壤土阴离子交换少的土壤，易缺氮。

（5）收获量大，从土壤中吸收氮多，追肥不及时，易出现氮素缺乏症。

3. 防治妙招

（1）根据黄瓜对氮、磷、钾三要素和对微肥的需要，施用酵素菌沤制的堆肥，或充分腐熟的新鲜优质有机肥，采用配方施肥技术，防止氮素缺乏。

（2）施用新鲜的稻草等有机物作基肥时要增施氮素，防止氮不足。

（3）低温条件下施用硝态氮效果好。

（4）施用完全腐熟的堆肥可提高地力。

（5）露地栽培时增施有机肥。覆盖地膜，防止氮肥流失。田间发生缺氮症状时及时追施速效氮肥。埋施充分腐熟发酵好的人粪肥。也可将碳酸氢铵、尿素混入10～15倍的有机肥料中，施在植株两侧后覆土浇水。

（6）作为应急措施可叶面喷施0.2%～0.5%的尿素液。

（二）黄瓜氮过剩

氮过剩时，植物体内的蛋白质和叶绿素过量形成，叶色褪绿，呈暗绿色。同时叶面积增大，叶片之间相互遮阴，影响植株间的通风透光。叶缘像烧焦状一样向内侧方向卷曲。心叶以下的2～3片真叶褪色，形如烧焦状。容易形成弯瓜。

预防方法。适量施肥，不要过量，不能将肥料撒到叶片上。低温时坚持施用硝态氮肥，不用尿素和碳酸氢铵。

二、黄瓜缺磷及磷过剩

（一）黄瓜缺磷症

1. 症状及快速鉴别

苗期缺磷，茎细长，叶片呈暗绿色，严重影响黄瓜的生长发育，影响黄瓜营养吸收。根系不发达，植株矮化，生长迟缓。生长期缺磷，幼叶细小僵硬，并呈深绿色。子叶和老叶出现大块水浸状斑，向幼叶蔓延，斑块逐渐变褐干枯，叶片凋萎。

植株生长受阻，矮化。生长初期叶片小、硬化，叶色浓绿。叶片平展并微向上挺，老叶有明显的暗紫红色斑块，有时斑点变褐色，下位叶片易枯死或脱落。全株萎缩，果实小，停止生长，生长缓慢成熟较晚。在土壤氮素含量过高时，缺磷症状除表现为叶片小、浓绿和矮化外，叶片还表现为皱缩卷曲。氮、磷同时缺乏时植株表现生长缓慢，叶片小，化瓜严重，但叶片不浓绿（图1-48）。

图1-48　黄瓜缺磷症状

2.病因及发病规律

（1）土壤含磷量低。多是因为磷肥不足或土壤固定磷的作用较强，导致可吸收磷不足。

（2）土壤过酸或过碱，以及地温低等原因也容易出现缺磷症状。有机肥施用量少，地温低常影响对磷的吸收。此外利用大田土育苗，施用磷肥不足或不施磷肥易出现缺磷症。

3.防治妙招

黄瓜对磷肥敏感，土壤中每100克土含磷量应在30毫克以上，低于这个指标时应在土壤中增施过磷酸钙。尤其苗期特别需要磷，培养土要施用五氧化二磷1000～1500毫克/升，土壤中速效磷含量应达到40×10^{-6}毫克/千克，每缺1×10^{-6}毫克/千克，应补施标准的磷酸钙2.5千克。

（1）定植时要施足磷肥，每667平方米施用磷酸二铵20 ～ 30千克。定植后要保持地温不低于15℃。发现缺磷症状时及时追施磷肥。同时用磷酸二氢钾等叶面肥进行叶面喷施。

（2）对固定作用强的土壤施用磷肥时，应接近种子或植株。

（3）防止土壤发生酸化和碱化，对发生酸化的土壤每667平方米施用30 ～ 40千克石灰，并结合整地均匀地将石灰施入耕层。

（4）必要时采取叶面喷施过磷酸钙溶液的方法追施磷肥。应急时可在叶面喷洒0.2% ～ 0.3%的磷酸二氢钾2 ～ 3次。

（二）黄瓜磷过剩

1.症状及快速鉴别

叶脉间的叶肉上出现白色小斑点，病健部位分界明显，外观上与细菌性病害类似。斑点逐渐扩散，导致黄瓜的生长受到阻碍，植株早衰（图1-49）。

图1–49　黄瓜磷过剩症状

2.病因及发病规律

黄瓜磷过剩是由于过量施用磷肥造成的。磷素过多能增强作物的呼吸作用，消耗大量碳水化合物，叶肥厚而密集，器官过早发育，茎叶生长受到抑制，导致植株早衰。

由于水溶性磷酸盐可与土壤中锌、铁、镁等营养元素生成溶解度低的化合物，降低锌、铁、镁元素的有效性。因此磷素过多，有时会以缺锌、缺铁、缺镁等失绿症表现出来。

3.防治妙招

（1）科学施用磷肥，在减少磷肥施入量的同时提高肥效。

（2）土壤如果为酸性，磷呈不溶性，虽然土中有磷的存在也不能吸收。因此适度改良土壤酸度可提高肥效。施用堆厩肥，磷不会直接与土壤接触，可减少被铁或铝所结合，对根的健全发育及磷的吸收很有帮助。

三、黄瓜缺钾症

1.症状及快速鉴别

植株矮化，生长缓慢，节间变短，叶片变小。在黄瓜生长前期，叶片呈青铜色，叶缘先出现轻微的黄化，后叶脉间叶肉失绿黄化，顺序明显。在生育的中、后期，下位叶到中位叶的叶缘变褐，成为所谓的“镜框”状。叶脉以外部分产生失绿症，是从叶缘向内发展，全叶卷曲，瓜膨大延伸，生长受阻，比正常瓜短而细，膨大不良，容易形成尖嘴瓜或大肚瓜，畸形果多。后期叶缘枯死，随着叶片不断生长，叶片向外侧卷曲，主脉凹陷，最终失绿。严重时叶缘呈烧焦状干枯。并向叶片中部扩展，随后枯死。失绿症状先从植株下部老叶出现，逐渐向上部新叶发展（图1-50）。

图1-50　黄瓜缺钾症状

诊断要点：注意叶片发生症状的位置，如果是下位叶和中位叶出现症状，可能缺钾。生育初期当温度低，覆盖栽培（双层覆盖）时，气体为害有类似的症状。同样的症状如果出现在上位叶可能是缺钙。老叶枯死部分与健全部分的分界线是否有水浸状，如果界线明显则为缺钾。正常叶片钾含量在2%～2.5%，低于1.5%为缺钾。

2. 病因及发病规律

（1）在沙性或含钾量低的土壤中钾量供不应求，易缺钾。

（2）施用堆肥等有机质肥料和钾肥少，供应量满足不了吸收量时易出现缺钾症。

（3）地温低、日照不足、湿度过大等条件阻碍了对钾的吸收。

（4）施氮肥过多，铵态氮肥用量过大，产生对钾吸收的拮抗作用，也易使黄瓜缺钾。

（5）叶片含氧化钾在3.5%以下时易发生缺钾症。

3. 防治妙招

（1）施用足够的钾肥，特别是生育的中、后期注意不可缺钾。

（2）植株对钾的吸收量是氮量的50%，确定施肥量时要考虑比例。

（3）施用充足的堆肥等有机质肥料。每667平方米施硫酸钾10～15千克作基肥。

（4）在结瓜盛期如果钾不足可用硫酸钾，每667平方米施3～4.5千克，一次性追施。

（5）应急时可叶面喷洒0.2%～0.3%的磷酸二氢钾，或1%的草木灰浸出液。

四、黄瓜缺铁症

1. 症状及快速鉴别

因铁和叶绿素合成有关，因此缺铁表现为黄瓜叶片黄化。叶片发黄首先表现在生长旺盛的顶端，即生长点新叶鲜黄，新生黄瓜皮色也发黄。植株新叶、腋芽开始变黄白，尤其是上位叶及生长点附近的叶片和新叶叶脉先黄化，逐渐失绿，但叶脉间不出现坏死斑。缺铁对瓜蔓和果实生长虽然影响不大，但也会降低黄瓜的商品性（图1-51）。

2. 病因及发病规律

多数地区缺铁现象不严重，缺铁多是因其他营养元素投入过量引起的铁吸收障碍，如施硼、磷、钙、氮过多或钾不足均易引起缺铁。

图1–51　黄瓜缺铁症状

在碱性土壤中磷肥施用过量易导致缺铁。土温低、土壤过干或过湿不利于根系活动，易产生缺铁症。此外土壤中铜、锰过多会妨碍对铁的吸收和利用，也易出现缺铁症。

3.防治妙招

（1）每667平方米缺铁土壤可追施硫酸亚铁5千克。对缺钾土壤补钾也能促进植株对铁的吸收。

（2）防止缺铁，保持土壤pH值在6～6.5，施用石灰不要过量，防止土壤变为碱性。土壤水分应稳定，不宜过干、过湿。

（3）应急时可用0.1%～0.5%的硫酸亚铁水溶液进行喷洒。

五、黄瓜缺钙症

黄瓜缺钙会使黄瓜叶片逐渐萎蔫，影响黄瓜的正常生长。

1.症状及快速鉴别

钙随着水分的吸收而进入植物体内，然后随着蒸腾流输送到叶部，再由叶片的基部向叶缘分配。因此缺钙时叶缘先出现缺钙症状。叶片边缘上出现比较均匀一致的黄边，缺钙的黄色部分向内侧不断扩大。幼叶长不大，在生长点附近的新叶叶尖黄化，进而叶缘黄化，并向上卷曲呈“匙形”，从叶缘向内枯萎。此外棚室栽培中出现的“降落伞叶”，也是由缺钙引起的，叶片的中央部分凸起，边缘翻转向后。

距生长点近的上位叶片小，叶缘枯死，叶形呈蘑菇状或降落伞状，叶脉间黄化（图1-52）。

图1–52　黄瓜缺钙症状

2.病因及发病规律

土壤干燥、土壤溶液浓度高阻碍对钙的吸收。空气湿度小蒸发快，补水不及时，及缺钙的酸性土壤都常发生缺钙。

（1）土壤缺钙　土壤中钙的绝对含量少，不能满足生长需求。

（2）土壤酸化　土壤酸化后降低了钙的置换量。氮、磷、钾、钙、镁、硫这些营养元素在pH值6.5 ～ 7.0之间吸收量最大，在偏酸条件下吸收量减少。

（3）施肥不当　施用氮、钾肥过量，导致土壤中的铵态氮过多，阻碍对钙的吸收和利用。或钾、镁含量过多也影响钙的吸收。

（4）温度过低或过高　温度过低，尤其是地温低时根系生长发育不良，吸收能力弱，影响钙的吸收。温度过高时，在地温较高、土壤干旱的情况下，植物体内容易产生过多的草酸，草酸与钙离子结合成为不溶态的草酸钙，钙不能被吸收利用。另外较高气温加上空气干燥会降低钙在植株体内的流动速度，钙在植株体内运行缓慢，影响植株对钙的利用。

（5）灌水不均匀，土壤忽干忽湿　钙是随水运输的，水的运输渠道就是钙的运输渠道，水运输得不好钙就运输得不好，钙不能保证正常运输就会出现缺钙症。

3.防治妙招

（1）在土壤中施用含钙物　酸性土壤缺钙时可施用生石灰，既可补充钙素又可以中和酸性。在碱化的土壤中施用石膏（硫酸钙）补钙，以矫正土壤的pH值。在中性土壤上可将过磷酸钙加入等量食醋拌和后再施用。

（2）科学施肥　不要过多施肥，避免钾、氮肥过量。特别注意铵态氮不要过多。

（3）保证温度适宜　地温和气温都要掌握在适宜的范围内。

（4）平衡水分供应　要均匀灌水，不要使土壤忽干忽湿，结果期要始终保持土壤湿润。

（5）叶面喷施钙制剂　可叶面喷施过磷酸钙、高效钙等钙制剂。应急时也可喷洒0.3%氯化钙水溶液，每3～4天喷1次，连续喷3～4次。

六、黄瓜缺硼及硼过剩

（一）黄瓜缺硼症

1.症状及快速鉴别

生长点附近的节间显著缩短，上位叶向外侧卷曲，叶缘部分变褐色，叶脉有萎缩现象。可从发生症状的叶片部位来确定是否缺硼，缺硼症多发生在上位叶，脉间不出现黄化。果实上有污点，果实表皮出现木栓化（图1-53）。

图1–53　黄瓜缺硼症状

提示 植株生长点附近的叶片萎缩、枯死，症状与缺钙类似。但缺钙叶脉间黄化，而缺硼叶脉间不黄化，植株生长点停止生长发育、萎缩。

2.病因及发病规律

（1）在酸性的沙壤土上一次性施用过量的石灰，易发生缺硼症状。

（2）土壤干燥影响对硼的吸收，易发生缺硼症。

（3）土壤有机肥施用量少，在土壤pH值高的田块也易发生缺硼。

（4）施用过多的钾肥影响对硼的吸收和利用，易发生缺硼症。

3.防治妙招

（1）土壤缺硼时，在施用有机肥中可以预先施用硼肥或采用配方施肥技术。

（2）适时浇水，防止土壤干燥。

（3）不要过多施用石灰，使土壤pH值保持中性。

（4）土壤多施堆肥及有机肥，提高肥力。

（5）应急时可叶面喷洒0.12%～0.25%的硼酸水溶液。还可用生物肥、液肥或微生物活性有机肥进行补充施肥，也可用1.8%爱多收液剂6000倍液，连续喷3～4次，效果很好。

（二）黄瓜硼过剩

1.症状及快速鉴别

种子发芽至幼苗出土时，第一片真叶顶端变褐色，向内卷曲，后逐渐全叶黄化。幼苗生长初期较下位的叶缘出现黄化，或叶片的叶缘呈黄白色，其他部分叶色不变。即使下位叶出现硼过剩的症状，上位叶常常正常，硼过剩在黄瓜生育的初期为害较大。下位叶的叶缘黄化，进一步向内发展，使整个叶片黄化并脱落，这可能是硼过剩症（图1-54）。

2.病因

前茬或以前人为施用过量的硼肥（硼砂、硼酸）。或含硼较高的工业废水、污水流入过田间。或土壤pH小于7。

图1–54　黄瓜硼过剩症状

提示　黄瓜叶缘黄化可能是盐类含量多，或土壤中钾过剩。应注意区别。

3. 防治妙招

（1）在土壤休闲期施用石灰质肥料，使土壤pH值高于7。或在黄瓜生长期中施用碳酸钙（白粉）提高土壤的酸碱度，降低硼的溶解度。

（2）土壤中发现硼过剩时，可以浇大水，用水稀释溶解淋失，将溶解到水中的硼淋洗流失一部分。浇大水后再结合施用石灰或碳酸钙，效果更好。

七、黄瓜缺铜症

1. 症状及快速鉴别

缺铜时，植株节间短，全株呈丛生状。幼嫩的叶片矮小，老叶叶脉间出现失绿。后期叶片呈暗绿色至褐色，并出现坏死，叶片枯黄。失绿是先从老叶逐渐向幼叶发展的（图1-55）。

图1–55　黄瓜缺铜症状

2.病因及发病规律

土壤中的铜很难移动，黏土和有机质对铜有很强的吸附作用。因此，在黏重和富含有机质的土壤上很容易发生缺铜现象。

3.防治妙招

（1）土壤施肥　每667平方米施1～2千克的硫酸铜作底肥。

（2）叶面喷肥　可用硫酸铜3000～3500倍液进行叶面喷施。

八、黄瓜缺锰及锰中毒

（一）黄瓜缺锰症

黄瓜叶脉间逐渐失绿，呈现出黄色，严重影响黄瓜的生长。

1.症状及快速鉴别

锰在黄瓜体内不能移动，缺锰症状首先从新叶开始。

缺锰植株顶部及幼叶叶脉间失绿，呈浅黄色斑纹。初期末梢仍保持绿色，出现明显的网纹状。后期除主脉外，全部叶片均呈黄白色，并在脉间出现下陷坏死斑。叶片白化严重，并最先死亡。芽的生长严重受阻，常呈黄色。新叶细小，蔓较短。

先是叶肉失绿，叶脉仍为绿色，叶脉呈绿色网状。叶肉凸起，叶脉间凸起的部分形成失绿不规则小片。以后失绿小片扩大相连，叶片皱缩，生长停止（图1-56）。

图1-56　黄瓜缺锰症状

2.病因及发病规律

南方很少出现缺锰现象，北方的石灰质土壤，尤其是质地轻、通气性好、有机质少的石灰质偏碱性土壤中，锰的供应往往不足。富含有机质的中性土壤如果地下水位较低，也会出现缺锰症状。

3. 防治妙招

（1）缺锰土壤，定植前每667平方米施入6～10千克硫酸锰。每667平方米用硫酸锰或氯化锰1～2千克作底肥。

（2）增施有机肥是最根本的解决方法，可提高土壤的缓冲能力。

（3）作为应急措施可叶面喷施0.2%～0.3%的硫酸锰（或氯化锰）500倍液，并加入0.3%的生石灰。每10天喷1次，连喷2～3次。

（二）黄瓜锰中毒

1. 症状及快速鉴别

一般先从网状支脉开始出现褐变，后发展到主脉，形成“褐脉叶”。如果锰含量继续增高，叶柄上的刚毛变黑，叶片也开始枯死。且在叶片的叶脉中间出现褐色米粒大小斑点，密密麻麻连片，导致叶片干枯（图1-57）。

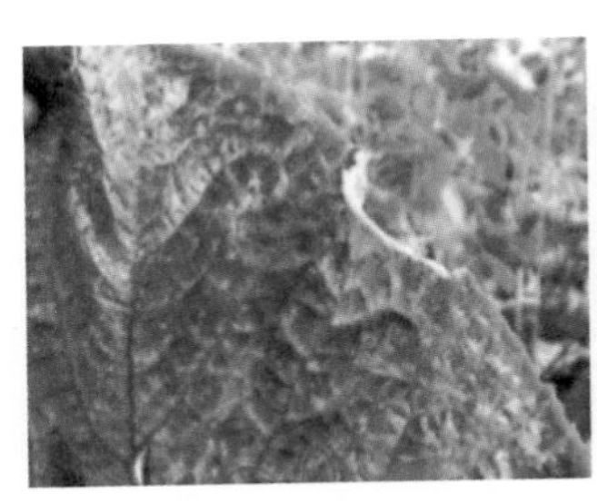
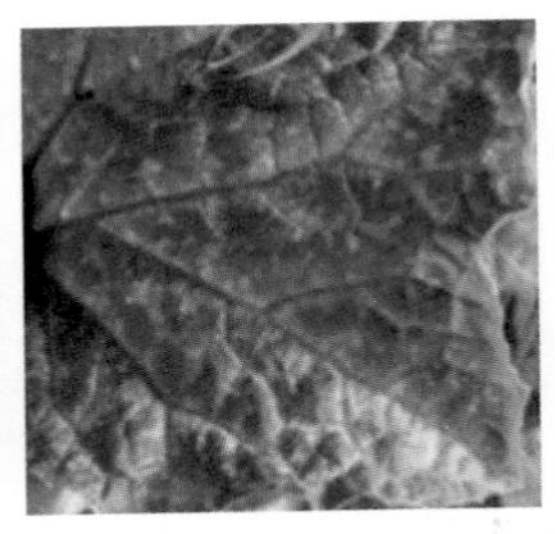

图1-57　黄瓜锰中毒症状

提示　很多菜农将锰中毒误诊断为细菌性病害，耽误了防治时机。

2. 病因及发病规律

锰过剩可能是因为土壤中的锰被激活成可吸收状态。有时是由于频繁使用代森锰锌或烯酰吗啉·锰锌、甲霜灵·锰锌等复配型含锰农药。土壤酸化严重，导致可吸收锰元素含量激增，也会引发锰中毒。

3. 防治妙招

（1）科学使用代森锰锌等农药。

（2）调节土壤酸碱度，在酸性土壤中可用75千克/667平方米生石灰。

（3）如果出现锰中毒，可叶面喷施甲壳素、芸苔素等调理剂，并冲施甲壳素或生物菌肥。

九、黄瓜缺镁症

1. 症状及快速鉴别

保护地冬春茬黄瓜进入盛瓜膨大期后容易发生。叶片逐渐变黄，影响黄瓜的正常生长。症状表现较为复杂，不同程度的缺镁症状差异较大。

一般情况先是叶片主脉间叶肉褪绿，变为黄白色。褪绿部分向叶缘发展，直至叶片除叶缘或大叶脉顶端保持一定程度的绿色外，叶脉间均黄白化。后期叶脉间全部褪色，重者发白，与叶脉的绿色形成鲜明对比，俗称白化叶或绿环叶。除了叶脉、叶缘残留一点绿色外，叶脉间全部黄白化（图1-58）。

图1–58　黄瓜缺镁症状

2.病因及发病规律

土壤中本身含镁量低，或土壤中本身不缺镁，由于施肥不当引起镁吸收障碍造成缺镁。钾过量或磷缺乏都会影响对镁的吸收。氮肥偏多阻碍了对镁的吸收。钙多也易造成缺镁。结果过多，没有施用足够量的镁肥，也会造成植株缺镁。

黄瓜植株进入盛瓜期后，随着黄瓜坐瓜率的增大，对镁的需求量增加，但在黄瓜植株体内镁和钙的再运输能力较差，常出现供不应求的情况导致缺镁而发生叶枯病。叶枯病的发生与植株体内镁的浓度密切相关。开花后可采摘上位第16～18叶中的1张叶片进行镁浓度测定，当叶片中镁含量约在0.2%时就会出现叶枯症。当叶片中镁浓度小于0.4%时即应及时预防。

连年种植黄瓜的大棚结瓜多易发病。干旱条件下发病重。此外，用瓠瓜（扁蒲）作砧木嫁接的比用南瓜作砧木的嫁接苗发病重。

3.防治妙招

（1）改良土壤　避免土壤偏酸或偏碱。实行2年以上的轮作。

（2）合理施肥　施足充分腐熟的优质有机肥，适量施用化肥。注意氮、磷、钾肥的合理配合，切忌氮、钾过多，磷不足。钙要适量，过多时易诱发绿环叶。缺镁时在栽植前施用足够的含镁有机肥料，避免一次施用过量的、阻碍对镁吸收的氮、钾等化肥。

特别注意　肥料不要一次集中过量施用。注意保持土壤的盐基平衡，土壤中钾、钙的含量适宜，避免钾、钙施用过量，阻碍对镁的吸收和利用。

（3）合理浇水　避免大水漫灌。土壤湿度过大可降低根系对镁的吸收，而镁也易随雨水、灌溉水流失。

（4）叶面喷肥　经检测当黄瓜叶片中镁的浓度低于0.4%时，可在叶面尤其是叶背喷洒0.8%～1%的硫酸镁溶液或含镁的复合微肥，隔7～10天喷1次，连喷2～3次。

（5）嫁接育苗　发病重的地区可用黑籽南瓜或南砧一号作砧木进行黄瓜嫁接。

注意　黑籽南瓜种子原产于南方山区，北方地区繁殖黑籽南瓜种子时因气候和成熟期等原因，种子质量很差。因此北方地区菜农不要自己繁殖黑籽南瓜种子。

十、黄瓜缺锌症

黄瓜缺锌症导致黄瓜叶片逐渐变小，逐渐黄化，但黄瓜心叶不黄化。

1. 症状及快速鉴别

叶片较小、扭曲或皱缩，叶脉两侧由绿色变为淡黄色或黄白色，叶片边缘黄化、翻卷、干枯，叶脉比正常叶清晰。心叶不黄化，植株类似病毒病的症状。从中位叶开始褪色，叶脉明显，后脉间逐渐褪色，叶缘黄化至变褐枯死，叶片稍外翻或卷曲（图1-59）。

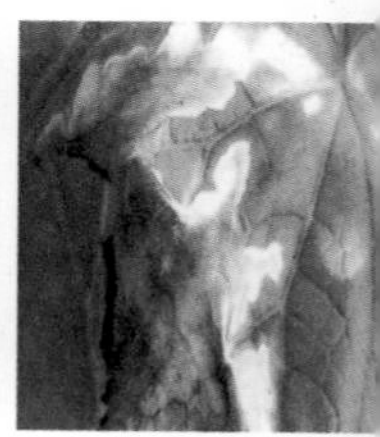

图1-59　黄瓜缺锌症状

2. 病因及发病规律

除土壤缺锌外，土壤磷素过高、吸收磷过多均易导致缺锌症状，土壤速效磷含量过高也易出现缺锌症状。另外土壤pH值高，即使土壤中有足够的锌，也易呈不溶解状态，根系不能吸收利用，造成缺锌。光照过强可加重黄瓜缺锌症状。

3. 防治妙招

（1）防止缺锌，土壤中不要过量施用磷肥。

（2）避免土壤呈碱性，施用石灰改良土壤时注意不要过量。

（3）田间缺锌时可施用硫酸亚锌，可喷1.3千克/667平方米。在下茬黄瓜定植前施用硫酸锌1～1.5千克/667平方米。

（4）应急时可用0.1%～0.2%的硫酸锌（或氯化锌）水溶液，进行叶面喷施。

十一、黄瓜缺钼症

黄瓜叶脉间出现焦枯，影响黄瓜的品质。

1.症状及快速鉴别

叶片较小，叶脉仍为绿色，叶肉出现不明显的黄斑，叶色白化或黄化，叶缘焦枯（图1-60）。

图1-60　黄瓜缺钼症状

2.病因及发病规律

土壤中钼的可供给性与土壤的酸度有密切关系。土壤酸性强，钼的可供给性降低。锰过量会阻碍黄瓜对钼的吸收，导致钼的缺乏。

3.防治妙招

（1）施用钼肥　将钼酸铵、钼酸钠、三氧化钼、含钼肥料或含钼矿渣等与基肥一起施入。其中钼酸铵、钼酸钠也可进行叶面喷施。

（2）施用石灰　酸性土壤可施石灰来中和土壤酸度，提高钼肥肥效。土壤酸度下降后土壤中的钼的可供给性提高，能够提供较多的钼来满足（或部分满足）黄瓜对钼的需要。

提示　在酸性土壤上施用钼肥时，要与施用石灰以及改善土壤pH值一起考虑，才能获得良好的防治效果。

（3）均衡施肥　钼、磷、硫三元素间存在着复杂的关系，相互影响相互制约，钼、磷、硫的缺乏常会同时发生。磷肥与钼肥配合施用常会表现出较好的肥效。硫也会加重钼的缺乏，在施用含硫肥料以后容易出现缺钼现象，但是与磷情况不同。一是硫酸根与钼酸根离子争夺植物根上的吸附位置，互相影响吸收。二是含硫肥料使土壤酸度上升，降低了土壤中钼的可供给性。

十二、黄瓜氨害和亚硝酸气危害

主要发生在棚室保护地栽培。

1.症状及快速鉴别

（1）氨害　黄瓜叶片受害多发生在生命活动比较旺盛的中、上部叶片。叶片先出现水浸状斑，幼苗叶片褪色，叶缘呈烧焦状向内侧卷曲。植株心叶叶脉间出现缺绿症，心叶下的2～3片叶褪色，叶肉组织白化、变褐，叶缘呈烧焦状。受到过量氨气危害，突然揭去覆盖物时会导致大片或全部植株如同遭受酷霜或强寒流侵袭，影响黄瓜植株的生长，植株最终逐渐变为黄白色。

棚室保护地氨害多发生在施肥后的3～4天，中位受害叶片正面出现大小不一的不规则失绿斑块或水渍状斑。多是整个棚发病，且植株上部发病重，叶尖、叶缘干枯下垂。一般突然发生，上风头发病轻于下风头，棚口及四周轻于中间（图1-61）。

图1-61　黄瓜氨害症状

（2）**亚硝酸气害**　棚室保护地施肥后10～15天，受害植株中部叶片首先表现症状。中位叶初在叶缘或叶脉间出现水浸状斑纹，后逐渐向上扩展，受害部位变为白色，病健部分界限明显。严重时呈水烫状大型斑块，后叶肉组织白化、变褐，2～3天后受害部位干枯。叶背面受害处呈下凹状（图1-62）。

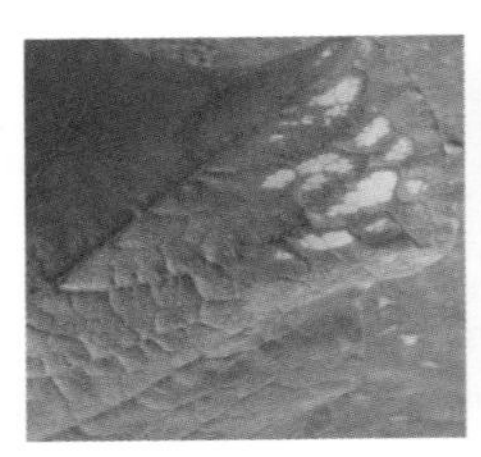

图1–62　黄瓜亚硝酸气危害状

进入温室大棚时先注意室内的气味，以便及时发现。当嗅出有氨味时，最好马上用pH试纸测试温室薄膜上凝结的水滴。测试方法：扯下1条精密pH试纸（医药公司可买到），蘸取棚膜上的水滴，将试纸浸湿润，然后与色阶比色对比即可读出pH值。正常情况下棚膜水滴应为中性至微碱性，pH值7～7.2。

提示　当pH值达到8以上时可认为有氨气发生和积累，有可能发生氨害。小于6时有可能发生亚硝酸气害。也可以用舌尖舔一下，如果有滑溜溜的感觉，可认为有氨气积累。

2.病因及发病规律

温室大棚内氨气大量发生并迅速积累，通常是施肥不当直接造成的。有些肥料可以直接产生氨气，如碳酸氢铵、氨水和新鲜鸡粪等，如果将它们直接撒在地表，立即就有氨气散出。有些肥料是在土壤微生物或某些成分的作用下间接地产生氨气，如尿素、饼肥、鱼肥、兔粪、硫酸铵等。一次性施入过多尿素、硫酸铵、硝酸铵，施后没有及时盖土或灌水都会释放出氨气。硫酸铵施到碱性土或施至用过石灰的土壤中也会释放出氨气。另外，施入有机肥过多或有机肥没有充分腐熟也会释放出大量氨气。当氨气积累到一定程度时就会对黄瓜产生危害，如果不能及时排除就可能造成氨气毒害。如果大棚内空气中氨气的含量达到4.5～5.5毫克/升时就会对黄瓜产生危害，造成氨气毒害。

当棚内空气中亚硝酸气的浓度大于2×10^{-6}～3×10^{-6}毫克/升时就会发生亚硝酸气害。施入土壤中的氮肥都要经过有机态—铵态—亚硝酸态—硝酸态转换过程，最后以硝酸态氮供植株吸收利用。当土壤呈酸性、强酸性或施肥量大时转换过程中途受到阻碍，使亚硝酸不易转化为硝酸，并在土壤中积累，产生亚硝酸气和氯化氮释放于棚室内，如果放风不及时就会产生毒害作用。

3.防治妙招

（1）避免偏施氮肥，不在温室大棚的地表施用可以直接或间接产生氨气的肥料。施用鸡粪、饼肥等有机肥作基肥时一定要充分腐熟后再施用。追施尿素等化肥要适量，随水施或埋施后踏实，化肥和有机肥要深施。适墒施肥或施肥后灌水，使肥料能及时分解释放，肥料追施要少量多次。

（2）在植株生长过程中要考虑施用硝态氮。黄瓜轻度受害或受害后尚未枯死时，可通过加强管理，使其逐渐恢复健康。如果用碳酸氢铵必须深施。应急时可叶面喷洒1%尿素及1%磷酸二氢钾。

（3）注意经常检查是否有氨气或亚硝酸气产生。心叶发生缺绿症时可用精密pH试纸监测棚中氨气和亚硝酸气的变化动态。也可用仪器测定土壤的pH值、土壤导电率，即可换算出氨态氮的含量。如果发现大棚内氨气含量过高，可在大棚内洒些水以吸收氨气和亚硝酸气体，可减轻危害。

提示 棚室发生有害气体危害后要立即通风换气。

（4）在植株受害尚未枯死时去掉受害叶片，保留尚绿的叶片，放风排出有害气体后，加强肥水管理，逐渐恢复正常生长。

（5）除放风排气外，快速配合浇水，降低土壤中肥料溶液的浓度，减少氨气、亚硝酸气来源。还要根外喷施惠满丰、高美施等活性液肥（浓度为1∶500倍液），能较好地平衡植株体内和土壤的酸碱度。

在植株叶片背面喷施1%食用醋也可减轻和缓解危害。

提示 用二乙丁酯生产的塑料膜有毒，生产上禁止使用，以免产生毒害。

十三、黄瓜二氧化硫危害

1.症状及快速鉴别

当棚室中二氧化硫的浓度达到0.5～10毫克/升时就会对黄瓜造成危害。二氧化硫气体首先由气孔进入叶片，然后溶解浸润到细胞壁的水分中，使叶肉组织失去膨压而萎蔫，产生水浸状斑，最后变成白色，在叶片上出现界线分明的点状或块状坏死斑。受害较轻时斑点主要发生在气孔较多的叶背面，严重时斑点可连接成片（图1-63）。

图1-63 黄瓜二氧化硫危害状

2.病因及发生规律

二氧化硫的产生多是在棚室黄瓜生长期间，错误地用硫黄粉熏蒸消毒造成的。或是含有硫化物的烟气进入了棚室中。

3.防治妙招

（1）遭受二氧化硫危害要及时喷洒碳酸钡、石灰水、石硫合剂或0.5%合成洗涤剂溶液。需要生火补温时要严防烟气泄漏到棚室内，一旦感到有烟味应立即开窗换气，并适当浇水、追肥，以减轻危害。建造温室应避开大量燃煤的工厂区。

（2）使用防虫烟雾剂时严格按规定的用量使用，不准超标。

十四、黄瓜沤根

1.症状及快速鉴别

黄瓜沤根是育苗期常见的病害。发病时幼苗或成株根部不形成新根或不定根，根皮层腐烂易脱落。地上部萎蔫易拔起，叶缘枯焦。严重时成片干枯，似缺素症。

根部初现锈斑。严重时根部腐烂不长新根，幼苗变黄萎蔫，后期全部死亡。

沤根后，地上部子叶或真叶呈黄绿色或乳黄色，叶缘开始枯焦。严重时整叶皱缩枯焦，生长极为缓慢。在子叶期出现沤根，子叶即枯焦。在真叶期发生沤根，此时真叶也会枯焦。因此从地上部瓜苗表现可以判断发生沤根的时间及原因（图1-64）。

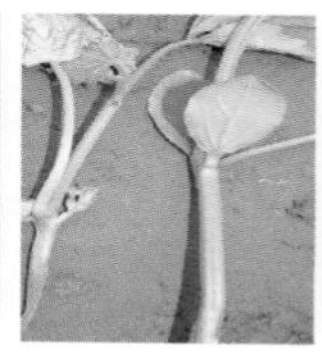
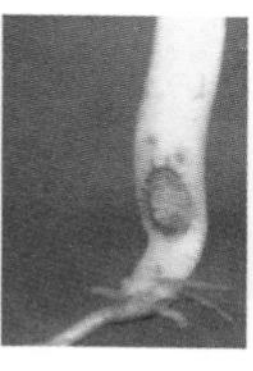

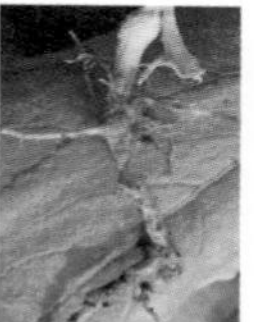

图1–64　黄瓜沤根危害状

提示　可以根据根部不发新根或不定根、根皮发病后腐烂、地上部萎蔫、严重时成片干枯等症状诊断是否沤根。

2.病因及发病规律

为生理性病害。是育苗期常见的病害，全年均可发生。

是由低温或积水等原因引起的。灌水不当，大水漫灌，苗床地温过低或过湿易发生。主要发生在冬季和早春。棚室地温偏低、土壤潮湿易造成沤根，当棚室温度低于10℃，土壤又特别潮湿时，土壤空气严重不足，降低根系组织活动能力，影响根系生长发育，植株营养不良，根系缺氧导致窒息，根际周围水淹，发生沤根。

土温低于12℃且持续时间较长，再加上浇水过量或遇连阴雨天气，光照不足，苗床温度和地温过低，瓜苗根系在低温、过湿、缺氧状态下呼吸受阻，吸水能力下降，生理机能被破坏，瓜苗出现萎蔫，如果萎蔫持续时间长就会发生沤根。长期处于5～6℃低温，尤其是夜间遇到低温，造成生长点停止生长，老叶边缘逐渐变褐，瓜苗干枯死亡。

3. 防治妙招

（1）预防

① 增温保温　育苗前增施农家肥，尤其是热性肥，将充分腐熟的热性农家肥捣碎与床土混拌。既可培肥地力，培育壮苗，提高幼苗抗病能力，又可提高地温，减轻病害发生。

注意　必须用腐熟的热性农家肥，否则会造成烧根。

阴雨天光照不足时，应采取增温保温措施。冬季及早春最好在棚室内采用电热线温床育苗，控制苗床温度约16℃，一般不宜低于12℃，使幼苗茁壮生长，以利于保温。床土配制要合理，播后至苗期应保证适宜的土温。

② 降低湿度　在大棚或温室等保护地育苗时苗床宁干勿湿。一般苗床不明显干旱（地表土手握不散团）时不用浇水，尽量少浇或不浇水。苗床明显干旱时浇水量也不宜过大。过干时可覆盖湿润细土，这样既可满足幼苗对水分的需求，又能降低苗床内的空气湿度。如果床内湿度过大可覆盖草木灰，或在气温较高的中午适当通风排湿。

提示　畦面要平，严防大水漫灌。

③ 增加光照　育苗前选择光照充足的地方建苗床，以利于幼苗健壮生长发育，增强抗病能力，减轻苗期沤根现象的发生或蔓延。

④ 适时通风　在子叶展开后选择晴暖天气，揭开覆盖物通风，并在苗床内均匀撒施一层细干土，随后盖严覆盖物，既可降低床土湿度，又有一定的增温作用。加强育苗期的地温管理，避免苗床地温过低或过湿，正确掌握放风时间及通风量大小。

（2）提高地温　发生轻微沤根后及时松土提高地温。待新根长出后再转入正常的管理。

（3）药剂防治　可用53%精甲霜·锰锌水分散粒剂500倍液喷雾，以提高发芽率，促发新根，增强幼苗抗寒能力，可有效控制沤根。

十五、黄瓜叶烧病

黄瓜叶烧病也叫黄瓜高温障碍。

1. 症状及快速鉴别

育苗时遇到棚温过高，幼苗易出现徒长，子叶小、下垂，有时出现花打顶。成苗遇到高温危害，叶色浅，叶片大且薄，不舒展，节间伸长或徒长。

成株期受害，多发生在植株中上部叶片，接近或接触棚膜的叶片更易发病。发病前或发病初期病部的叶绿素明显减少，叶面上出现1～2毫米近圆形至椭圆形、褪绿的小白色斑块。扩大后呈多角形或不规则形，为白至黄白色斑块。3～4天后整株叶片的叶肉和叶脉自上而下均变为黄绿色，轻的仅叶缘烧焦，重的可致半叶以上乃至全叶烧伤。病部正常情况下症状不明显，危害不大，后期可能有交链孢菌等腐生菌腐生。严重时植株停止生长。

初期叶绿素减少，叶片的一部分变成漂白色，后变成黄色枯死。危害轻时叶缘烧伤。严重时半个或整个叶片烧伤。易与黄瓜黑斑病混淆，可通过镜检鉴别（图1-65）。

图1-65　黄瓜叶烧病

2. 病因及发病规律

是由高温诱发的生理性病害。是棚室保护地新出现的病害。

黄瓜是喜温蔬菜，对高温忍耐力较强，一般气温高达32～35℃不会对叶片造成危害。土壤水分充足、相对湿度高于85%以上，容易维持植株体内的水分平衡，短时间棚温即使达到42～45℃，也不会对叶片造成大的伤害。当相对湿度低于80%、土壤含水量少时，遇到约40℃的高温，就容易产生高温伤害。尤其是在强光照条件下更易造成高温伤害，且持续时间较长，植株生长加快易疯长。中午不放风或放风量不够，或高温闷棚处理不当，控制霜霉病时间过长，均易产生叶烧病。

棚室保护地黄瓜进入4月以后，随着气温逐渐升高，棚室放风不及时，通风不畅，棚内温度有时可高达40～50℃，有时在午后可高达50℃以上，对黄瓜生长发育会造成一定的危害，即高温障碍，或大棚热害。棚室栽培发病重。植株上部发病重。

3. 防治妙招

（1）选耐热品种 棚室栽植的黄瓜应选用露地2号等耐热的黄瓜品种。

（2）加强棚室管理 棚室内温度超过黄瓜生长发育正常温度立即通风降温，做好棚室的通风管理，避免长时间出现35℃以上的高温，使棚温保持在30℃以下，夜间控制在约18℃。棚内相对湿度低于85%，高于85%时应通风降湿。傍晚气温约10～15℃，可通风1～2小时降低夜间棚内温度，防止“徒长”，避免高温障碍。生产上有时即使将棚室的门窗全部打开，温度仍居高不下，这时要将南侧的底边揭开使棚温降下来。当阳光照射过强时棚室内外的温差过大，不便通风降温。或经过通风仍降不到所需的理想温度时可采用盖“花帘子”，即在棚上放铺席或使用遮阳网遮阴的方法进行降温。有条件的可采用反光幕。

棚室内温度过高、相对湿度过低时要注意浇水，最好在上午8～10时进行；晚上或阴天不要浇水，可少量洒水或喷冷水雾进行临时降温。遇到持续高温或天气干旱，棚室黄瓜叶蒸发量大，呼吸作用旺盛，消耗水分很多，如果持续时间长就会发生萎蔫等情况，要适当增加浇水次数。

注意　水温与地温差应在5℃范围以内。

（3）科学施肥　施用酵素菌沤制的堆肥，采用配方施肥技术，适当增施磷、钾肥。也可喷施惠满丰多元复合有机活性液肥，一般用量为320毫升/667平方米，稀释500倍使用，连续喷3次。生产上第一批坐瓜少的易引起徒长，造成生长发育过旺。可用保果灵100倍液喷花或点花，可促进早熟增产，又可防止徒长。

（4）生态防治　采用高温闷棚法防治霜霉病时，要根据栽培品种耐温性能，严格掌握闷棚的温度和时间，以“龙头”高度（“龙头”高触棚顶时，要弯下“龙头”）气温44～46℃维持2小时为标准，既安全又有效。必要时应在高温闷棚的前1天晚上灌足水，提高黄瓜植株的抗（耐）热能力。

十六、黄瓜低温生理病害

黄瓜在生育过程中遇到低于其生育适温，连续长期或短期的低温，会使黄瓜发生生理障碍，延迟黄瓜生育，造成减产，此称为低温生理病害。有时甚至会发展成为冷害，导致苗弱减产严重。在黄瓜提早延晚栽培中经常出现。

1.症状及快速鉴别

播种后遇到气温、地温过低，种子发芽和出苗延迟30～50天，导致苗黄苗弱，沤籽或发生猝倒病、根腐病等。有些出土幼苗子叶边缘出现白边，叶片变黄，根系虽然不腐烂但也不能生长。地温如果长时间低于12℃，根尖出现变黄或沤根、烂根的现象，地上部开始变黄。当白天气温处在20～25℃，持续6.5小时以上，夜间地温降到约12℃时，黄瓜就会出现幼苗生长缓慢、退苗、叶色浅、叶缘枯黄的现象。当夜温低于5℃以下时生长出现停滞，导致幼苗萎蔫或黄萎，叶缘枯黄，结瓜少且小。当0～5℃低温持续时间较长时病害发展严重：

有的不表现局部症状，有的不发根，或花芽分化受到影响或不分化，叶片组织尚未坏死，但呈黄白色，抵抗力减弱，常导致病菌侵染；有的呈水渍状，叶片枯死或干枯；有的还可诱发菌核病、灰霉病、煤污病等低温型病害的发生和蔓延（图1-66）。

图1–66　黄瓜低温危害状

提示　0℃以上的低温称寒害，植株表现叶面黄白、斑点、皱缩、卷曲变小、萎蔫。0℃以下低温称冻害，可造成植株萎蔫、枯死。

2.病因及发病规律

黄瓜在早春或秋冬栽培过程中经常遇到低温的影响，尤其是提早栽培的影响更持久。黄瓜长期处在低温条件下虽然可以逐渐适应，耐低温能力得到提高，但对低温忍耐还是有一个适应范围，生产上遇到过低温度或长期的连续低温会引发多种不良症状。

3.防治妙招

（1）选用发芽快、出苗迅速、幼苗生长快的耐低温品种　目前我国已选育出一批在10～12℃条件下也能萌发出苗的耐低温或早熟品种。生产上正在推广的耐低温弱光和早熟品种有中农7号、保护地2号、津优3号、津春3号、夏秋霜、中农5号、湘黄瓜5号、湘黄瓜2号、赣春2号、杭青1号、鲁黄瓜4号、农大12号、农大14号、新泰密刺、长春密刺、济南密刺、北京小刺、农大春光1号、早抗、早丰2号、园丰黄瓜3号等。

（2）采用春化法　将泡胀后要发芽的种子置于0℃环境条件下，冷冻24～36小时后再播种，不仅发芽快还可增强抗寒力。

（3）**基肥充足** 施用酵素菌沤制的堆肥或充分腐熟的优质有机肥。

（4）**低温锻炼** 播种后种子萌动时，棚温保持25～30℃。低于12～15℃多数种子不能萌发，即使萌发也会导致出苗的时间延长，陆续出苗长达50余天。

黄瓜对低温忍耐力是一个生理适应过程。出苗后白天保持25℃，夜温应高于15℃。同时对幼苗进行低温锻炼，当外界气温达到17℃以上时应提早揭膜锻炼。生产上要在揭膜前4～5天加强夜间炼苗，只要是晴天夜间就应逐渐将膜揭开，由小到大逐渐撤掉。经过几天锻炼以后叶色变深，叶片变厚，植株含水量降低，束缚水含量提高，过氧化物酶活性提高，原生质胶体黏性、细胞内渗透调节物质的含量增加，可溶性蛋白、可溶性糖和脯氨酸含量提高，抗寒性得到明显的提高。

（5）**适度蹲苗** 在低温锻炼的同时，采用干燥炼苗及蹲苗相结合，对提高抗寒力作用更为明显。

注意 蹲苗不宜过度，否则会影响缓苗速度和正常的生长生育。

（6）**科学安排播种期和定植期** 各地应根据当地历年棚室温度的变化规律，低温冷害频率和强度及所能采取的防御措施，确定各地科学的播种期。春季定植应选择冷空气过后回暖的天气，待下次寒流侵袭时已经缓苗。南方最好选择有连续3天以上的晴天定植。定植后根据天气的变化科学控制棚温和地温。

（7）**采取有效的保温防冻措施** 棚膜应选用无滴膜，盖蒲帘。提倡采用地膜、小棚膜、草袋、大棚膜等多重覆盖。做到前期少通风，中期适时、适量放风，使棚温白天保持25～30℃、地温18～20℃，土壤含水量达到最大持水量的80%时夜间地温应高于15℃。

（8）**发生寒流侵袭时应立即采用加温防冻措施** 可用简易热风炉、在垅道里点燃秸秆柴草等，保持1～2小时，可使棚温提高2～4℃。此外也可采用地面覆盖，或植株上盖报纸、地膜等方法。

（9）**补施二氧化碳** 促进黄瓜的光合作用，在25米×6米的标准大棚内放置3个瓷盆。先将50%硫酸1000毫升缓慢倒入3个盆内，配成一定浓度的稀硫酸溶液，然后每盆用塑料袋装400克碳酸氢铵，用针或钉子扎一些小眼，使其流入硫酸溶液中进行化学反应，释放出二氧化碳。上午7 ～ 10时施后可使棚内二氧化碳浓度达到800×10^{-6} ～ 1000×10^{-6}毫克/升，黄瓜光合作用旺盛，提高抗性。

（10）喷防冻剂 可喷洒72%农用链霉素可溶粉剂4000倍液，可使冰核细菌数量减少。喷洒27%高脂膜乳剂80 ～ 100倍液也有一定的预防作用。

（11）喷植物抗寒剂 在寒流侵袭之前可喷植物抗寒剂，用量为100 ～ 200毫升/667平方米，或10%宝力丰抗冷冻素400倍液。此外还可喷施惠满丰多元复合液体活性肥料，用量为320毫升/667平方米，稀释500倍使用。或用绿风95植物生长调节剂600 ～ 800倍液。隔5 ～ 7天喷1次，共喷2次。

（12）灾后挽救措施 如果气温过低已经发生冻害，要采用缓慢升温的措施。可在日出后用报纸或草帘遮光，使黄瓜的生理机能慢慢恢复，千万不能操之过急，以防温度变化幅度过大。

十七、黄瓜花斑叶

黄瓜花斑叶俗称"蛤蟆皮叶"。在棚室栽培条件下时有发生，主要危害叶片。

1. 症状及快速鉴别

初期叶脉间出现深浅不一的花斑，后花斑中的浅色部分逐渐变黄。叶面凹凸不平，凸出部分褪绿，呈白色、淡黄色或黄褐色。最后整个叶片变黄、变硬，叶缘向四周下垂卷曲，可区别于一般的叶片黄化（图1-67）。

2. 病因及发病规律

为生理性病害。主要是碳水化合物在叶片中积累引起的。因为糖在叶片中积累会引起叶片生长不平衡，造成糖分不能均匀地输送到生长点和瓜条中去。叶面凹凸不平是光合产物运输受阻，在叶片中积累

图1–67　黄瓜花斑叶

造成的。而叶片变硬和叶缘下垂是由光合产物积累和叶片生长不平衡共同导致的。主要是前半夜夜温低，叶片在白天进行光合作用，所制造的糖分通常是在前半夜从叶片中输送出去，如果夜温尤其是前半夜温度低于15℃养分输送受阻，形成的碳水化合物输送受到抑制。在15～20℃条件下温度越高输送速度越快，反之输送速度减慢。低于15℃不仅影响根系发育，还会使输送受到抑制，致使叶片老化、生理抗性降低。生产上地温对根系的生长发育也有较大的影响，尤其是定植初期地温偏低阻碍根系发育，导致叶片老化，出现花斑叶。此外钙、硼不足，影响碳水化合物在植株中的运转和积累，引起花斑叶。

3. 防治妙招

（1）适时定植　培育壮苗，促进根系发育。棚室温度和土温达到15℃以上时再进行定植。短时间内温度低于15℃要注意提高棚温和地温，以利于根系发育，增强对肥水的吸收能力，使碳水化合物运输正常。

（2）加强栽培管理　增施充分腐熟的优质有机肥或酵素菌沤制的堆肥。适时摘心，适当打掉底叶，及时盘蔓。合理施肥，有条件的采用配方施肥技术，施用全元素肥料，注意不要缺少钙、硼、镁等微量元素，如果缺乏要及时补充。合理灌溉，灌水要均匀，不宜过分控水。

（3）防止药害　使用含铜药剂时不要随意加大用药量，用药间隔期应在15天以上，最好与其他农药交替使用。

（4）环境调控　按照黄瓜一天中的生理活动对温度的要求合理调控。白天上午保持28～30℃，下午约25～30℃，上半夜15～20℃，下半夜约13℃，清晨最低气温达8℃以上即可。

十八、黄瓜褐脉叶

黄瓜褐脉叶也叫黄瓜褐色小斑病、黄瓜锰过剩症。棚室保护地早春栽培的黄瓜易发病。

1.症状及快速鉴别

多发生在中部及中下部叶片的叶脉上。

发病初期，叶片先是网状脉变为褐色或黄褐色，沿脉产生黄色小斑点，近似于褐色斑点，逐渐扩展成条斑。后期条斑变为褐色枯斑，先是叶的基部几条主脉变褐色，接着支脉变褐，最后主脉变褐。将叶片对着阳光检视可见叶脉变褐坏死。严重时叶脉、叶柄、茎茸毛基部变成黑褐色。褐脉叶比健叶干枯早。

发病叶片先是在大主叶脉旁边出现白色至褐色条斑（点线状小斑点），发病早期条斑受叶脉限制不连片，条斑紧靠大叶脉。条斑处叶肉坏死，大叶脉间的叶肉上还有零散的褐色斑点。叶片背面与叶片表面条斑相对应的位置呈白色。随着病情的发展叶柄附近条斑相连。也有的植株在大叶脉间的叶肉上呈现不规则形淡黄色至褐色小斑，叶背面也呈白色（图1-68）。

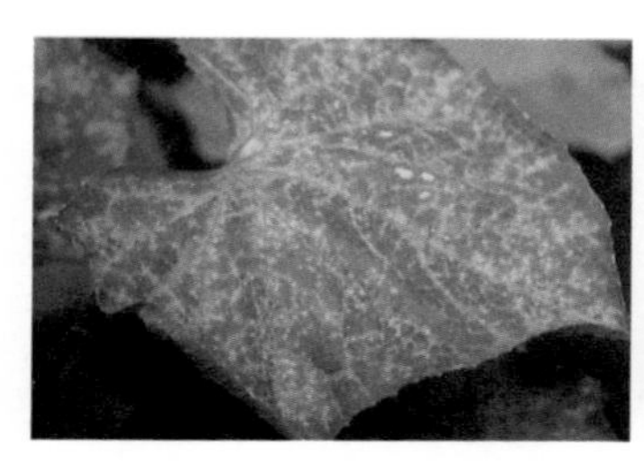

图1-68　黄瓜褐脉叶

提示 在田间有时与霜霉病、细菌性角斑病混发，但褐脉叶在湿度大的条件下既不长霉状物，也不分泌乳白色至琥珀色菌脓，可区别于黄瓜霜霉病和细菌性角斑病。

2.病因及发病规律

为生理性病害。主要是锰过多引起的中毒现象。

（1）锰过剩症引起的叶脉褐变　叶片内锰的含量过高，一般先从网状支脉开始出现褐变，形成“褐脉叶”。如果锰的含量继续增高，叶柄上的刚毛变黑，叶片开始枯死。锰过剩可能是因为土壤中的锰被激活成可吸收状态，有的是由于频繁使用含锰农药所致。

（2）低温多肥引起的生理障碍　在低温多肥的情况下沿叶脉出现黄色小斑点，并逐渐扩大为条斑，近似于褐色斑点。发病多在下位老叶，而且是从叶片的基部主叶脉附近的叶肉开始，集中在几条主叶脉上，呈向外延伸状。从症状特点、集中发病等情况考虑，可能是某些特定品种在低温多肥的环境下产生的一种生理障碍。

（3）低温多肥引起的生理性褐变　属锰过剩的慢性发作类型。土壤中活性锰受土壤理化性质和施肥状况影响很大。土壤偏酸性，土质黏重，有机质含量高，土壤湿度大，活性锰含量高。因此种植年限较长的棚室土壤往往酸化，当大量施用有机肥，遇土壤低温、高湿时土壤中的锰呈还原状态，活性增加，易被植株吸收，造成锰中毒。

一般长日照和耐高温的夏季型品种栽培在塑料大棚或温室内，在低温、短日照时期易出现褐色小斑症。苗期或定植后遇低温后期易发病。津研系列、铁皮青、丝瓜青等长日照品种易发病。耐低温短日照品种发病轻或不发病。低温会助长病情的发展。

此外，土壤pH值在7以上，或在播种、定植前土壤曾采用高温处理，锰在土壤中溶解度加大，易发病。

（4）菊苣假单胞病　沿黄瓜叶的主脉出现黄色不规则枯斑，对光观察可在黄色斑内看到如同地图上标明似城镇房屋街道样相连的方块，将病原定为菊苣假单胞，属细菌性病害。

3. 防治妙招

（1）选用短日照、耐低温弱光或早熟的品种　可选用山东密刺、新泰密刺、津春3号、春香、农大14号、中农5号、中农7号等。

（2）改良土壤理化性质　习惯种植津研系列品种易发病地区可从改良土壤入手，每667平方米施用酵素菌沤制的堆肥，或石灰100～150千克，将土壤酸碱度（pH值）调节到中性，使锰的溶解度下降。避免在过酸、过碱的土壤上种植黄瓜。

（3）科学施肥　施用充分腐熟的优质有机肥，适时、适量、适度追肥。施用促丰宝、惠满丰复合液肥或黄瓜专用肥，采用配方施肥技术。发生褐脉叶时可喷含磷、钙、镁的叶面肥。

注意　要保证钙肥的施用，因土壤缺钙易引发锰过剩而发病。

（4）加强苗期和定植后的植株管理　定植后前期注意增温、保温，提高地温，以利于肥料的吸收和利用。采用高温法处理土壤时要先施入石灰质肥料。适当控制浇水，冬季不宜浇水过多，尤其雨雪天气不要浇水，防止土壤过湿。

十九、黄瓜白点叶

1. 症状及快速鉴别

植株生长稍弱，株形、叶形正常，但叶片上产生许多形状不定的白色小斑点，分散在叶面上但不连片联合。严重时叶片布满斑点，造成叶片干枯死亡（图1-69）。

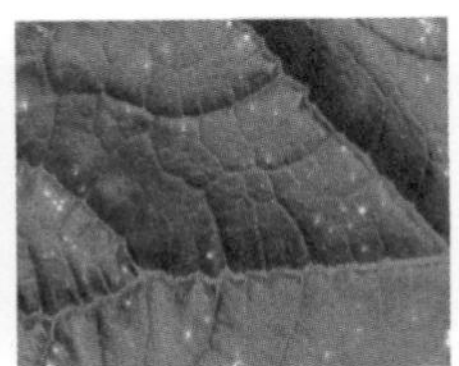

图1-69　黄瓜白点叶

2. 病因及发病规律

黄瓜叶片上产生白色斑点有多种原因。亚硝酸气害、二氧化硫气害使叶片产生白色斑点较大，亚硝酸气害从叶背面看病斑凹陷。产生细碎小白斑也可能是钙或镍过剩所致，两者小白斑形状、大小相似，难以区分。但钙过剩产生的白斑多发生在植株底部叶片上；镍过剩产生的白斑多发生在植株中、上部叶片上。而且镍过剩时植株顶部新叶的叶缘有时枯死，拔出病株根系发育不好，主根变褐侧根不伸长。

3. 防治妙招

（1）对含钙过剩的土壤　可适当施用硫黄粉改良，或施用硫酸铵、氯化铵、氯化钾、硫酸钾等酸性肥料。适当增加浇水量洗去碱性的钙。土壤干燥，盐类浓度变高，可地面覆盖碎草，防止水分蒸发。

（2）对含镍过多的土壤　施用碳酸钙等碱性物质，可使土壤中代换性镍显著减少，减轻危害。镍污染严重的小块土壤可考虑换土。

（3）增施有机肥，保持土壤肥力　注意复合微肥的使用，避免缺铜、缺锌症发生。

二十、黄瓜焦边叶

黄瓜焦边叶也叫枯边叶。

1. 症状及快速鉴别

植株叶片均可发生，以中部叶片最重。发病叶片多是在大部分边缘或整个边缘干边，发生干枯，一般约2～4毫米一圈。严重时引起叶缘干枯或卷曲（图1-70）。

图1-70　黄瓜焦边叶

2. 病因及发病规律

为生理性病害。

（1）盐害　施矿质元素化肥过多，有机肥不足，造成土壤中盐分积累，含盐量高造成盐害。盐碱地干旱时也易遭受盐害。

（2）过速失水　在棚室内高温、高湿条件下突然放大风，叶片失水过急过多易导致此病害发生。

（3）药害　喷布杀虫剂或杀菌剂时，药液浓度偏大，药液过多，滴流聚集在叶缘，造成药害。边缘一般呈污绿色，干枯后变褐。

3. 防治妙招

（1）配方施肥　多施用菌肥或充分腐熟的有机肥，减少化肥施用量，尤其追肥要适时适量，尽量少用硫酸铵等副成分会残留土壤的化肥，提倡施全元肥料。

（2）防止盐害　在盐碱地区土壤深翻后灌水压盐。增施有机肥，减少化肥用量。定植后覆盖地膜，防止因蒸发水分而引盐上泛。盐分含量大的土壤有时土表析出白色盐类，可灌水泡田洗盐。必要时在夏季休闲期灌大水，连续15～20天，多日泡田使土壤中的盐分随水分下渗淋失，可淋溶到深层土壤中去，减少耕作层盐分含量。

（3）棚室放风　科学放风，避免放风过急、过大。适时适量，在棚内外温差大时不要上、下通风，而要开天窗通上风，闭前窗不通下风，防止黄瓜不适应。

（4）科学用药，避免发生药害　注意药剂使用浓度和药液喷布量。做到科学合理用药，不要轻易加大用药浓度和用药量，并均匀喷雾。

提示　叶面着药液量以叶面湿润而药液不滴淌水为宜，尽可能采用小孔径喷洒，以利于喷雾均匀。

（5）适时适量浇水　防止过旱导致黄瓜焦边叶。避免湿度过大造成沤根。

二十一、黄瓜泡泡病

1.症状及快速鉴别

多发生在越冬及早春栽培的黄瓜上，主要为害叶片。

叶片凹凸不平，叶片正面突起，背面凹陷，叶片凸起部位不产生病原物。产生鼓泡，大小约5毫米，泡的背面基部周围往往出现水浸状环，凹陷处为白毯状，刮之无附生物。叶正面泡顶初褪绿变黄，最后呈灰黄色。多发生在叶片正面，少数在叶背（图1-71）。

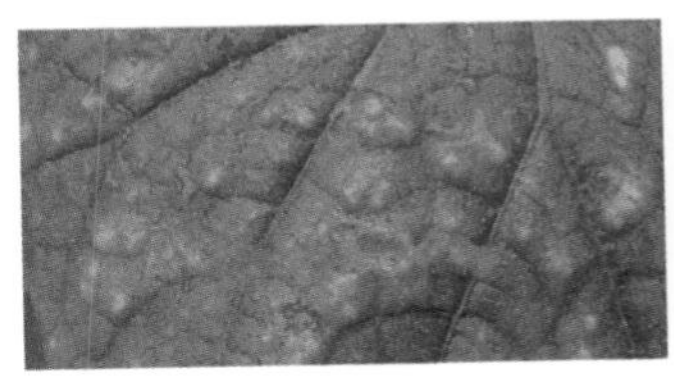

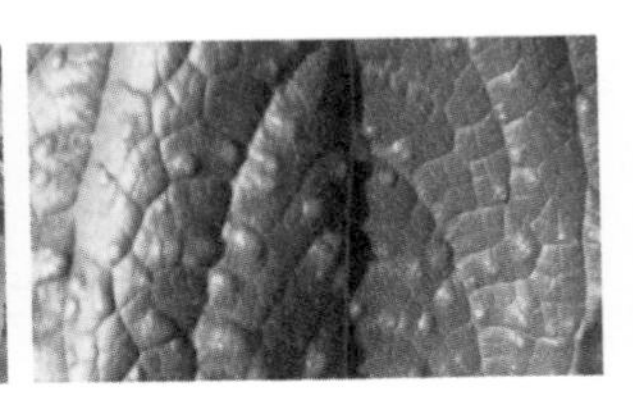

图1–71　黄瓜泡泡病

2.病因及发病规律

为生理性病害。与气温低、日照少及黄瓜品种有关。

（1）移植过晚，根系老化，再生受阻，引起吸水与失水的比例失衡。

（2）因划锄等作业因素造成伤根，导致吸水小于失水。

（3）湿度过大蒸腾作用减弱。

（4）根部病害造成伤根。

（5）激素使用过频引起累积中毒。

多在苗床温度较高或育苗后期发生。阴雨多湿、土壤黏重、重茬发病重。播种过密、间苗不及时，温度过高易发病。

3.防治妙招

（1）选育抗低温、耐寡日照、耐弱光的早熟品种　选用适宜当地气候及棚室的“津杂2号”“农大1号”早熟品种。选用无滴膜，常打扫棚室塑料膜或玻璃上的灰尘，清除灰尘增加透光性能，提高棚室内光照强度。必要时可人工补光和施用二氧化碳。

（2）加强保温、增温措施，防止低温冷冻　早春注意提高棚室的气温和地温。地温保持在15～18℃，严防低温冷害。

（3）灌水要均衡，避免大起大落　早春浇水宜少，严禁大水漫灌，导致地温降低，尤其要保持地温均衡。

（4）适期、适时定植　一般2叶1心或3叶1心为定植最佳适期，选择晴天的中午定植。定植前移苗时尽量少伤根。土壤过于黏重的地块增施草木灰、有机肥，改良土壤结构，增加土壤的通透性，促进新根的形成。

注意　避免使用三唑酮、助壮素、多效唑等农药和激素。

（5）喷施惠满丰多元复合液体活性肥料　一般用量320毫升/667平方米，稀释500倍液。视棚内湿度约隔5～7天喷1次，共喷2～3次。

二十二、黄瓜化瓜

黄瓜雌花未开放或开放后子房不膨大，迅速萎缩变黄脱落，称为化瓜。雌花形成后不能继续长成商品瓜，而是逐渐黄萎、脱落，这样的雌花或幼瓜又称生理凋萎果或流产果。黄瓜出现少量化瓜（约占1/3）是植株自我调节的正常现象，但大量的化瓜则属异常。化瓜是黄瓜生产上普遍存在的问题，特别是在日光温室栽培的黄瓜条件不适时更严重，影响产量和收益。

1. 症状及快速鉴别

化瓜主要表现为幼嫩瓜条未开放就逐渐黄化萎缩，最后死亡。或已经坐住的瓜条停止生长，逐渐褪绿变黄，最后萎缩坏死。多发生在黄瓜结瓜初期或后期（图1-72）。

2. 病因及发病规律

化瓜形成的原因比较复杂，因棚室内高温干燥，天气不良，管理不当，叶片光合作用能力弱。或施肥过多，水分不足，造成伤根。或土壤潮湿，地温和气温偏低，发生沤根。或因土壤溶液对植株生长不

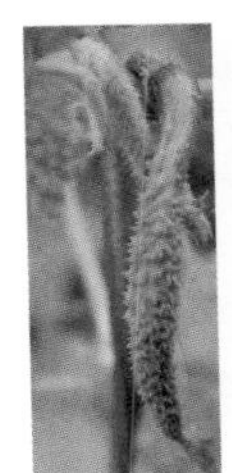
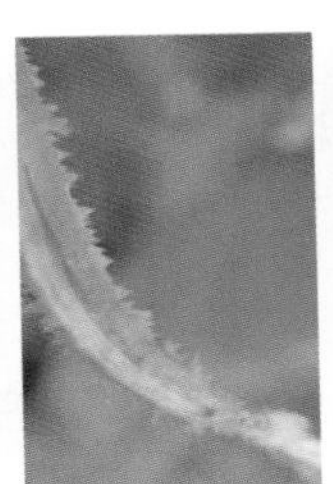

图1–72　黄瓜化瓜

适宜，根系吸收能力减弱等，使植株不能提供瓜条正常生长发育所需的养分，造成化瓜。单性结实能力较弱的品种，低温或高温时妨碍受精也容易出现化瓜。

化瓜是养分不足，或各器官之间互相争夺养分造成的。在低温弱光等不利条件下小黄瓜很多，要使每个小瓜都长成商品瓜几乎是不可能的。因此在一定限度内化瓜是正常的，是植株本身自我调节的结果。但如果坐瓜很少，小瓜大量化掉，就是一种生理病害。

出现大量非正常化瓜主要原因：

（1）弱光、低温　苗期或生长前期遇到连阴天等低温弱光天气，植株会形成大量雌花，但温室温度低，光照不足，植株光合作用弱，制造的养分少，不能满足每个瓜条生长发育对养分的需求。温度过低，白天低于20℃，晚上低于10℃，根系吸收能力也会受到影响，导致植株因"饥饿"而化瓜。

（2）温度过高　在正常二氧化碳浓度和空气湿度下，当白天温度超过35℃时，植株光合作用制造的养分与呼吸作用消耗的养分达到平衡，使养分得不到积累。夜温高于18℃呼吸作用增强，养分消耗过多，又使养分无效浪费，使瓜条得不到养分的补充，造成高温化瓜。

（3）二氧化碳浓度低　空气中二氧化碳含量为0.03%基本可以满足光合作用的需要。冬季因棚室密封，放风晚，上午光合作用强烈，二氧化碳被迅速消耗，浓度迅速降低到0.01%以下很难满足光合作用的需要，导致有机营养不足，易引起化瓜。

（4）营养生长与生殖生长不协调　茎叶生长旺盛消耗养分过多，瓜条发育所需养分不足会导致化瓜。生殖生长过旺，雌花数目过多，瓜码过密，植株负担过重，养分供应不足常产生化瓜。大量施用氮肥，浇水过多，茎叶徒长，或缺水缺肥，均会导致化瓜。

3. 防治妙招

（1）因地上部营养不足而造成的化瓜 需加强温湿度管理，尽量增强叶片光合作用能力，叶面可用喷施宝1200倍液，或叶绿壮浓缩叶面肥3000～4000倍液等喷雾。如果因缺水缺肥造成化瓜，增加浇水施肥量。

（2）因根系生理机能受抑制而造成的化瓜 需及时中耕松土，必要时轻浇水后再追肥松土。提高地温，促进根系的生长发育。

（3）因品种特征而造成的化瓜 可在雌花开花后分别喷施100毫克/千克的赤霉素（或吲哚乙酸、腺嘌呤），促进幼瓜生长发育，保证瓜条生长，防止因低温化瓜。还可用增瓜灵蘸雌花或喷花，但应慎重使用。

注意 用增瓜灵促进坐瓜后黄瓜风味品质变差。经过蘸花的黄瓜虽然坐住了，但植株的营养是一定的，本来没有大量坐瓜的能力或环境不允许大量坐瓜，非让黄瓜坐瓜，结果瓜秧就会过度劳累，以后上面就很难坐瓜了，总产量会大大降低。

少数品种因单性结实能力差引起的化瓜也可进行人工授粉，在温室内放养蜜蜂等刺激子房膨大，减少化瓜。或用1%磷酸二氢钾+0.4%葡萄糖+0.4%尿素喷洒叶面。

（4）因育苗期温度过高或过低、干旱缺水、光照不足及秧苗徒长等原因造成花芽分化受阻引起的化瓜 可采取培育黄瓜壮苗来解决。因苗期低温造成的化瓜叶面可喷1%磷酸二氢钾+1%葡萄糖+1%尿素混合液来补救，防止苗期徒长造成化瓜。

（5）由于高温或者低温出现的大量化瓜 棚室温度应从低控制，晴天白天23～25℃，不超过28℃，夜间10～12℃或更低。温度过高时应加强放风管理，将棚室温度控制在适于黄瓜正常生长发育的范围内。如果是低温的深冬季节由于低温而出现化瓜，应尽量提高温度，尤其是土壤温度，土温最低不能低于10℃，一般应在14℃以上。地温的提高并不一定依靠优良的温室结构，或完全依赖晴朗的天气。

可在定植时行间埋入玉米秸秆或在行间铺玉米秸，利用玉米秸分解产生的热量提高地温，效果很好。只要温度尤其是地温提高了，各种生理病害都很少，在适宜的温度下黄瓜植株健壮，抗性很强。

（6）**适时采收** 针对采收不及时"坠秧"引起生长失调导致的化瓜，应加强肥水管理及时采瓜，特别是根瓜应及早采收。及时摘除畸形瓜，疏除过密瓜。不是由营养不足而是由徒长导致的化瓜，可喷乙烯利、坐瓜灵等抑制剂抑制徒长。

提示 注意黄瓜采收标准，既要及时采收，又要让植株上保存有至少1条旺盛生长的瓜，也就是菜农所说的让黄瓜植株"压着长"。既有生长速度又保持耐力。

（7）**建造采光和保温性能良好的冬用型日光温室** 这是预防黄瓜化瓜的根本措施。很多地区的温室多用推土机、挖掘机堆土为墙，栽培畦比温室外的地平面低1米，墙体厚保温性能极好，可进行越冬黄瓜生产，很少化瓜。

二十三、黄瓜花打顶

黄瓜花打顶也叫瓜打顶。在早春、晚秋或冬季冷凉季节种植黄瓜，苗期至结瓜初期常出现植株顶端不形成心叶、花抱头现象。生长点急速形成雌花和雄花间杂的花簇，即为花打顶。

1.症状及快速鉴别

在黄瓜苗期或定植初期最易出现。植株生长停滞、矮小。生长点附近的节间缩短，没有心叶形成，出现雌、雄花密集相间的花簇，呈花抱头状态。植株中下部叶片浓绿，表面有突起或皱缩。病害发生后延缓黄瓜生育期，影响正常结瓜，造成不同程度的减产。

瓜秧生长停滞，龙头紧聚。生长点不再向上生长，生长点附近的节间长度缩短，靠近生长点的小叶片密集，有时伴随降落伞叶，呈短缩状，不能再形成新叶。各叶腋出现小瓜，大量雌花开放造成封顶。花开后瓜条不伸长，无商品价值，同时瓜蔓停止生长（图1-73）。

图1-73　黄瓜花打顶

2.病因及发病规律

花打顶的原因：植株生殖生长与营养生长失调。钾肥过多，根系活力下降。药害发生，植株生长受到抑制等也会造成花打顶。

（1）温度偏低　尤其是土温、夜间温度偏低，黄瓜根系发育差，活性弱，光合作用产物少。根系产生细胞分裂素的能力下降，植株生长点部位生长受到抑制。

昼夜温差大，夜间温度低。黄瓜叶片在白天进行光合作用制造营养物质，夜间输送到各个器官。白天气温23℃以上，光照充足，二氧化碳浓度为300×10^{-6}～800×10^{-6}毫克/升时光合作用正常进行，一般上午形成的同化物质占光合作用形成同化物质总量的3/4。日落后开始进行同化物质的输送，这时要求气温适宜，当夜间气温13～16℃约需4～6小时即可将全天形成的同化物质运送完。当夜温低于10℃时只能输送1/2的同化物质，其余1/2在叶片内贮存，就会直接影响下一天光合作用的正常进行，时间久了导致叶片变为深绿色，叶面凹凸不平或皱缩，植株矮小，出现营养障碍型花打顶。向新生部位（龙头生长点）输送营养量少，植株营养生长受到抑制，生殖生长超过营养生长。

（2）干旱烧根　定植时穴施或沟施有机肥过量。定植后由于需要蹲苗或其他原因，定植后浇水不及时造成田间持水量小于22%，相对湿度低于65%，土壤溶液浓度高，根尖呈铁锈色或枯死，使根系吸收困难，导致干旱烧根形成顶端的花打顶。

（3）用药不合理　保花激素用量不合适，使用过早。用药防病不科学导致药害发生。

（4）沤根　当棚室土温低于10℃、土壤相对湿度高于75%时，土壤潮湿，根系生长受到抑制，降低根系活动能力。土温低，湿度大，长期阴湿，造成沤根也会出现花打顶。

（5）伤根　有少量瓜苗或植株根系受到伤害长期未能恢复，吸收养分受到抑制，也会出现花打顶。

3.防治妙招

（1）伤根造成花打顶　采取营养钵育苗，覆膜栽培，保护植株根系不受损伤。中耕时尽量少伤根，采用保秧护根措施，防止温度、水分和营养不良等情况出现，提高根系活力。

（2）夜温低花打顶　千方百计提高保护地内温度，特别是夜间温度。

（3）沤根花打顶　土壤低温、高湿引起沤根要立即停止浇水，及时深中耕。必要时采取扒沟晒土提高地温，降低土壤含水量，改善土壤生态环境。同时摘除结成的小瓜，保秧促根，当新根长出逐渐恢复正常生长发育后，即可转为正常管理。

（4）适时适度灌水，不能控水过度　如果缺水造成花打顶应及时浇水。另外要看天浇水，避免阴天浇水，容易降低地温，使空气湿度加大发生病害。

（5）烧根导致的花打顶　应及时浇水使土壤持水量达到22%，相对湿度达到65%。浇水后及时中耕，生产上浇水适时适量不久即可恢复正常生长。防止施肥烧根，施足充分腐熟优质粪肥，均匀追肥，选用腐植酸、微生物类肥料。避免肥料施用不当烧伤根系。施肥烧根、枯根主要是因为土壤含水量低，应及时灌溉而且水量应稍大，至土壤含水恢复正常为止。灌水后需适时中耕，使土壤温度不至于降低。

（6）光照不足，夜间温度偏低，影响有机物质运输引起的花打顶　在满足光照条件下，白天温度保持23℃以上，并进行二氧化碳叶面追肥。

（7）已出现花打顶的植株的挽救方法

① 用5毫克/升萘乙酸水溶液+爱多收3000倍液混合灌根，刺激新根尽快发生。

② 摘除植株上可以见到的全部大、小瓜，减轻植株结瓜负担。

③ 喷快速促进茎叶生长的调节剂。如天然芸苔素、爱多收、丰收一号等，促进茎叶生长。

④ 追用速效氮肥（硝酸铵），浇水后封闭温室，提高温度，尽量保持较高的夜温。一般通过7 ～ 10天即可基本恢复。其间可酌情再浇1次水，以后逐渐转入正常管理。

二十四、黄瓜有花无果

1.症状及快速鉴别

只开雄花不结果。造成花很多，不能结果或结果很少的异常现象，严重影响黄瓜的产量和收益（图1-74）。

图1–74　黄瓜有花无果

2.病因及发病规律

由黄瓜植株体内细胞分裂失调造成的。黄瓜在生长过程中茎蔓疯长失调，破坏黄瓜植株体的分枝能力，从而导致黄瓜植株只开雄花不开雌花，或只在蔓梢处开有限的几朵雌花。

3.防治妙招

（1）农业防治　严格控制瓜蔓疯长，保证黄瓜植株生长健壮。

（2）化学调控　当黄瓜植株长出4片以上真叶，瓜蔓长30 ～ 40厘米时，每667平方米可用乙烯利200 ～ 500毫克/千克（稀释浓度），或萘乙酸5 ～ 10克，或三十烷醇5 ～ 10克，或助长素10克，然后加水50 ～ 70千克均匀喷施1 ～ 2次。可促进黄瓜植株细胞正常分裂，保证雌雄花同株一起开放，有效解决黄瓜因只开雄花而引发的“不育症”，可收到良好的效果。

二十五、黄瓜畸形瓜

包括常见的尖头瓜、大肚瓜、蜂腰瓜、弯瓜等。

1. 症状及快速鉴别

在日光温室冬季生产中发生较多。有时高温持续时间长，黄瓜果实因高温为害，变得奇形怪状，严重时瓜条失去商品价值，影响黄瓜的产量和效益。

（1）尖头瓜　也叫黄瓜尖嘴瓜。近肩部瓜粗大，前端细，似胡萝卜状。瓜条未长成商品瓜，瓜的顶端停止生长，形成细瘦尖端。

（2）大肚瓜　瓜条基部和中部生长正常，瓜的顶端肥大。

（3）蜂腰瓜（细腰瓜）　瓜条中腰部分细，两端较肥大。

（4）弯瓜（黄瓜曲形瓜）　瓜条逐渐呈弯曲状态，在最初和最后的果穗发生较多（图1-75）。

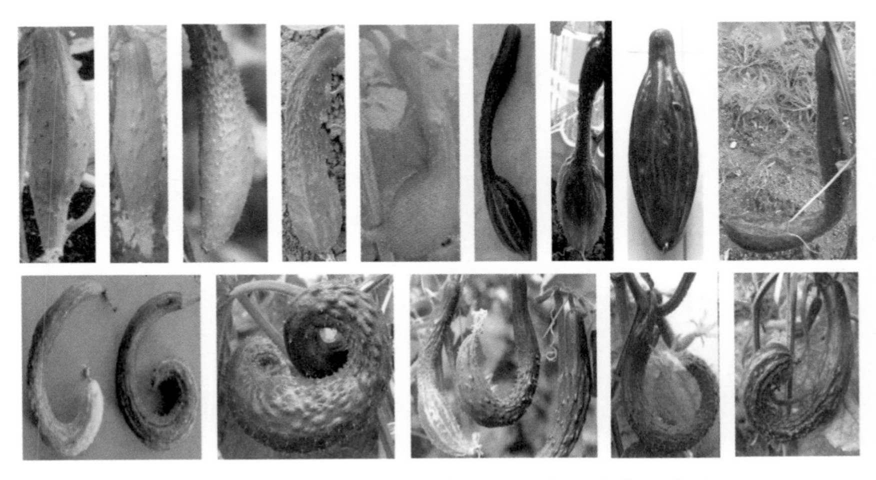

图1-75　尖头瓜、大肚瓜、蜂腰瓜、弯瓜等黄瓜畸形瓜

2. 病因及发病规律

主要是由于花期环境条件不适宜。温度过高或过低、湿度大、光照弱，都将影响黄瓜的正常授粉受精，果实局部产生种子而膨大，植株生长势弱，使瓜条畸形。特别是果实膨大后期肥水不足，使得果实不能得到正常的养分供应，也可形成畸形瓜。黄瓜在生长过程中瓜条受到外物的阻挡而不能伸直，导致产生畸形弯曲。

营养条件好才能发育成正常果实，反之易形成尖嘴瓜。当雌花授粉不充分，授粉的先端先膨大，营养不足，或水分不均匀，形成大肚瓜。有的营养充足仍发育成正常瓜。品种不良，单性结实弱的品种开花期雌花没有受精，果实中没有形成种子，缺少了促使营养物质向果实运输的原动力，造成尖端营养不良，形成尖嘴瓜。肥料供应不足，果实也会形成尖嘴瓜。瓜条发育前期温度过高，或已经伤根，或肥水不足，都易出现尖嘴瓜。

3. 防治妙招

（1）加强管理　肥料不足、种植密度大、光照少、养分供应不足，以及土壤干燥，易发生小头弯曲瓜。营养水分过多会引起茎叶过于繁茂，易产生大头弯曲瓜。因此应采取合理的栽培措施，科学施肥，小水勤浇，避免土壤过干、过湿。

发现畸形瓜及时摘除。做好温度、湿度、光照及水分的管理。黄瓜初花期可喷0.04%芸苔素内酯水剂4000倍液，10天后再喷1次，可增产10%～30%。

（2）配方施肥　氮、磷、钾按照5：2：6的比例施用，或喷洒1%～2%磷酸二氢钾，或用喷施宝1毫升加水11～12升。

（3）保证授粉　花期可通过人工授粉及放蜂授粉来减少畸形瓜的发生。

（4）生态防治　注意温度管理，避免温度低于13℃或长期高于30℃，湿度尽量稳定，避免生理干旱现象发生。

（5）弯黄瓜变直方法

① 刀片处理　在幼花开放前后，用刀片在弯瓜背面处竖划一道浅印，再横切1～3道浅印。深不超过0.5厘米，长2～4厘米。这样弯瓜就能变直，而且在销售时伤口几乎看不出来。

② 拴绳坠直　黄瓜长到10厘米时如果发现弯瓜，可用细绳拴长约4厘米、宽2厘米的小瓦片或小砖块及小石头，挂在花把儿处，这样随着黄瓜的生长，弯瓜就可被坠直。

③ 控制单产、喷肥　过高的单株产量会增加植株的负担。前期结瓜过多或摘瓜不及时，叶片很快老化，容易形成弯瓜。为了防止弯瓜、尖瓜和大肚瓜，对黄瓜叶面喷施复合微生物肥料200倍液，7～9天喷施1次，连喷2～3次。

④ 摘卷须　摘除卷须可预防因卷须等物理障碍引起的弯瓜现象。

通常出现的弯瓜是药物影响或长期的温度过高或过低、植株瘦弱等因素引起的，一旦发生很难再长直。

（6）加强病虫害防治　对黄瓜霜霉病、疫病、灰霉病等病害不要一味地进行高浓度药剂喷雾。如果喷药不当形成药害，病害不见好转，可施放烟雾剂，不增加棚内湿度，防病也较彻底。可用45%百菌清烟剂250克/667平方米，分点施放在棚内安全处，傍晚从里往外逐一点燃放烟后闭棚熏烟，一般7～10天施放1次，连用2～3次。

对蚜虫、白粉虱等害虫可用10%吡虫啉可湿性粉剂1500～2000倍液防治。及时摘除畸形果，使营养留下来供给发育正常的瓜条。

（7）药剂防治　黄瓜结瓜期可喷施0.0016%芸苔素内酯水剂4000～8000倍液，或8%胺鲜酯可溶粉剂1000～1500倍液，或3.8%苄氨基嘌呤·赤霉酸乳油1000～1500倍液，也可喷施一些叶面肥，可有效地促进黄瓜生长，调节生长代谢水平，提高黄瓜的抗逆能力，改善瓜形和品质。

二十六、黄瓜瓜佬

1.症状及快速鉴别

在瓜秧上结出的黄瓜很小，结出像小香瓜样子的瓜蛋儿，俗称为“瓜佬”（图1-76）。

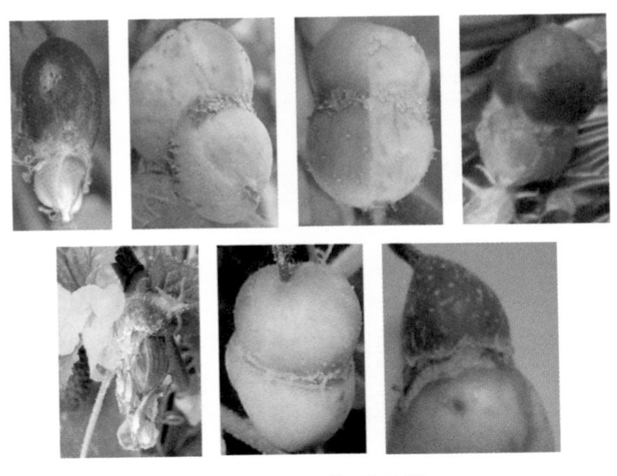

图1-76　黄瓜瓜佬

2. 病因及发病规律

为生理性病害，是由完全花结实造成的。

黄瓜花芽分化时具有雌、雄两种花原基，最后其发育成雄花还是雌花，主要由环境条件决定。因为黄瓜是短日照作物，低温和短日照有利于雌花的形成。而高温和长日照会使花芽向雄花方向发展。在花芽发育的过程中有一个时段既有利于雌花的形成，又有利于雄花的形成，此时就可能形成两性花，即完全花。由完全花结出的黄瓜就可能是瓜佬。

在冬季、早春日光温室的环境条件下有利于向雌花转化，但也有适合于雄花发育的条件和因素，有时在偶然的条件下同一个花芽的雄蕊原基和雌蕊原基都得到发育，就开出了完全花，结下了瓜佬。

3. 防治妙招

（1）促进雌蕊原基发育，抑制雄蕊发育 在黄瓜花芽分化期尽可能保证白天保持25～30℃，夜间10～15℃，保持8小时光照，相对湿度控制在70%～80%，保持土壤湿润、二氧化碳充足等，这样可促进雌蕊原基的正常发育、抑制雄蕊原基的发育。

（2）疏除完全花 生产上产生瓜佬的完全花多发生在早期，疏花时应疏除结瓜佬的完全花，避免浪费养分。

二十七、黄瓜苦味瓜

1. 症状及快速鉴别

黄瓜苦味瓜是黄瓜中含有的一种苦味物质葫芦碱引起的。黄瓜植株体内，包括瓜内都有苦味，绝对没有苦味的品种目前还没有，但苦味特别明显时就会严重影响品质。

提示 苦味瓜和正常的商品嫩瓜外观一致，但生食时口感涩麻有苦味，花头和蒂头的苦味重于中间部分的苦味。切成片加调料后稍有苦味，熟食时与正常黄瓜没有明显的差别。

2. 病因及发病规律

（1）**苦味与品种有关**　一般叶色深绿的品种较叶色浅的品种更易发生苦味。如果栽培措施不当会加重苦味瓜的发生。

（2）**氮肥施用过多**　因氮肥过量造成植株徒长坐瓜不整齐时，在侧枝、弱枝上结出的瓜易出现苦味。

（3）**瓜条生长缓慢**　低温寡照，特别是连续阴天，黄瓜的根系受到损伤、根系活动受到阻碍时，吸收的水分和养分少，瓜条生长缓慢，往往在根系和下部瓜中积累更多的苦味素。

（4）**高温引起**　冬春茬栽培的黄瓜进入春末高温期，或由于植株根系的衰老，或由于土壤湿度过大，根系吸收能力减弱，同化力弱而夜间湿度又过高，瓜条生长慢，在瓜条里积累了较多的苦味素，从而形成了苦味瓜。

3. 防治妙招

（1）**生态防治**　做好温度、湿度、光照及水分的管理。避免温度低于13℃，或长期高于30℃。湿度尽量稳定，避免发生生理干旱现象。进入衰老时通过降温、控水和灌用促进根系发生的激素等方式，及早进行复壮。进入高温期管理温度不宜过高，特别要防止夜间温度过高，同时浇水不宜过大。

（2）**采用配方施肥技术**　氮、磷、钾按5∶2∶6的比例施用，或喷洒1%～2%的磷酸二氢钾，或用喷施宝1毫升加水11～12升。

（3）**喷芸苔素内酯**　初花期可喷洒0.04%芸苔素内酯水剂4000倍液，10天后再喷1次，可增产10%～30%。

（4）**浸泡**　将黄瓜摘下后，苦味瓜放入清水中浸泡1夜可降低瓜的苦味。

二十八、黄瓜坠秧

1. 症状及快速鉴别

植株结瓜量少，只有下部少数几条瓜，中上部无瓜。即使有少量

图1-77　黄瓜坠秧

的瓜也容易相继变为化瓜，或瓜条发育缓慢，产量很低（图1-77）。

2.病因及发病规律

结瓜初期植株小时，营养积累量少，处于发育中的根瓜（植株下部第一条瓜）具有很强的争夺植株养分的能力。如果根瓜采收不及时会消耗大量的同化产物，导致上部的瓜因不能得到足够的营养而不能坐住，或虽然坐住但生长缓慢。有些菜农想获得较高的产量，在根瓜未长大前不舍得采收，结果适得其反造成损失。

3.防治妙招

采收根瓜与上部瓜的标准不同，要提早采收。掌握“宁小勿大，宁早勿晚”的原则，不能等到充分长大再进行采收。

二十九、黄瓜生理性萎蔫和叶片急性萎蔫

1.症状及快速鉴别

黄瓜生理性萎蔫是指全株萎蔫。在采瓜初期至盛期植株生长发育一直正常，有时在晴天中午突然出现萎蔫枯萎症状，到晚上又逐渐恢复，这样反复数日后，植株不能再复原而枯死，这种现象也叫水拖。从外观上看不出异常，切开病茎导管也无病变。

黄瓜叶片急性萎蔫是指在短时间内，黄瓜整株叶片突然萎蔫，失去结瓜能力（图1-78，图1-79）。

图1-78　黄瓜生理性萎蔫

图1-79　黄瓜叶片急性萎蔫

2. 病因及发病规律

（1）生理性萎蔫　主要是瓜田低洼、雨后积水，使黄瓜较长时间浸在水中。或大水漫灌后土壤中含水量过高，造成根部窒息。或处在嫌气条件下土壤中产生有毒物质使根中毒，也可引起发病。此外黄瓜嫁接质量差，或砧木与接穗的亲和力低或不亲和，均可发病。在北方露地栽培的秋瓜易发病。

（2）叶片急性萎蔫　主要是在炎热的盛夏，由于中午和下午地温高，地表温度常达约40℃，这时瓜叶的蒸腾作用十分旺盛，根系吸收的水分不停地通过根茎从叶片蒸腾出去，使黄瓜的体温不断地进行调节，维持正常的代谢状态。如果在高温干燥的炎热中午，降暴雨后突然转晴，气温很高，瓜叶蒸腾作用受阻，气温、土温居高不下，那么黄瓜植株体温会失常，整株叶片突然萎蔫，失去继续结瓜的能力，造成生理失调。严重时导致全株死亡。

3. 防治妙招

（1）选用露地2号等耐热品种栽培。

（2）黄瓜生理性萎蔫病主要采取相应的农业措施，选择高燥或排水良好、土壤肥沃的地块。雨后及时排水，严禁大水漫灌，及时中耕，保持土壤良好的通透性。在晴天湿度低、风大，蒸发量大时，增加浇水量。此外注意选择性状优良适宜的砧木和接穗，千方百计保证嫁接苗的质量。

（3）对黄瓜叶片急性萎蔫病采用涝浇园法，即雨后天晴时要马上浇水，以降低地温和近地面温度。浇水时应打开排水口，使水经瓜田迅速流过，再排出去，如果面积大或水源不充足，可采用隔畦浇水法。浇水后及时中耕，保持土温正常，可起到防治作用。

三十、黄瓜起霜果

1. 症状及快速鉴别

在果皮上产生一层白粉状物质，果实没有光泽。将发病黄瓜放入水中，霜状物仍不脱落，用手轻揉后粉状物才消失（图1-80）。

图1–80　黄瓜起霜果

2.病因及发病规律

白霜是黄瓜的呼吸作用受到抑制时，在果皮上产生的一种蜡状物质。

在沙地或土层薄的土壤中长期栽植黄瓜，4月以后易发生起霜果。此外温室栽培黄瓜，遇到天气不正常或根老化，机能下降及夜间气温、地温高，或日照连续不足，黄瓜吸收消耗大时该病害容易发生。

3.防治妙招

（1）加强温湿度管理　防止高温和过分干燥等不良条件出现。

（2）科学合理浇水　土壤水分要均衡适宜，防止土壤过干或过湿。蹲苗后浇水要适时适量，严禁大水漫灌。

（3）多施有机肥　采用深耕，促使黄瓜根系发达。

（4）砧木选择　嫁接黄瓜的砧木要采用无霜砧木。

三十一、黄瓜裂果

1.症状及快速鉴别

果实多呈纵向裂开，多数从瓜把尾处开裂（图1-81）。

图1–81　黄瓜裂果

2. 病因及发病规律

在长期低温干燥条件下突然浇水或降大雨，植株急剧吸收水分，或叶面施肥及喷洒农药，植株突然吸水时易发生裂果。

3. 防治妙招

（1）加强温湿度管理　防止高温和过分干燥。

（2）科学浇水　保持土壤水分均衡适宜，防止土壤过干或过湿。蹲苗后浇水要适时适量，严禁大水漫灌。

（3）增施有机肥　深耕施肥，促进黄瓜根系发达。

（4）叶面喷肥　坐瓜后开始喷洒10%宝力丰瓜宝，每支兑水10～15千克。或惠满丰活性液肥，一般320毫升/667平方米稀释500倍液，约隔7～10天喷1次，连续喷2～3次。

三十二、黄瓜苗"载帽"

黄瓜苗"载帽"也叫"戴帽"。

1. 症状及快速鉴别

在黄瓜育苗出土时，经常遇到种皮夹在子叶上而不脱落的情况，俗称"载帽"。子叶被种皮夹住不易张开，导致光合作用受到影响，造成幼苗生长不良，或形成弱苗（图1-82）。

图1–82　黄瓜苗"载帽"

2. 病因及发病规律

（1）种皮干燥，覆盖土太干燥，导致种皮容易变干。

（2）过早揭掉覆盖物，或在晴天中午揭膜，导致种皮在脱落前已变干。

（3）播种太浅，覆土厚度不够。

（4）种子成熟度不好，生活力弱，也会出现“载帽”情况。

3. 防治妙招

（1）播前浇足底水。

（2）播种后覆土不宜过干，覆土厚度要适当。一般盖土一节手指厚即可，不可过薄。

（3）必要时加盖塑料薄膜或草进行保湿，使种子发芽到出苗期间土壤保持湿润状态。幼苗刚出土时过于干燥，可用喷壶洒少量水。发现覆土太薄可补撒一层湿润细土，即可保持种子柔软，种皮出土时极易脱落。

三十三、黄瓜幼苗子叶畸形及徒长

1. 症状及快速鉴别

（1）幼苗子叶畸形　有多种不良表现，有的两片子叶大小不一、不对称，有的展开方向不在同一条线上，有的抱合在一起，有的开裂，有的粘连在一起。子叶是黄瓜幼苗生长初期的主要光合器官，子叶畸形会对幼苗生长造成一定的不良影响。粘连在一起的子叶会影响真叶的伸展，减少黄瓜幼苗光合面积。子叶畸形说明种子质量差，将来的产量和品质也较低（图1-83）。

图1–83　黄瓜幼苗子叶畸形

图1–84　幼苗徒长

（2）幼苗徒长　茎秆纤细、茎节较长、根系发育差、叶大而薄，植株总体颜色偏黄绿色（图1-84）。

2. 病因及发病规律

子叶畸形主要是种子质量本身造成的，如种子不成熟、发育不完全、放置时间过长，留种时选择母株不当、母株不够健壮等。

幼苗徒长是由于植株体内生长素含量增加，光合作用减弱，同化产物消耗量大于储存量造成的。

3. 防治妙招

（1）防止子叶畸形　自行留种时应选择植株中部大瓜留种，不要用下部瓜或根瓜留种。因为下部瓜发育时植株幼小、环境条件差、授粉不良，种子质量差。播种前应对种子进行清选或漂洗，剔除瘪籽、小籽及残破籽。

（2）防止幼苗徒长　平衡施肥，注意增施磷、钾肥。保证低结位坐瓜坠秧。控水控长，延长浇水间隔时间，控制浇水量，促根养根。

三十四、黄瓜药害

1. 症状及快速鉴别

多是叶片受害较重，常表现为叶片枯萎，颜色褪绿，逐渐变为黄白色，叶片出现五颜六色的斑点，并伴有枯斑，边缘等局部组织枯焦，叶片组织穿孔、皱缩卷曲、增厚僵硬，提早脱落，或叶片褪绿黄化、变厚、畸形（图1-85）。

图1–85　黄瓜药害

2.病因及发病规律

药剂微粒直接阻塞叶表气孔、水孔，或进入组织堵塞了细胞间隙，作物正常呼吸、蒸腾和同化作用受抑制。药剂进入植物组织或细胞后与一些内含物发生化学反应，导致正常生理机能被破坏，出现异常症状。

3.防治妙招

（1）预防 选择对作物安全的农药。一般苗期、花期易产生药害，尽量避开在作物耐药力弱的时期喷药。正确掌握施药技术，严格按照农药说明书上的浓度和剂量配药，药剂混用要科学合理。配药要用干净的水，如果是硬水必须先软化。喷药时要细致、均匀、周到，避免局部用药过多。

提示 一般在苗期、花期耐药力弱，用药时要谨慎。避免在炎热的中午施药，此时植株耐药力下降。

（2）防治 如果发现误喷农药，应及时用清水冲洗2～3次。对于发生药害的黄瓜要及时采取补救措施。种苗、幼苗受害较轻时加强管理，及时中耕松土，适时追施氮肥，促进幼苗生长发育。受害较重时及时灌水，增施磷、钾肥，中耕松土，促进根系发育，增强恢复能力。同时可喷施绿宝、植物生命源等叶面肥1～2次。

第三节 黄瓜主要病虫害快速鉴别与防治

一、黄瓜美洲斑潜蝇

黄瓜美洲斑潜蝇也叫蔬菜斑潜蝇、蛇形斑潜蝇、甘蓝斑潜蝇等。属双翅目，潜蝇科，杂食性害虫。

1.症状及快速鉴别

成虫、幼虫均可为害。为害黄瓜植株叶片时，主要以幼虫蛀食植物叶片上、下表皮之间的叶肉细胞及叶柄，导致叶片光合能力锐减。成虫取食和产卵也能造成一定的伤害，严重影响黄瓜的正常生长发育。

成虫飞翔过程中雌虫产卵器将植物叶片刺伤，吸食叶片汁液，形成小白点，并在其中取食汁液和产卵，叶片上布满约0.5毫米的半透明的受伤斑点，形成近圆形刻点状凹陷。

幼虫潜入叶片和叶柄为害。在叶片表皮下取食叶肉，形成带湿黑和干褐区域的蛇形白色虫道及刻点，幼虫排泄的黑色虫粪交替地排在虫道两侧，虫道的长度和宽度随着幼虫的生长而增大，终端明显变宽。取食后呈现“鬼画符”状，形成弯弯曲曲的隧道，隧道相互交叉逐渐连成一片，过早脱落或枯死。瓜叶约1周被吃尽叶肉，仅留上、下表皮。严重时叶片干枯脱落（图1-86）。

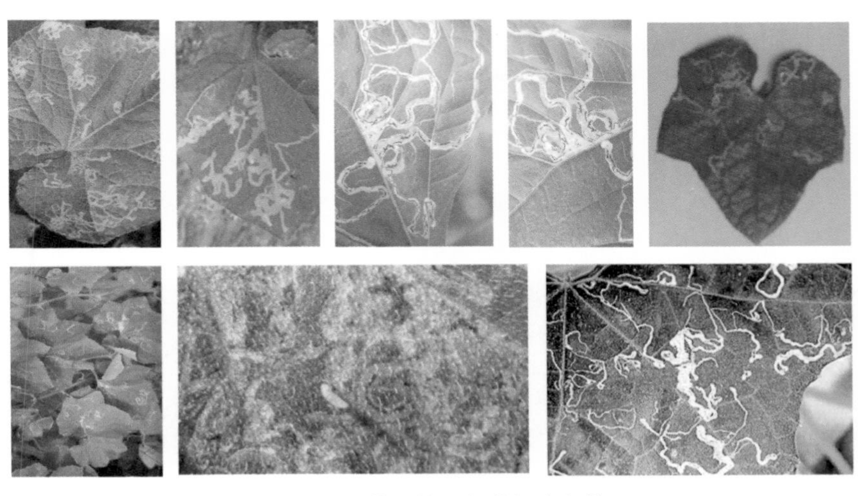

图1-86　黄瓜美洲斑潜蝇为害状

2.形态特征

（1）成虫　蝇大小2.0～2.5毫米，背部黑色。

（2）幼虫　无头蛆状。乳白至鹅黄色，长3～4毫米，粗1.0～1.5毫米。

（3）蛹　橙黄色至金黄色。长2.5～3.5毫米（图1-87）。

  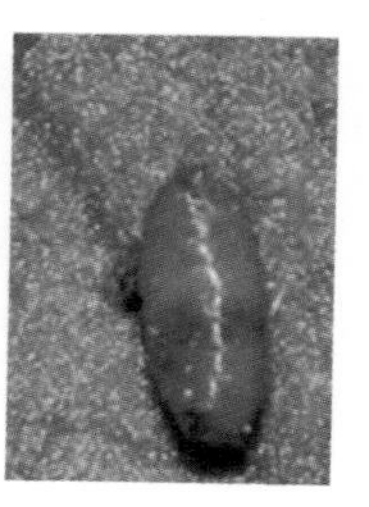

图1-87　黄瓜美洲斑潜蝇成虫、幼虫及蛹

3. 生活习性及发生规律

正常情况下一年可完成15～20代；如果进入冬季，在日光温室一年世代可达20代以上。生长发育适宜温度为20～30℃，温度低于13℃或高于35℃生长发育受到抑制。发生为害期为4～11月，两个为害盛期在5月中旬～6月和9月～10月中旬。在北方露地条件下以蛹在土中或受害的病残体上越冬。合适的条件下幼虫和成虫冬、春季节仍继续为害。

成虫有趋光、趋蜜、趋黄和趋绿性。飞翔能力有限，远距离传播受到限制。寿命一般7～20天。成虫产卵有选择高处的习性，以新生叶多。幼虫生长适宜温度为20～30℃，发育期4～7天，超过30℃或低于20℃发育缓慢。个体小、食量大，很大一片瓜叶约1周被吃尽叶肉，仅留上下表皮，使叶片叶绿素被破坏影响光合作用。一个叶片内可有几十头幼虫。受害严重的叶片呈白色或褐色斑块，并干枯脱落。幼虫在叶片上潜食叶肉后形成隧道，并在隧道内排粪，形成断断续续排列的黑线，隧道曲折迂回没有一定的方向，形成花纹型灰白色条纹，因此又有"绣花虫"之称。

4. 防治妙招

（1）强化检疫监管，控制传播蔓延　严格检疫防止害虫扩大蔓延。发现蔬菜有斑潜蝇幼虫、卵或蛹时要禁止调运。各地要重点调查和普查，严禁从疫区引进蔬菜和花卉。

（2）收获后及时拉秧，清理田园　将被斑潜蝇为害的残体集中清理进行沤肥或烧毁。发现有斑潜蝇为害严重的叶片应及时摘掉，就地深埋，以防扩散。

（3）农业防治　将斑潜蝇喜食的瓜类、豆类等与其不为害的蔬菜进行轮作，或与苦瓜、芫荽等有异味的蔬菜进行间作。适当稀植增加田间通透性。早春和秋季蔬菜种植前及时清洁田园，彻底清除菜田内外杂草、残株败叶，将被斑潜蝇为害的作物残体集中深埋、沤肥或烧毁，减少虫源。种植前应深翻菜地土壤，深埋地面上的蛹，使掉在土壤表层的卵粒不能羽化。最好再用3%米尔乐颗粒剂1.5～2.0千克/667平方米毒杀蛹。发生盛期中耕松土灭蝇。

（4）药剂防治　发现有斑潜蝇幼虫为害叶片应及时喷药防治。目前较好的药剂是微生物杀虫剂齐螨素，具有胃毒和触杀作用。阿维菌素（齐螨素）主要有1.8%、0.9%、0.3%乳剂3种剂型，使用浓度分别为3000倍液、1500倍液和500倍液。也可用1.8%阿维菌素（爱福丁）乳油3000倍液，或20%阿维·杀虫单（斑潜净）24克/667平方米加水45千克，或10%氯氰菊酯乳油1500倍液，或75%灭蝇胺可湿性粉剂3000倍液，或20%丁硫克百威乳油1000倍液，或1.8%阿维菌素（虫螨克）2500倍液，或40%阿维菌素（绿菜宝）1000～1500倍液，或98%杀螟丹（巴丹）原粉1000～1500倍液，或3.5%苦皮素1000倍液，或20%灭多威2000～2500倍液等药剂喷雾防治。每隔7天喷1次，共喷2～4次。

提示　为了提高药效，在配制药液时需加入500倍的消抗液（害立平）增效剂，或加入适量的白酒。

二、黄瓜茶黄螨

1.症状及快速鉴别

以成、幼螨在寄主幼芽、嫩叶、花蕾及幼果上以刺吸式口器吸取植物汁液为害。被害叶片变厚、变小、变窄、变硬僵直，叶背面呈黄褐色至灰褐色，油渍状，叶缘向背面卷曲。幼芽幼蕾枯死、脱落。嫩茎呈锈色变褐，梢茎端丛生枯死或秃尖。花蕾畸形，不能开花或形成畸形花。果实受害后果面黄褐色、粗糙、无光泽，肉质变硬，果皮龟裂。植株矮缩，节间缩短，造成落花、落果（图1-88）。

图1–88 黄瓜茶黄螨为害状

2.形态特征

（1）雌成螨　长约0.21毫米，体躯阔卵形。体分节不明显，淡黄至黄绿色，半透明有光泽。足4对。

（2）雄成螨　体长约0.19毫米。体躯近六角形，淡黄至黄绿色。

（3）卵　长约0.1毫米，椭圆形，灰白色半透明。

（4）幼螨　近椭圆形，躯体分3节，足3对。若螨半透明，菱形，被幼螨表皮所包围（图1-89）。

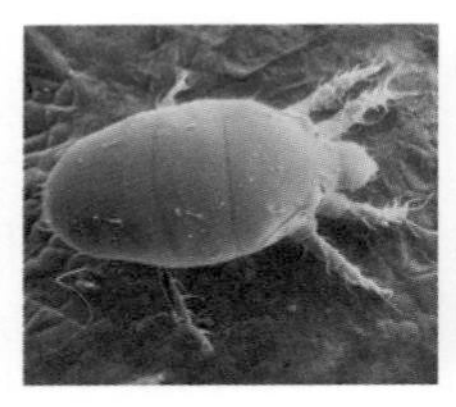
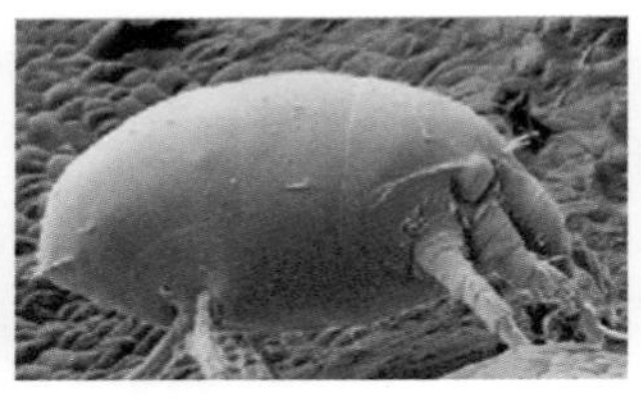
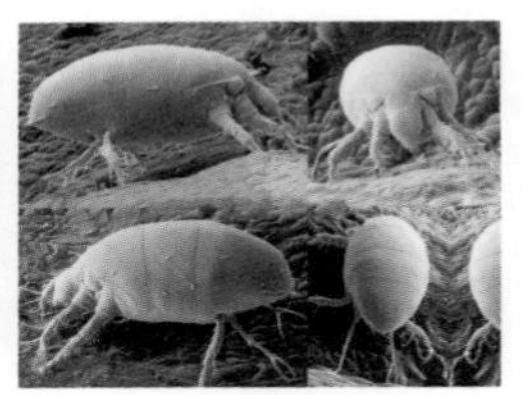

图1–89 黄瓜茶黄螨

3.生活习性及发生规律

一年可发生几十代。主要在棚室中的植株上或在土壤中越冬。棚室中全年均有发生。露地栽培以6～9月受害较重。生长繁殖迅速，在18～20℃条件下7～10天可发育1代。在28～30℃条件下4～5天发生1代。生长的最适温度16～23℃，相对湿度为80%～90%。湿度对成螨影响不大，在40%时仍可正常生活，但卵和幼螨只能在相对湿度80%以上条件下孵化、生活。温暖高湿有利于生长发育。单雌产卵量为100余粒，卵多散产在嫩叶背面和果实的凹陷处。成螨活动能力强，靠爬迁或自然力扩散蔓延。大雨冲刷后害虫明显减少。

4. 防治妙招

（1）收获后清园　将植株残体集中清理进行沤肥或烧毁。发现有害虫为害严重的叶片应及时摘掉，就地深埋，防止扩散。

（2）药剂防治　在害虫发生初期进行喷药防治。可用15%哒螨灵乳油3000倍液，或5%唑螨酯（霸螨灵）悬浮剂3000倍液，或10%溴虫腈（除尽）乳油3000倍液，或1.8%阿维菌素乳油4000倍液，或20%甲氰菊酯（灭扫利）乳油1500倍液，或20%三唑锡悬浮剂2000倍液等。

提示　为提高防治效果，可在药液中混加增效剂或洗衣粉等，并采用淋洗式喷药。

三、黄瓜棕榈蓟马

1. 症状及快速鉴别

成虫和若虫刺吸瓜类嫩梢、嫩叶、花和幼瓜的汁液。被害嫩叶、嫩梢变硬缩小，茸毛呈灰褐色或黑褐色，植株生长缓慢，节间缩短。幼瓜受害后硬化，毛变黑，形成落瓜（图1-90）。

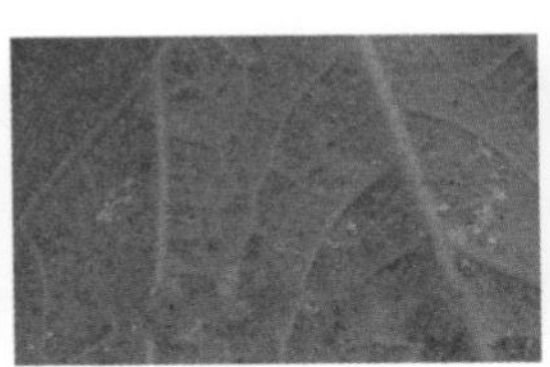

图1-90　黄瓜棕榈蓟马为害状

2. 形态特征

（1）成虫　体长1毫米，金黄色，头近方形，复眼稍突出，单眼

3只，红色，排成三角形。触角7节，翅2对，周围有细长的缘毛，腹部扁长（图1-91）。

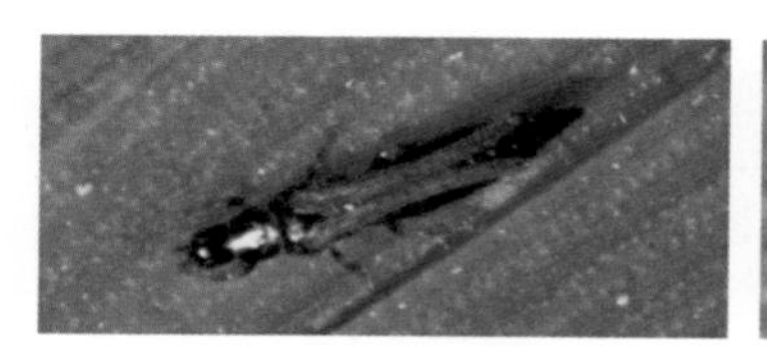
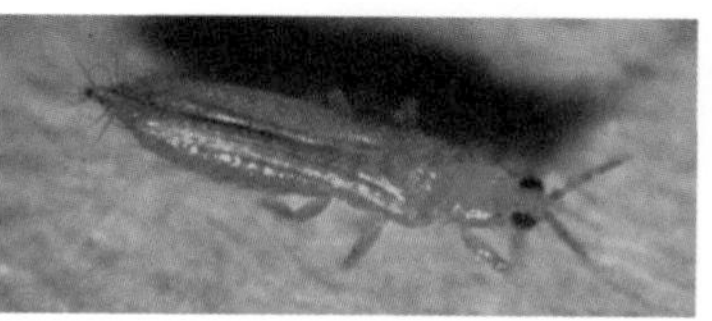

图1–91　黄瓜棕榈蓟马成虫

（2）卵　长椭圆形，长0.2毫米，淡黄色。

（3）若虫　共3龄，复眼红色，体黄白色。

3.生活习性及发生规律

每年发生多代，常世代重叠。在北方地区多在早春为害温室或露地刚出土的蔬菜幼苗。雌成虫主要行孤雌生殖，偶有两性生殖。卵散产于叶肉组织内，每雌虫产卵20～35粒。若虫怕光，到3龄末期停止取食，落入表土化蛹。

4.防治妙招

（1）农业防治　适时栽植，避开为害高峰期。瓜苗出土后覆盖地膜能大大减少害虫数量。清除菜田附近野生茄科植物也能减少虫源。

（2）药剂防治　可用20%氟胺氰菊酯乳油1500～2500倍液，或20%灭扫利乳油2000倍液，或10%乙氰菊酯乳油2000倍液，或10%联苯菊酯（天王星）乳油1500倍液，或10%溴氟菊酯1500倍液，或50%杀螟丹（巴丹）可溶粉剂2000倍液等药剂喷雾防治。

四、黄瓜瓜实蝇

1.症状及快速鉴别

成虫产卵管刺入幼瓜表皮内产卵。幼虫孵化后即在瓜内蛀食。瓜受害后先局部变黄，后全瓜腐烂变臭，造成大量落瓜，即使不腐烂，刺伤处流胶凝结导致瓜畸形下陷（图1-92）。

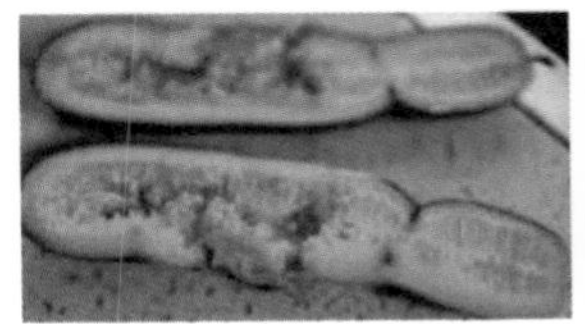

图1-92　黄瓜瓜实蝇为害状

2. 形态特征

（1）成虫　体形似蜂，黄褐色，体长约5～8毫米，翅展10～16毫米。翅膜质透明，间有暗黑色斑纹。腹背第4节后有黑色纵带纹。

（2）卵　细长，长约0.8毫米。一端稍尖，乳白色。

（3）幼虫　老熟幼虫体长约10毫米。乳白色，蛆状，口沟黑色（图1-93）。

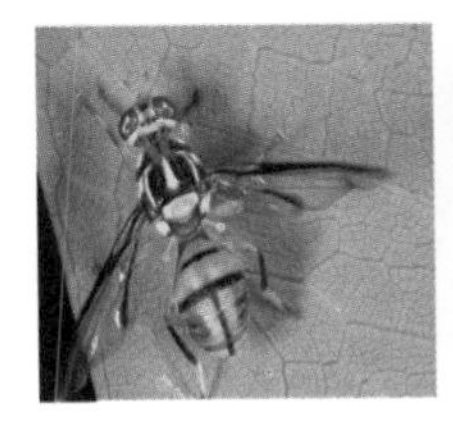

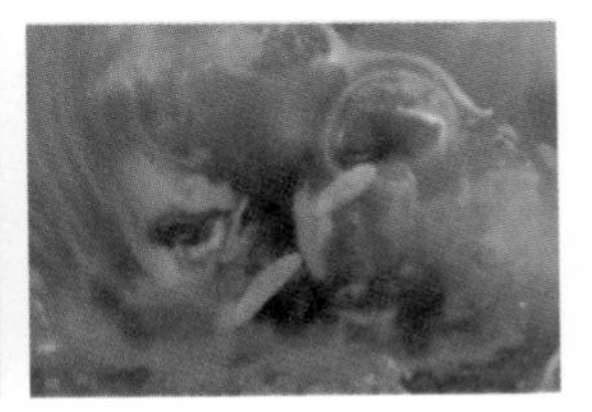

图1-93　黄瓜瓜实蝇成虫、卵及幼虫

（4）蛹　长约5毫米，黄褐色，圆筒形。

3. 生活习性及发病规律

主要以卵和幼虫随寄主运转传播。成虫具有一定的飞行扩散能力。以成虫在杂草、果树上越冬。翌年4月开始活动，5～6月为害严重。

成虫白天活动，夏天中午高温烈日时静伏在瓜棚或叶背，对糖、酒、醋及芳香物质有趋性。雌虫产卵于嫩瓜内，每次产几粒至10余粒，每雌虫可产数十粒至百余粒。幼虫孵化后即在瓜内取食，将瓜蛀食成蜂窝状，导致腐烂、脱落。老熟幼虫在瓜落前或瓜落后弹跳落地，钻入表土层化蛹。

4. 防治妙招

（1）清洁田园　加强检查，田间及时摘除及收集落地烂瓜，集中喷药或深埋处理，有助于减少虫源，减轻为害。被瓜实蝇蛀食的瓜、因为害而腐烂的瓜应进行消毒后集中深埋。

（2）套袋护瓜　对常发生严重为害的地区的瓜，或名贵瓜果品种，可采用套袋护瓜的办法，瓜果刚谢花、花瓣萎缩时进行，以防成虫产卵为害。

（3）诱杀成虫　利用成虫的趋化性及喜食甜质花蜜的习性，用香蕉皮或菠萝皮、南瓜或甘薯等，与90%敌百虫晶体、香精油按一定的比例调成糊状毒饵，直接涂在瓜棚竹篱上或放于容器内并悬挂诱杀成虫。每667平方米放置20个点，每个点用毒饵25克。

除了利用成虫趋化性，用毒饵诱杀外，还可用性引诱剂诱杀成虫。

在结幼瓜时可安装频振式杀虫灯开展灯光诱杀。零星菜园可用敌敌畏糖醋液诱杀成虫，能有效减少虫源，效果良好。

（4）喷药杀虫　在成虫盛发期的中午或傍晚，可喷施21%氰戊·马拉松（灭杀毙）乳油4000～5000倍液，或2.5%溴氰菊酯（敌杀死）2000～3000倍液，或50%敌敌畏乳油1000倍液。隔3～5天喷1次，连喷2～3次，喷匀喷雾。

五、黄瓜烟翅小绿叶蝉

黄瓜烟翅小绿叶蝉也叫桃小绿叶蝉、桃小浮尘子。属同翅目，叶蝉科。

1. 症状及快速鉴别

成虫、若虫吸食芽、叶和枝梢的汁液。被害叶初期叶面出现黄白色斑点，后逐渐扩大成片。严重时斑点相连，整片叶呈苍白色，提早脱落（图1-94）。

图1-94 黄瓜烟翅小绿叶蝉为害症状

2. 形态特征

（1）成虫 体长3.3 ～ 3.7毫米，淡黄绿至绿色。复眼灰褐色，无单眼，触角刚毛状，末端黑色。

（2）卵 长椭圆形，略弯曲，长径0.6毫米，乳白色。

（3）若虫 体长2.5 ～ 3.5毫米，与成虫相似（图1-95）。

图1-95 黄瓜烟翅小绿叶蝉

3. 生活习性及发生规律

成虫产卵于叶背主脉内，以近基部较多，少数在叶柄内。雌虫一生产卵46 ～ 165粒。若虫孵化后喜群集在叶背面吸食为害，受惊时很快横行爬动。第一代成虫开始发生在6月初，第二代7月上旬，第三代8月中旬，第四代9月上旬，成虫10月在绿色草丛间及越冬作物上，或在松柏等常绿树丛中越冬；翌年3 ～ 4月开始从越冬场所迁飞到嫩叶上刺吸为害。

4. 防治妙招

（1）加强管理 秋、冬季节彻底清除落叶，铲除杂草，集中烧毁，消灭越冬成虫。

（2）药剂防治 成虫迁飞及各代若虫孵化盛期，及时喷洒20%异丙威（叶蝉散）乳油800倍液，或25%速灭威可湿性粉剂600～800倍液，或20%害扑威乳油400倍液，或50%马拉硫磷乳油1500～2000倍液，或20%菊·马乳油2000倍液，或2.5%敌杀死或高效氯氟氰菊酯（功夫）乳油及其他菊酯类药剂，均能收到较好的防治效果。

六、黄瓜黄足黄守瓜

黄瓜黄足黄守瓜也叫瓜守、黄虫、黄萤，属鞘翅目，叶甲科。

1.症状及快速鉴别

成虫、幼虫均可为害。成虫喜食瓜叶和花瓣，还可为害幼苗皮层和叶，咬断嫩茎常导致死苗，成虫取食叶片时以身体为中心、身体为半径旋转咬食一圈，然后在圈内取食，在叶片上残留许多干枯环或半环形食痕或圆形孔洞。叶片被食后形成圆形缺刻影响光合作用，瓜苗被害后常带来毁灭性灾害。

幼虫2龄前在地下专咬食瓜类根部细根。3龄以上幼虫取食主根，在木质部与韧皮部之间钻食。严重时导致瓜苗地下部分整株萎蔫死亡。幼虫也可蛀入贴近地面的瓜果内蛀食为害，引起瓜果内部腐烂，严重影响产量和品质，丧失食用价值（图1-96）。

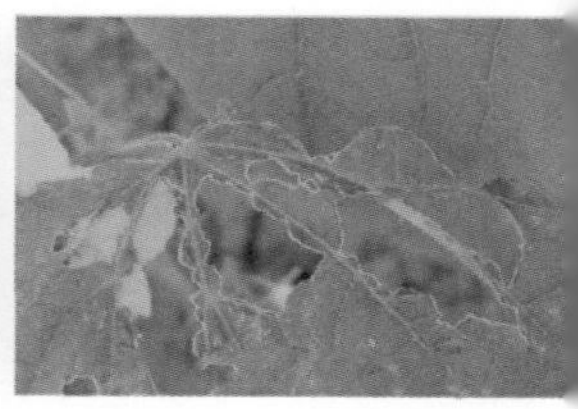

图1-96 黄瓜黄足黄守瓜为害状

2.形态特征

（1）成虫 体长约9毫米，橙黄色，仅中后胸和腹部腹面呈黑色，前胸背板中央有一波状横沟。腹末为圆锥形，部分露出鞘翅。雌虫腹部较膨大，雄虫较雌虫略小。

（2）卵　0.7 ～ 1毫米，淡黄色，表面有六角形网状纹。

（3）幼虫　老熟后体长12 ～ 14毫米，长圆筒形。头黄褐色，胸和腹部黄白色（图1-97）。

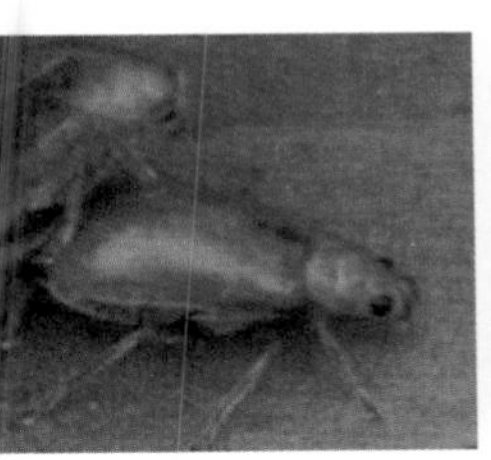

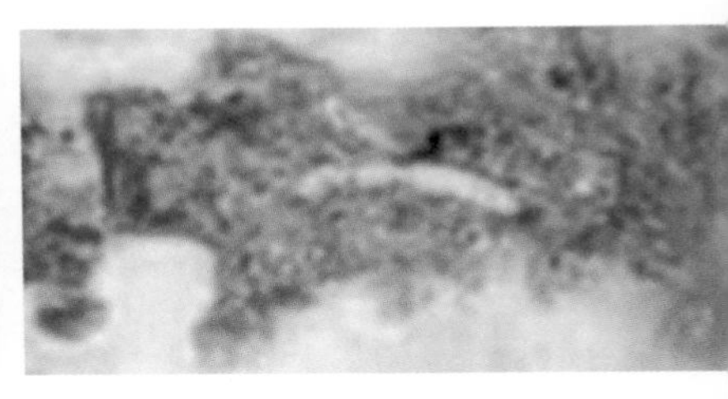

图1-97　黄瓜黄足黄守瓜成虫及幼虫

（4）蛹　为裸蛹，长9毫米，纺锤形。

3.生活习性及发生规律

各地均以成虫越冬，常十几头或数十头成虫潜伏群居在避风向阳的田埂土坡缝隙中、土块下、杂草落叶或树皮缝隙内越冬。翌年春季温度达6℃时开始活动，10℃时全部出蛰，瓜苗出土前先在其他寄主上取食，待瓜苗生出3 ～ 4片真叶后就转移到瓜苗上为害。

平均年气温9 ～ 16 ℃的地区每年发生1代。年平均气温在16 ～ 23 ℃的地区每年发生2代。平均气温在20 ～ 25 ℃的地区每年发生3 ～ 4代。越冬成虫在翌年3月底～ 4月上旬开始活动。发生1代的地区越冬成虫5 ～ 8月产卵，5月下旬～ 6月上旬为产卵盛期，6 ～ 8月为幼虫为害期，8月成虫羽化。10 ～ 11月陆续转入越冬场所越冬。

成虫活动最适温度约24℃，较耐热，在41 ℃下处理1小时死亡率不到18%；但不耐寒，在-8 ℃以下12小时后即全部死亡。卵的抗逆性强，幼虫和蛹不耐水浸，如果浸水24小时就会死亡。

4.防治妙招

利用成虫趋黄习性，掌握害虫发生期，用黄盆诱集及时进行防治。防治幼虫掌握在瓜苗初见萎蔫时及早施药，尽快杀死幼虫。苗期受害影响比成株大，应作为重点防治时期。

（1）瓜苗早定植　在越冬成虫盛发期前、瓜苗4～5片真叶时定植，可减少成虫的为害。

（2）改变产卵环境　植株长至4～5片叶前，可在植株周围撒施石灰粉、草木灰等不利于产卵的物质，或撒入锯末、稻糠、谷糠等引诱成虫在远离幼根处产卵，减轻幼根受害。

（3）消灭越冬虫源　对菜地周围的秋、冬寄主和场所，冬季要认真铲除杂草、清理落叶，铲平土缝。尤其是背风向阳的地方更应彻底，使瓜地免受升暖后迁来的害虫为害。

（4）诱杀　幼苗出土后用纱网覆盖的同时，在植株周围撒播苋菜、落葵、蕹菜等早春蔬菜。在揭去纱网、引蔓上架的同时，先拔去瓜苗附近的部分早春蔬菜，然后在其周围的土面上撒一层约1厘米厚的草木灰、稻谷壳或锯木屑，防止成虫产卵和幼虫为害瓜苗植株根部。将纱窗布剪成长50～60厘米、宽30～40厘米的方块，用线缝制成高30～40厘米、直径15～18厘米的圆筒，一端用针线缝合，当幼苗出土后1～2天内将幼苗罩住，避开严重为害期。

（5）捕捉成虫　清晨成虫活动力差，借此机会进行人工捕捉。同时利用其假死性，用药水盆捕捉也可取得良好的防治效果。

（6）药剂防治　瓜类对许多药剂敏感，易发生药害，尤其苗期抗药力弱，用药应慎重。

幼苗移栽施药。在瓜类幼苗移栽前后成虫发生初期，可用5%氟虫腈悬浮剂2000～3000倍液，或20%虫酰肼悬浮剂1500～3000倍液，或50%丙溴磷乳油1000～2000倍液等药剂均匀喷雾。

成虫发生期可用10%氯氰菊酯乳油1500～3000倍液，或5%顺式氯氰菊酯乳油150～300毫升，加水300～750升均匀喷雾。成虫盛发期也可用90%敌百虫乳油1000倍液，或20%氰戊菊酯乳油2000倍液喷雾，连续2～3次。

幼虫的抗药性较差，幼虫为害时可用90%敌百虫1500倍液，或敌敌畏1500倍液，或辛硫磷800倍液，或烟草（烟筋梗）30倍液浇灌瓜根。用低压喷灌根部周围也可杀灭幼虫，每株用约100毫升稀释液。幼虫发生盛期可用20%氰戊菊酯乳油1000～2000倍液，或20%菊·马乳油3000～4000倍液，或90%晶体敌百虫1000～2000倍液，或50%辛硫磷乳油2500倍液兑水灌根，视虫情为害程度，每隔7～15天灌1次。

七、黄瓜朱砂叶螨

黄瓜朱砂叶螨也叫黄瓜叶螨、红蜘蛛。主要吸食黄瓜的汁液，导致黄瓜减产，品质下降。

1.症状及快速鉴别

成虫和若虫刺吸瓜类嫩梢、嫩叶、花和幼瓜的汁液。被害嫩叶、嫩梢变硬缩小，茸毛呈灰褐色或黑褐色，植株生长缓慢，节间缩短。幼瓜受害后硬化、产生黑毛，造成落瓜（图1-98）。

图1–98　黄瓜朱砂叶螨及为害状

2.形态特征

（1）成螨　雌螨体椭圆形，长0.41～0.50毫米，宽0.26～0.31毫米，体呈黄绿色，越冬体橙红色。雄螨体长0.24～0.38毫米，宽0.12～0.17毫米，菱形，体呈黄绿色。

（2）卵　圆形，透明，直径为0.1～0.12毫米。初产乳白色，后为浅黄色。

（3）幼螨　体半球形，长0.15～0.20毫米，宽0.10～0.13毫米。体浅黄或黄绿色。

（4）若螨　体椭圆形，足4对（图1-99）。

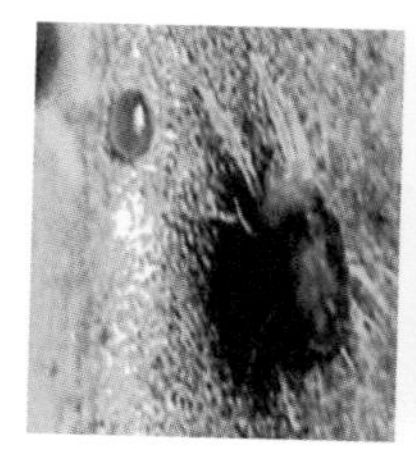
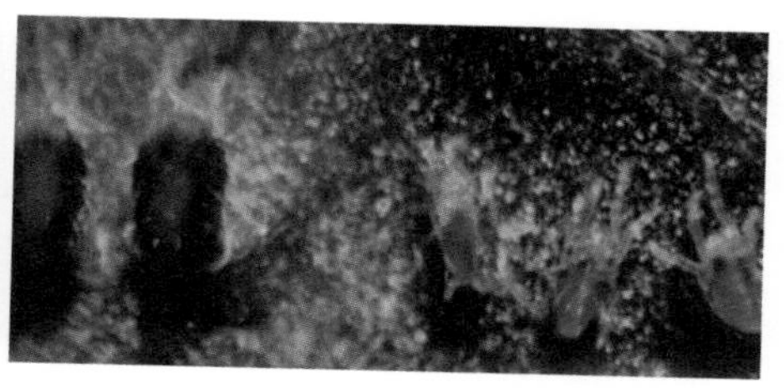

图1-99　黄瓜朱砂叶螨

3. 生活习性及发生规律

在北方一年可发生20多代，常世代重叠。以受精的雌成虫在土块下、杂草根迹、落叶中越冬。翌年3月下旬成虫出蛰。首先在田边的杂草取食、生活并繁殖1～2代，然后由杂草上陆续迁往菜田中为害。在北方地区多在早春为害温室或露地刚出土的蔬菜幼苗。

雌成虫主要行孤雌生殖，偶有两性生殖。卵散产于叶肉组织内，每雌虫产卵20～35粒。若虫怕光，到3龄末期停止取食，落入表土中化蛹。

在正常年份麦收前后田间的种群数量迅速增加，田间为害加重，7月是红蜘蛛全年发生的猖獗期，也是蔬菜受害的主要时期，常在7月中下旬种群达到全年高峰，为害至7月末～8月上旬。由于高温的原因种群数量会很快下降，8月中、下旬以后种群密度维持在一个较低的水平上，不再造成为害，并一直维持至秋季。在秋季虫体陆续迁往地下的杂草上生活，于11月上旬开始越冬。

每年种群的消长有所不同。低温年份发生晚，常在7月后进入猖獗发生期，但削减下降得也晚，常可为害至8月中旬以后。高温年份6月上旬即可进入一年中的盛期，盛期至7月中下旬结束。

4. 防治妙招

（1）农业防治　适时栽植，避开黄瓜朱砂叶螨为害高峰期。瓜苗出土后覆盖地膜能大大减少黄瓜害虫的数量。清除菜田附近野生茄科植物也能减少虫源。

（2）药剂防治　发现为害及时喷药。可用20%氟胺氰菊酯乳油1500～2500倍液，或20%灭扫利乳油2000倍液，或10%乙氰菊酯乳油2000倍液，或10%联苯菊酯（天王星）乳油1500倍液，或10%溴氰菊酯1500倍液，或50%巴丹可溶粉剂2000倍液等药剂喷雾防治。

八、黄瓜瓜绢螟

黄瓜瓜绢螟也叫瓜绢野螟、棉螟蛾、印度瓜野螟，属鳞翅目。

1.症状及快速鉴别

幼龄幼虫在瓜类蔬菜叶背啃食叶肉，被害部位呈现白斑。3龄后吐丝将叶片或嫩梢缀合隐匿其中取食，造成叶片穿孔或缺刻，严重时仅留叶脉。幼虫常蛀入瓜内、花中或潜蛀瓜藤，影响产量和质量。老熟后在被害卷叶内作白色薄茧化蛹，或在根际表土中化蛹（图1-100）。

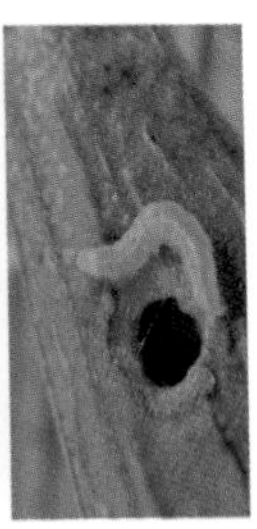

图1–100　黄瓜瓜绢螟为害状

2.形态特征

（1）成虫　体长11～12毫米，翅展22～25毫米。头胸部黑色，前翅白色略透明，前翅前缘、外缘及后翅外缘呈黑褐色宽带。

（2）卵　椭圆形、扁平、淡黄色，表面布有网状纹。

（3）幼虫　末龄幼虫体长约26毫米。头部、前胸背板淡褐色，胸、腹部草绿色。

（4）蛹　长约15毫米，深褐色，外被薄茧（图1-101）。

3.生活习性及发生规律

北方一年发生3～6代，长江以南一年发生4～6代。以老熟幼

  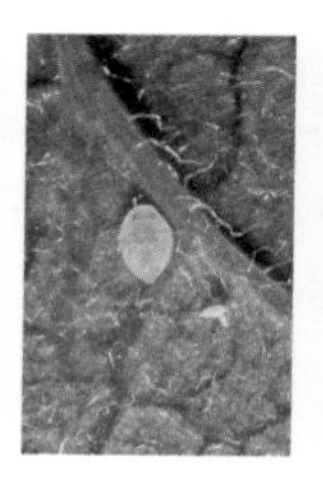 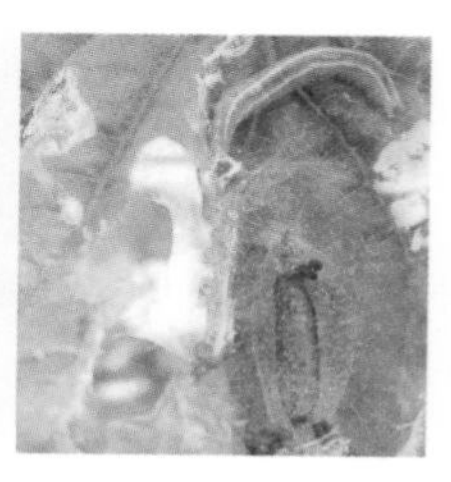

图1-101　黄瓜瓜绢螟成虫、卵、幼虫及蛹

虫或蛹在枯卷叶或土中越冬。成虫夜间活动，趋光性弱，雌蛾将卵产于叶背，散产或几粒聚集在一起，每个雌蛾可产300～400粒。幼虫3龄后卷叶取食，蛹化于卷叶、根际表土中或落叶中，结有白色薄茧。卵期5～7天，幼虫期9～16天（共4龄）。蛹期6～9天，成虫寿命6～14天。

4. 防治妙招

（1）清洁田园　收获后及时清理瓜地，收集田间的残株枯藤、落叶，进行沤肥、深埋或烧毁，消灭藏匿于枯藤落叶中的虫蛹，可压低虫口基数。在幼虫发生初期人工及时摘除卷叶和幼虫群集取食的叶片，集中消灭部分幼虫。

（2）生物防治　保护和利用天敌，注意检查天敌发生的数量，当卵寄生率达60%以上时，尽量避免使用化学杀虫剂，防止杀伤天敌。

（3）药剂防治　经常调查，发现虫害及时防治。在幼虫1～3龄卷叶前可采用杀虫剂进行防治。常用0.5%甲氨基阿维菌素苯甲酸盐乳油2000～3000倍液+4.5%高效顺式氯氰菊酯乳油1000～2000倍液，或5%氯虫苯甲酰胺悬浮剂2000～3000倍液，或5%丁烯氟虫氰乳油1000～2000倍液，或15%茚虫威悬浮剂3000～4000倍液，或10%醚菊酯悬浮剂2000～3000倍液，或20%虫酰肼悬浮剂1000～2000倍液，或2%阿维菌素1000倍液，或5%氯氟氰菊酯乳油800倍液，或10%灭多威800倍液，或2%阿维·苏云菌可湿性粉剂2000～3000倍液，或35克/升溴氰·氟虫腈乳油2000～3000倍液，或1.2%烟碱·苦参碱乳油800～1500倍液，或0.5%藜芦碱可溶液剂1000～2000倍液等药剂均匀喷雾。

九、黄瓜温室白粉虱

黄瓜温室白粉虱也叫小白蛾子，属同翅目，粉虱科。

1.症状及快速鉴别

成虫和若虫主要群集在黄瓜叶背面，以刺吸式口器吸吮植物汁液，被害叶片褪绿、变黄、萎蔫，甚至全株死亡。此外还分泌大量蜜露，严重污染叶面和果面，导致煤污病的发生，造成减产，并降低黄瓜的商品价值（图1-102）。

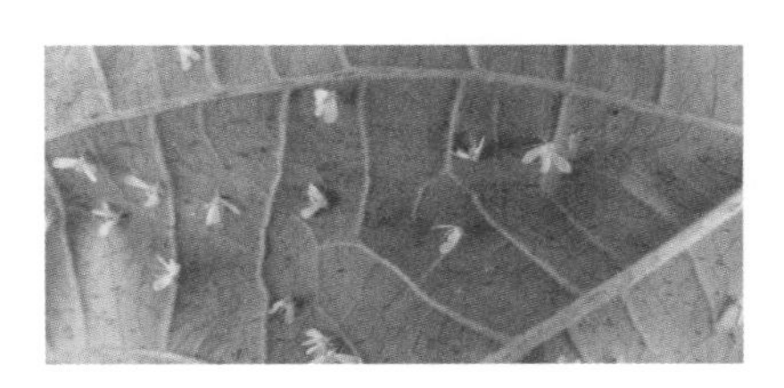

图1–102　黄瓜温室白粉虱为害状

2.形态特征

（1）成虫　雌虫个体比雄虫大，经常雌、雄成对在一起，大小对比显著。

（2）卵　椭圆形，具柄，开始浅绿色，逐渐由顶部扩展到基部为褐色，最后变为紫黑色。

（3）幼虫　1龄为长椭圆形，较细长。2龄胸足显著变短，无步行机能，定居下来。3龄略大，足与触角残存。

（4）蛹　体黄色，成虫在蛹壳内逐渐发育（图1-103）。

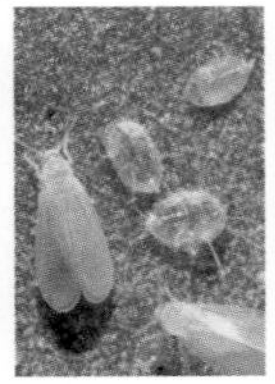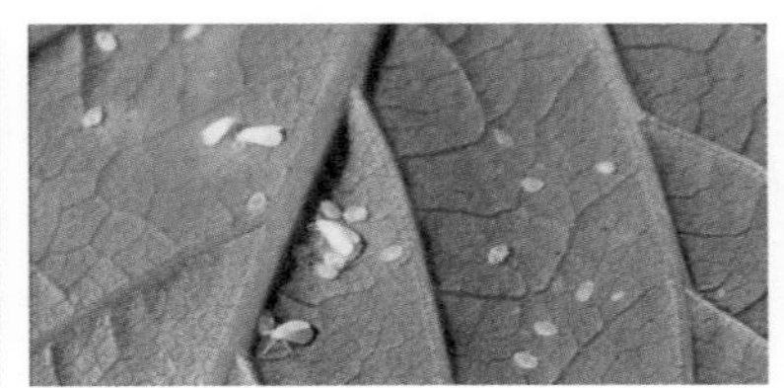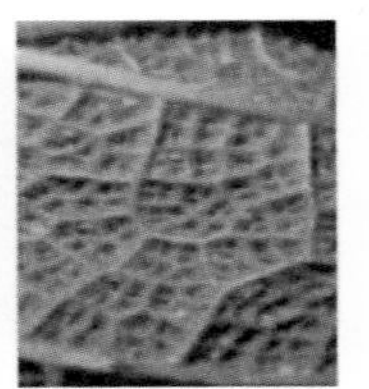

图1–103　黄瓜温室白粉虱成虫、幼虫、卵及蛹

3. 生活习性及发生规律

温室每年可发生10余代。以各虫态在温室中越冬并继续为害。春季由温室风口向露地迁入蔓延，夏、秋季虫口数量达到高峰，集中为害瓜类、豆类、茄果类蔬菜。成虫活动最适温度22～30℃，繁殖适温18～21℃。成虫有趋黄、趋嫩、趋光性，喜食黄瓜植株幼嫩部分。白粉虱繁殖力强，繁殖速度快，种群数量庞大群集为害。成虫喜食黄瓜、茄子、番茄、菜豆等蔬菜，群居于嫩叶叶背并产卵。在打顶以前成虫总是随着植株的生长不断趋向顶部嫩叶。因此在作物上自上而下白粉虱的分布为：新产的绿卵、变黑的卵、幼龄若虫、老龄若虫、伪蛹。

新羽化的卵以卵柄从气孔插入叶片组织中，与寄主植物保持水分平衡，极不易脱落。若虫孵化后3天内在叶背可短距离游走，当口器插入叶组织后就失去了爬行的机能，开始营固着生活。

在北方由于温室和露地蔬菜生产紧密衔接和相互交替，可使白粉虱周年发生。7～8月间虫口密度较大，8～9月间为害严重，10月下旬后气温下降，虫口数量逐渐减少，并开始向温室内迁移为害或越冬。

4. 防治妙招

（1）农业防治 提倡温室第一茬种植白粉虱不喜食的芹菜、蒜黄等较耐低温的蔬菜，减少黄瓜的种植面积，这样不仅不利于白粉虱的发生还能大大节省能源。温室尽量彻底清除前茬作物的残株、杂草。在通风口增设尼龙纱等控制外来虫源，培育出“无虫苗”。避免黄瓜、番茄、菜豆混栽，以免为白粉虱创造良好的生活环境，加重为害。

（2）生物防治 可人工繁殖释放丽蚜小蜂，按15头/株释放丽蚜小蜂成蜂，每隔2周1次，共3次。寄生蜂可在温室内建立种群，并能有效地控制白粉虱为害。

（3）物理防治 设置黄板（用1米×0.17米纤维板或硬纸板涂成橙黄色，再涂上一层黏油，32～34块/667平方米），诱杀成虫效果显著。黄板与植株高度相平设置在行间，黏油一般使用10号机油加少许黄油调匀，7～10天后再重涂1次，防止油滴在作物上造成烧伤。

提示 作为综合防治措施之一，可与释放丽蚜小蜂等协调运用。

（4）药剂防治　在温室白粉虱发生较重的保护地可用240克/升螺虫乙酯悬浮剂4000～5000倍液，或10%吡丙醚乳油1000～2000倍液，或10%烯啶虫胺水剂3000～5000倍液，或25%吡蚜酮可湿性粉剂2000～3000倍液，或50%噻虫胺水分散粒剂2000～3000倍液，或25%噻嗪酮可湿性粉剂1000～2000倍液，或10%氯噻啉可湿性粉剂2000倍液，或10%吡丙·吡虫啉悬浮剂1500倍液，或10%吡虫啉可湿性粉剂1500倍液，或3%啶虫脒乳油1000～2000倍液，或25%噻虫嗪可湿性粉剂1500～2000倍液，或20%高氯·噻嗪酮乳油1500倍液等药剂兑水喷雾。因世代重叠要连续防治，约隔7天喷1次，连用3～4次可收到较好的防治效果。

虫情严重时可选用2.5%联苯菊酯乳油3000倍液，或25%噻虫嗪可湿性粉剂2000倍液，或10%吡虫啉可湿性粉剂1000倍液，或20%丁硫克百威乳油1500倍液，或4%阿维·啶虫脒乳油1500倍液，或26%氯氟·啶虫脒水分散粒剂2000倍液，或20%哒螨灵乳油1000倍液等药剂喷雾防治。可将上述药剂两种混合使用效果更好。

在保护地内，可用锯末或苇秆、稻草等洒上敌敌畏，再加一块烧红的煤球熏烟，每667平方米温室需80%敌敌畏乳油0.4～0.5千克。也可用80%敌敌畏乳油150毫升/667平方米，水14千克，锯末40千克，拌匀撒入行间，关闭门窗熏1～1.5小时，温度控制在约30℃防效很好。或667平方米用12%哒·异丙威烟剂300～400克，或3%高效氯氰菊酯烟剂200～300克，或10%氰戊菊酯烟剂0.5千克，或吡·敌畏烟剂200～400克，或30%蚜虱净熏烟剂420克进行熏烟。

十、黄瓜瓜蚜

黄瓜瓜蚜也叫腻虫、蜜虫等。属同翅目，蚜科。

1.症状及快速鉴别

以成虫和若虫在叶片背面和嫩梢、嫩茎、花蕾和嫩尖上吸食汁液，分泌蜜露。

嫩叶及生长点被害后，叶片卷缩，生长停滞，甚至瓜苗全株萎蔫死亡。

成株叶片受害，提前枯黄、落叶，缩短结瓜期或影响幼瓜生长，造成减产。此外还能传播病毒病（图1-104）。

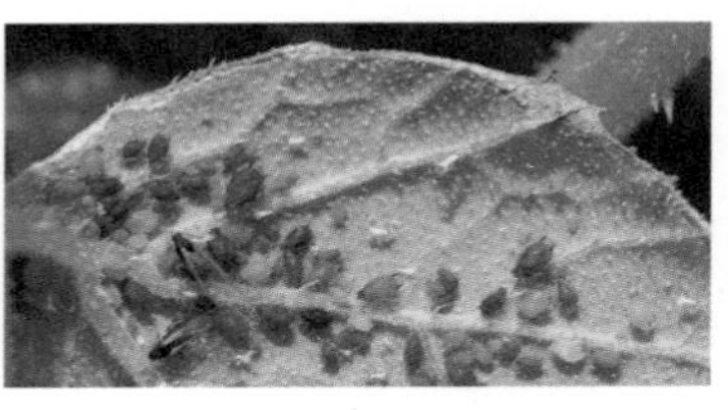

图1–104　黄瓜瓜蚜为害状

2.形态特征

无翅孤雌蚜体长1.5～1.9毫米，蚜体夏季多为黄色，春、秋季墨绿色至蓝黑色。宽卵圆形。

有翅雌蚜体长1.2～1.9毫米，体黄色、浅绿色或深绿色，前胸背板及胸黑色，腹管黑色或青色。圆筒形，基部稍宽。

性母蚜为有翅蚜，体黑色，腹部腹面略带绿色（图1-105）。

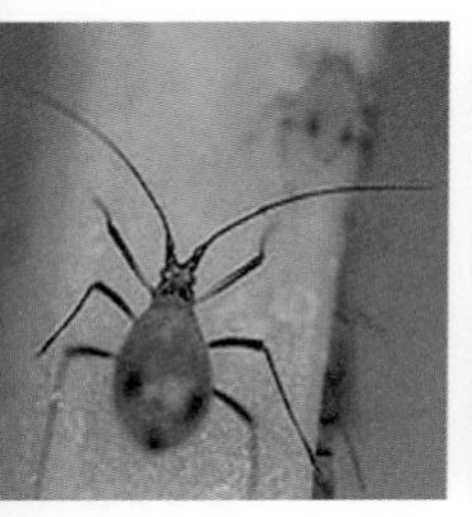

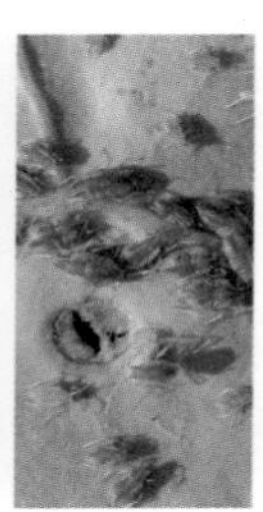

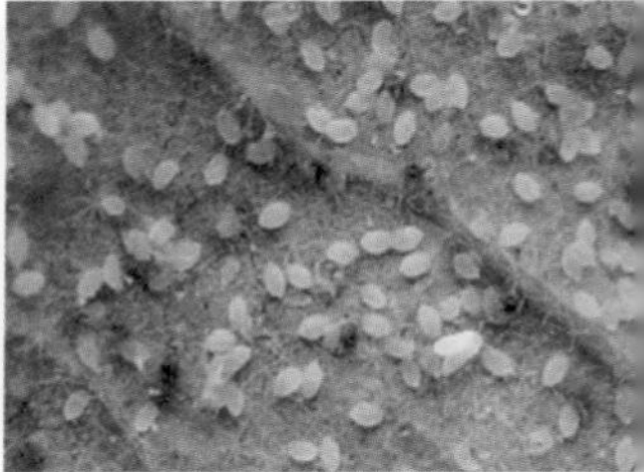

图1–105　黄瓜瓜蚜

3.生活习性及发生规律

在华北地区年发生10余代，长江流域20～30代。一般以卵在木本植物枝条和夏枯草、紫花地丁等植物的茎基部越冬。翌年春季3～4月平均气温稳定在6℃以上时，越冬卵孵化为干母。干母胎生干雌，干雌在越冬寄主上孤雌胎生繁殖2～3代，约在4～5月间干雌产生有翅蚜，迁往夏寄主瓜类蔬菜等植物上，在夏寄主上不断繁殖、扩散为害。秋末冬初又产生有翅蚜迁入保护地越冬寄主上产生两性蚜，雄蚜与雌蚜交尾产卵以卵越冬。也能以成蚜和若蚜在温室、大棚中繁殖为害越冬。瓜蚜对黄色有较强的趋性，对银灰色有忌避习性。

春、秋季约1天完成1代，夏季4～5天繁殖1代。每雌虫产若蚜60余头。繁殖适温16～20℃，北方超过25℃，南方超过27℃，相对湿度高于75%不利于瓜蚜繁殖。北方露地6～7月中下旬虫口密度最高，为害最重。7月中旬以后高温、高湿和雨水冲刷为害减轻。

4.防治妙招

（1）加强田间管理　防止干旱。清除田间杂草和瓜类、蔬菜残株病叶等。采取高温闷棚，先用塑料膜将棚室密闭5天，消灭棚室中的虫源。

（2）物理防治　蚜虫对黄色有强烈的诱集作用，在温室内设置黄板，设置在行间与植株高度相平。

（3）药剂防治　蚜虫发生盛期可用10%烯啶虫胺水剂3000～5000倍液，或5%啶虫脒乳油1500倍液，或4%阿维·啶虫脒1500倍液，或10%啶虫脒·氯氰菊酯乳油2000～3000倍液，或10%氟啶虫酰胺水分散粒剂3000～4000倍液，或10%吡虫啉可湿性粉剂1500～2000倍液，或10%吡丙·吡虫啉悬浮剂1500～2500倍液，或25%吡虫·仲丁威乳油2000～3000倍液，或25%噻虫嗪可湿性粉剂2000～3000倍液，或10%氯噻啉可湿性粉剂2000倍液，或5%氯氰·吡虫啉乳油2000～3000倍液，或22%噻虫·高氯氟悬浮剂2000～3000倍液，或35克/升溴氰·氟虫腈乳油3000～5000倍液，或2.5%溴氰·仲丁威乳油2000～3000倍液，或4%氯氰·烟碱水乳剂2000～3000倍液，或3.2%烟碱·川楝素水剂200～300倍液，或1%苦参素水剂800～1000倍液，或0.5%藜芦碱可湿性粉剂2000～3000倍液，或5%鱼藤酮微乳剂600～800倍液等药剂均匀喷雾。视虫情为害程度约隔7天喷1次，连续2～3次。

在保护地可用10%氰戊菊酯烟剂（或22%敌敌畏烟剂）0.5千克/

667平方米，或15%吡·敌畏烟剂200～400克/667平方米，或10%异丙威烟剂500～600克/667平方米进行熏杀。或用背负式机动发烟器施放烟剂，效果也很好。

如果蚜虫和白粉虱同时发生在棚室内，可用5%灭蚜粉喷粉，用量1千克/667平方米。为减缓抗药性产生应轮换使用。

第二章
西葫芦病虫害快速鉴别与防治

一、西葫芦银叶病

1.症状及快速鉴别

被害植株生长势弱，株型偏矮，叶片下垂，生长点叶片皱缩，呈半停滞状态，茎部上端节间短缩。茎、幼叶和功能叶叶柄褪绿，叶绿素含量降低，叶片初沿叶脉变为银色或亮白色，以后全叶变为银色，在阳光照耀下闪闪发光，但背面叶色正常。

叶片发病，失绿，变成银灰色，表面变厚似有一层蜡质。开花少，生长慢，产量低。

幼瓜及花器发病，花萼变白，半成品瓜、商品瓜也白化，呈乳白色或白绿相间，丧失商品价值（图2-1）。

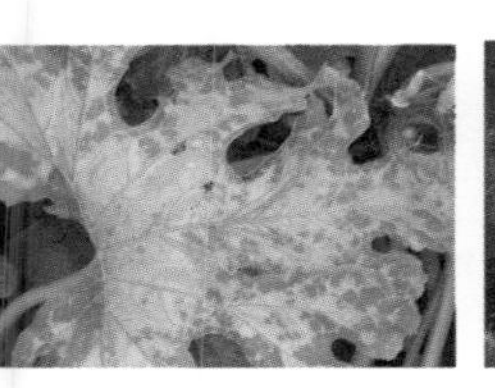

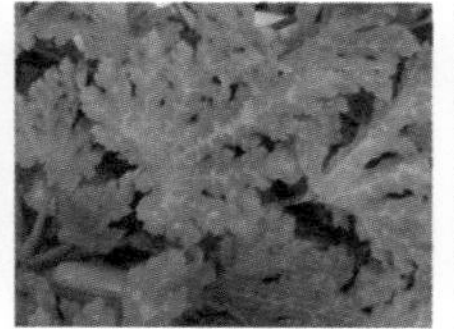

图2-1 西葫芦银叶病

2.病原及发病规律

（1）病毒性病害 在烟粉虱发生严重的地块病害发生严重。发病时喷施防治病毒性的药物有一定的作用，由此判定为由烟粉虱传播的病毒性病害。

（2）光照强、温度高引起的生理性病害 同一植株相邻的两片叶片，上面直接受光的叶片发病，而下面的叶片不直接见光不发病。同一叶片经常受光的部分发病，而被遮阴的部分则不发病。由此判定该病发病原因是光照太强、叶温过高。

（3）氮肥过多引起的生理性病害　夏季叶片的叶脉部分呈现失绿，变成银灰色，表面似有一层蜡质，比正常的叶片白斑颜色更重，是由于施氮肥过多，加上气温高、光照强、空气湿度小等原因造成的。

植株3～4片叶为敏感期。9～11月份温室、大棚栽培的西葫芦普遍发生银叶病。在高温、干旱、日照强的条件下病害发生严重。

3. 防治妙招

（1）选择抗病品种　尽量选用抗病和耐病强的品种。

（2）种子处理　消灭种子上携带的病毒。

① 温汤浸种　将种子放在约50℃的温水中浸泡15～30分钟。

② 磷酸三钠浸种　将种子放在10%磷酸三钠溶液中浸泡20～30分钟，后用清水冲洗干净。

③ 高锰酸钾浸种　在1%的高锰酸钾液中浸种10～15分钟，取出后用清水冲洗干净。

④ 干热消毒　将干燥的种子放在恒温箱中，保持75℃处理72小时。

（3）园地选择　避免连作，深翻施足有机肥，增施磷、钾肥，控制氮肥用量，促进植株健壮生长，提高抗病力。定植前可喷施免深耕土壤调理剂200克/667平方米，促使深层土壤疏松通透，有利于根系生长发育。

（4）育苗及移植　苗期温度适宜，徒长苗易感病。移植时少伤根，促进缓苗，减少发病。

（5）田间管理　定植时选用无病壮苗，淘汰病、弱苗。定植缓苗后不要过度蹲苗。整枝打杈、采收等田间操作，经常用肥皂水洗手消毒，尽量减少人为通过汁液传播。烟草可携带病毒，吸烟者禁入。

高温干旱季节小水勤浇，保持田间湿润，降低地温。分期追肥，增施磷、钾肥，每20天喷施天然芸苔素1毫克/千克可提高植株的抗病力。9 ～ 10月光照太强时，利用遮阳网遮阴，降低光照强度。及时通风保持棚内温度30℃以下。

病毒病严重的植株应立即拔除进行深埋。轻微的加强管理促进结果，等到翌年春季2月时再进行拔除。

（6）防治白粉虱、蚜虫等害虫 及时防治白粉虱、蚜虫可减少传毒媒介，避免病害的发生，还可用纱网遮挡。及时清洁田园拔除病株，将病株深埋或烧毁，减少病虫源。

（7）药剂防治

① 钝化病毒 豆浆、牛奶等高蛋白物质用清水稀释100倍，每10天喷1次，连喷3 ～ 5次。可在叶面形成一层膜，减弱病毒的侵染能力。

② 保护叶面 利用高脂膜200 ～ 500倍液，在发病前叶面喷施。每7 ～ 10天喷1次，连喷3 ～ 4次。在叶表面形成一层薄膜，防止和减轻病毒的入侵。

③ 增抗作用 提高植株抗病力，防止病毒侵染，降低病毒在植株体内扩散速度。常用83增抗剂原液0.5千克/667平方米加水50千克，分别在小苗2 ～ 3叶期、移栽前1周、定植缓苗后1周，各喷1次。

此外还可用20%毒克星400 ～ 500倍液，或抗毒剂1号300 ～ 400倍液，或25%抗病毒可溶粉剂400 ～ 600倍液，或20%病毒净400 ～ 600倍液，或病毒宁500倍液等药剂喷雾。每隔7天喷1次，连喷2 ～ 3次，均有一定的预防作用，但治疗效果不显著。

二、西葫芦细菌性叶枯病

西葫芦细菌性叶枯病也叫西葫芦细菌性叶斑病。棚室经常发生，较露地发病重。

1.症状及快速鉴别

主要为害叶片，有时也为害叶柄和幼茎。

幼叶染病，病斑在叶面出现黄化区，但不明显，叶背面出现水渍状小点，后变为黄色至黄褐色，圆形或近圆形病斑。大小1 ～ 2毫米，中间半透明，病斑四周具黄色晕圈，菌脓不明显或很少，有时侵染叶缘导致坏死。幼茎染病茎基部有的会开裂。

苗期生长点染病，可造成幼苗死亡，扩展速度快（图2-2）。

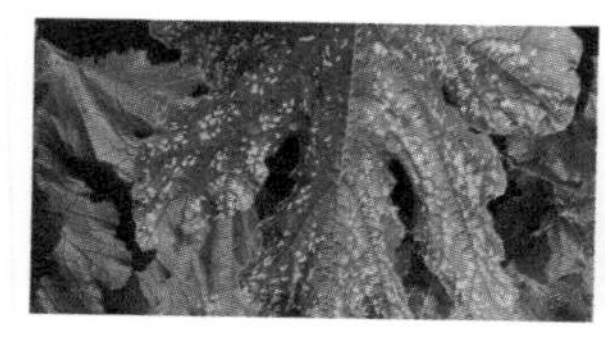

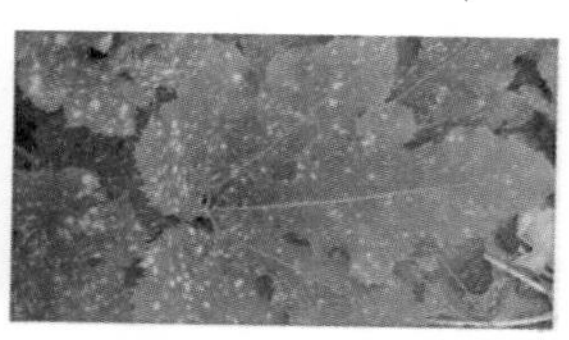

图2-2　西葫芦细菌性叶枯病

2. 病原及发病规律

病原为油菜黄单胞菌黄瓜叶斑病致病变种，属细菌。

病菌在土壤中存活能力非常有限，主要通过种子带菌传播蔓延。棚室内湿度大，结露形成的水滴多，且在叶片上飞溅有利于细菌传播，发病重。如果条件适宜流行速度很快造成大面积叶枯。露地栽培时降雨多而集中，常常造成病害的大发生。

3. 防治妙招

（1）培育无病种苗　用新的无病土苗床育苗。

（2）种子处理　播种前种子可用55℃温水浸种15分钟后转入室温水中浸泡4小时。或用72%农用硫酸链霉素可溶粉剂3000～4000倍液浸种2小时，冲洗干净后催芽播种。

（3）加强管理　保护地栽培适时放风，降低棚室湿度。发病后控制灌水，促进根系发育，增强抗病能力。实施高垄覆膜栽培，平整土地，完善排灌设施。收获后清除病株残体，翻晒土壤等。注意天气变化，如果遇到大雨大风天气提早喷药防治。

（4）药剂防治　发病初期可用72%农用硫酸链霉素可溶粉剂2000～4000倍液，或新植霉素4000～5000倍液，或47%加瑞农可湿性粉剂800～1000倍液，或77%可杀得可湿性粉剂500倍液，或88%水合霉素可溶粉剂1500～2000倍液，或3%中生菌素可湿性粉剂800～1000倍液，或20%噻菌铜悬浮剂1000～1500倍液，或45%代森铵水剂400～600倍液等药剂兑水喷雾。视病情为害程度每隔

5～7天喷1次，连喷2～3次。

三、西葫芦褐斑病

1.症状及快速鉴别

西葫芦褐斑病主要为害叶片。叶片自下而上发病，病斑圆形，中间黄白色，边缘黄褐色。叶面病斑稍隆起，表面粗糙，叶背面水渍状，有褪绿晕圈（图2-3）。

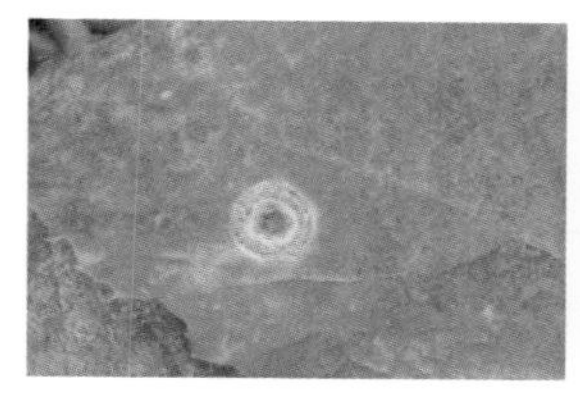

图2-3 西葫芦褐斑病

2.病原及发病规律

病原为瓜类尾孢，属半知菌亚门真菌。

病菌以分生孢子丛或菌丝体在遗落土中的病残体上或种子上越冬。翌春产生分生孢子，借气流和雨水溅射传播，引起初侵染。发病后病部又产生分生孢子进行多次再侵染，病害逐渐扩展蔓延。湿度高或通风透光不良易发病。

3.防治妙招

（1）水旱轮作。育苗的营养土选用无菌土，用前晒3周以上。选择地势高燥、排灌方便的田块，深沟高畦栽培，开好排水沟，降低地下水位。

（2）选用抗病、无菌、包衣的种子，未包衣的可用拌种剂或浸种剂灭菌。科学确定播种期，“桃开花，再种瓜”，如欲早播可用地膜覆盖，使其达到所需温度再播种。播种后用药土作覆盖土。移栽前喷施1次除虫灭菌剂。

（3）合理密植，地膜覆盖栽培，可防止土中病菌为害地上部植株。塑料棚采用紫外线塑料膜，可抑制子囊盘及子囊孢子的形成。也可用高畦覆盖地膜抑制子囊盘出土释放子囊孢子，减少菌源。长蔓西葫芦1500株/667平方米，采用搭架栽培，不仅增产、增收还可减轻病害。

（4）施用酵素菌沤制的堆肥或腐熟的有机肥，使用的有机肥要充分腐熟，不得混有植物病残体。采用配方施肥技术，适当增施磷、钾肥。加强田间管理培育壮苗，增强植株抗病力，有利于减轻病害。

（5）棚室上午以闷棚提温为主，下午及时放风排湿。发病后可适当提高夜温减少结露，早春日均温控制在29℃或31℃，相对湿度低于65%可减少发病。防止浇水过量，土壤湿度大时适当延长浇水间隔期。大雨过后及时清理水沟，防止湿气滞留，降低田间湿度是防病的重要措施。

（6）移栽前或收获后清除田间及四周杂草，集中烧毁或沤肥。深翻菜地，灭茬、晒土，促使病残体分解，减少病虫源。及时去除病枝、病叶、病株，带出园外烧毁，病穴施药或撒生石灰。

（7）采用嫁接苗可预防病害发生。

（8）药剂防治。发病初期可喷75%百菌清可湿性粉剂600倍液，或50%异菌脲1000倍液，或50%扑海因1000倍液等药剂。每隔7天喷1次，连续2～3次。

阴雨天或棚室可用40%百菌清烟剂，或5%百菌清粉尘剂，进行熏烟或喷粉。

四、西葫芦病毒病

西葫芦病毒病也叫西葫芦毒素病、花叶病、黄化花叶病毒病，菜农称为疯病。

1.症状及快速鉴别

主要为害叶片及果实。

叶片发病，出现淡黄色不明显病斑纹，后变为深淡不均的花叶病斑。有的新生叶沿叶脉出现浓绿色隆起皱纹。植株上部叶片沿叶脉失绿并出现黄绿斑点，逐渐全株黄化。叶片皱缩向下卷曲，节间短，植株矮化，或叶片变小、裂片、黄化等。严重时植株死亡。

苗期4～5片叶时开始发病，新叶表现明脉，有褪色斑点，继而花叶，有深绿色泡斑。重病株顶叶畸形，鸡爪状，病株矮化。

枯死株后期花冠扭曲畸形，大部分不能结瓜或瓜表面有环状斑或绿色斑驳，或瓜小皱缩、瓜面出现花斑或凹凸不平的瘤状物，瓜畸形（图2-4）。

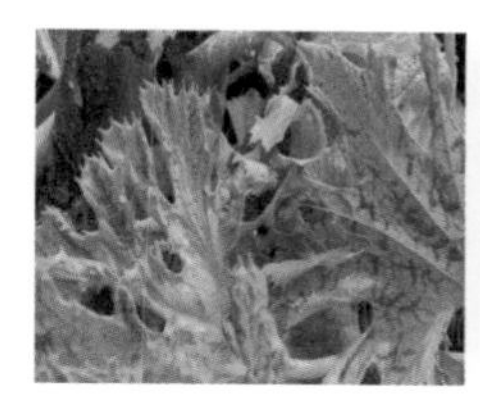
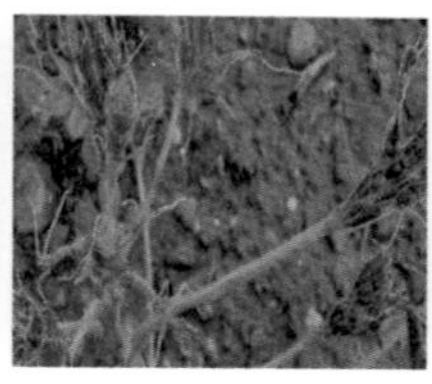
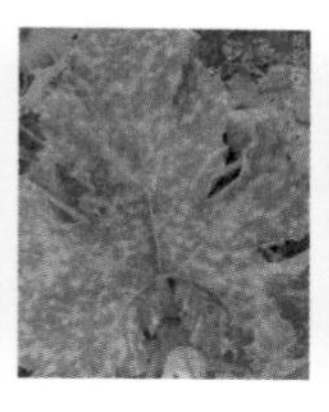

图2–4　西葫芦病毒病

2.病原及发病规律

主要是黄瓜花叶病毒（CMV）、甜瓜花叶病毒（MMV）、西瓜花叶病毒（WMV）、烟草环斑病毒等多种病毒。室温贮藏4天病毒仍具有侵染性，60℃时10分钟病毒死亡。

主要靠桃蚜、棉蚜、汁液摩擦等传播病毒。除侵染西葫芦外还可侵染哈密瓜、黄瓜、丝瓜、西瓜的幼苗，形成系统侵染。

黄瓜花叶病毒、甜瓜花叶病毒均可在宿根性杂草、菠菜、芹菜等寄主上越冬。通过蚜虫、管理操作和汁液摩擦等传毒侵染。此外甜瓜花叶病毒还可通过带毒的种子传播，烟草环斑病毒通过汁液或经线虫传播。

一般田间蚜虫大发生时，高温干旱有利于有翅蚜迁飞，病害较重。露地育苗易发病。苗期管理粗放，缺水，地温高，西葫芦苗生长不良，苗大，晚定植，均可加重发病。日照强或天气持续高温、干旱缺水发病重。地势低洼、积水、土壤黏重、土地板结的田块发病重。管理粗放、杂草丛生，缺水、缺肥的田块发病严重。与烟草、黄瓜、桃树相邻的田块互相传毒，交叉感染发病重。矮生西葫芦较感病，蔓生西葫芦抗病性强。

3. 防治妙招

（1）清园灭菌 播种或移栽前或收获后，清除田间及四周杂草，集中烧毁或沤肥。深翻菜地灭茬，促使病残体分解，减少病虫源。

（2）与非瓜类作物实行3年轮作，水旱轮作最好 不要和烟草、西瓜等瓜类作物或蚜虫易为害的桃树等果树混种或相邻种植，以免相互传毒。

（3）种子选择及处理 各地可因地制宜选用抗病品种。在无病田无病瓜上采种，种子须用拌种剂或浸种剂灭菌。将种子放在约50℃的温水中浸泡15～30分钟；或将干燥的种子放在恒温箱中保持70～75℃，处理72小时。

（4）育苗 适时早播，早移栽、早间苗、早培土、早施肥，及时中耕培土，培育壮苗。

（5）田间管理 定植时选用无病壮苗，淘汰病、弱苗。整枝打杈、采收等田间操作时经常用肥皂水洗手消毒，尽量减少人为汁液传播。及时清洁田园，拔除病株深埋或烧毁，减少病源。小水勤浇保持田间湿润，降低地温。分期追肥，增施磷、钾肥，每隔20天喷施天然芸苔素的万分之一浓度溶液，可提高植株抗病力。

（6）及时喷药，杀灭蚜虫、线虫等 蚜虫迁飞期苗床应及时喷药杀灭，做到带药定植。减少伤口，减少病毒、病菌传播途径。发病时及时清洁田园，铲除杂草、病叶、病株，带出园外烧毁。病穴施药或撒生石灰可减轻病害。

① 病害预防 苗床用TY病毒Ⅱ号50毫升兑水15千克，喷雾1～2次，每次间隔5天。易感病毒品种可用TY病毒Ⅱ号50毫升+沃丰素25毫升，兑水15千克，浇缓苗水时进行灌根。缓苗后可用TY病毒Ⅱ号50毫升+沃丰素25毫升，兑水15千克喷雾2次，间隔5天。

② 病害控制 病害发生初期可用奥力克蔬菜病毒专用40克，兑水15千克进行喷雾，在第1天、第2天、第5天，连续进行3次喷雾，病情得到控制后转为预防。

发病初期可喷洒20%盐酸吗啉胍•铜（病毒A）可湿性粉剂

500倍液，或1.5%植病灵乳油1000倍液，隔10天喷1次，连续防治2～3次。

五、西葫芦霜霉病

1. 症状及快速鉴别

病斑小，多呈褐色多角形。一般先从叶背面开始发生，初为水渍状小点，逐渐为多角形褐色病斑，病斑融合后造成叶片枯黄。湿度大时叶片背面为紫黑色霉层。

先在植株下部老叶上产生白色霜霉层。后期病斑变为黄褐色，多数病斑常连成一片，使全叶发黄枯死（图2-5）。

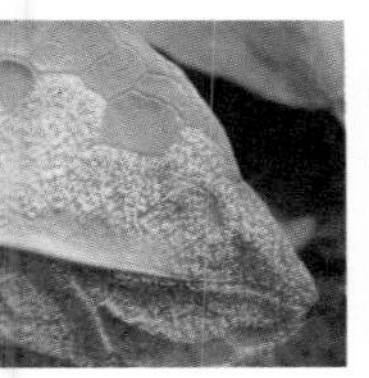  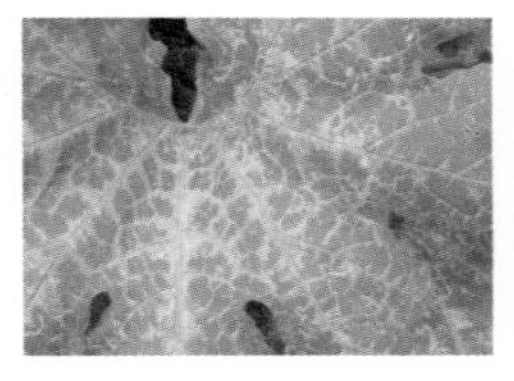 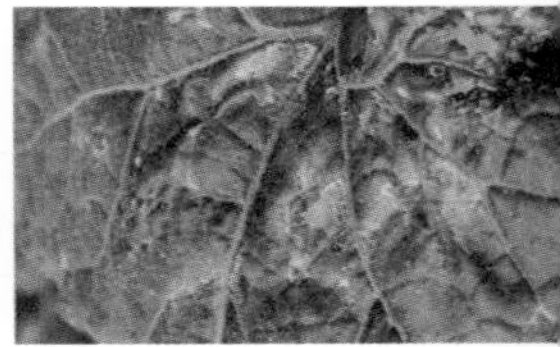

图2-5　西葫芦霜霉病

2. 病原及发病规律

病原为古巴假霜霉，属鞭毛菌亚门真菌。

病菌随病叶越冬或越夏，也可在黄瓜、甜瓜等瓜类作物上为害过冬。条件适宜时病菌产生孢子囊，借气流传播，形成初侵染。发病后再产生孢子囊飘移扩散进行再侵染。温暖潮湿有利于发病。叶背结水有利于病菌侵染。病菌发育温度15～30℃，孢子囊形成适宜温度15～20℃，湿度85%以上，萌发适宜温度15～22℃。高湿条件下，在20～24℃病害发展迅速严重。多雨、多露水、多雾和昼夜温差大，阴晴交替等发病较重。保护地栽培湿度大，种植过密，通风透光不良时易发病。

3. 防治妙招

（1）农业防治　培育无病壮苗，增施有机底肥，注意氮、磷、钾肥合理搭配。发病初期适当控制浇水，保护地注意通风，降低空气湿度。收获后彻底清除病株落叶。

（2）药剂防治

① 预防　可用霜贝尔300倍液喷施，7天用药1次。

② 治疗　轻微发病时可用霜贝尔200～300倍液喷施，5～7天用药1次。病情严重时可用霜贝尔150倍液喷施，3天用药1次，喷药次数视病情为害程度而定。

注意　施药应避开高温时间段，最佳施药温度为20～30℃。霜贝尔须现配现用，不得与强酸、强碱性农药混用。施药后4小时内降雨需重喷。如果有轻微沉淀析出属正常现象，不影响药效，使用时摇匀即可。

六、西葫芦细菌性角斑病

1.症状及快速鉴别

为害叶片、叶柄和果实，有时也侵染茎。

子叶发病，初呈水浸状近圆形凹陷斑，后干枯。

叶片发病，初呈鲜绿色水浸状病斑，逐渐变为淡褐色，背面受叶脉限制呈多角形黄褐色病斑。潮湿时病斑上溢出白色菌脓。干枯时病斑脆裂穿孔。

茎、叶柄、果实发病，初为水浸状，后为灰白色圆斑，也有白色菌脓。茎、果实形成溃疡和裂纹，果实病斑可扩展到内部，使种子带菌（图2-6）。

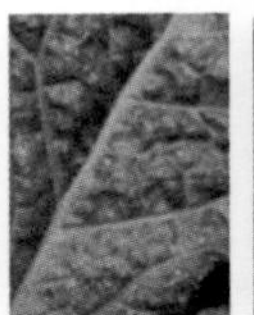
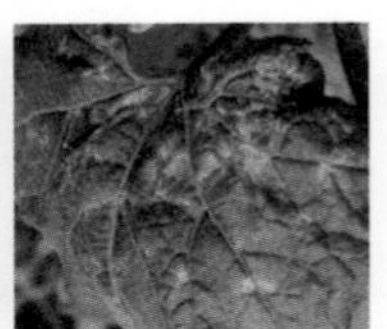

图2-6　西葫芦细菌性角斑病

2.病原及发病规律

病原为丁香假单胞杆菌黄瓜致病变种，属细菌。

病原菌在种子内、外或随病残体在土壤中越冬，成为翌年初侵染源。可通过种子、病残体、土壤、流水等传播。病菌由叶片或果实伤口、自然孔口侵入，进入胚乳组织或胚幼根的外皮层，造成种子内带菌。此外采种时病瓜接触种子污染，导致种子外带菌，可在种子内存活1年，土壤中病残体上的病菌可存活3～4个月。生产上如果播种带菌的种子，出苗后子叶发病，病菌在细胞间繁殖，西葫芦病部溢出的菌脓借大量雨珠及大棚膜水珠下落，或结露及叶缘吐水滴落、飞溅传播蔓延，进行多次重复侵染。露地西葫芦蹲苗结束后随着雨季到来和田间浇水开始发病。病菌靠气流或雨水逐渐扩展，一直延续到结瓜盛期，以后随着气温下降病情缓和。

发病温限10～30℃，适温24～28℃，适宜相对湿度70%以上。大棚高湿有利于发病。病斑大小与湿度相关，夜间饱和湿度大于6小时叶片上病斑大，症状典型。湿度低于85%或饱和湿度持续时间不足3小时病斑小。昼夜温差大、结露重、持续时间长发病重，在田间浇水后，次日叶背易出现大量水浸状病斑或菌脓。有时只要有少量菌源即可引起病害的发生和流行。

连作地、前茬病重、土壤存菌多，或地势低洼积水，排水不良，土质黏重，土壤偏酸，易发病。氮肥施用过多，植株生长过嫩，栽培过密，株、行间郁闭，通风透光差，易发病。种子带菌，育苗用的营养土带菌，或有机肥没有充分腐熟或带菌，易发病。气候温暖、高湿、多雨、多雾、雾霾、重露易发病。大棚栽培为了保温而不放风、排湿、引起温度过大易发病。阴雨天或清晨露水未干时整枝打杈，伤口难愈合，或虫伤多易发病。

3.防治妙招

（1）与非本科作物轮作，最好水旱轮作。

（2）采用测土配方施肥。不偏施氮肥，适当增施磷、钾肥，加强田间管理培育壮苗，增强植株抗病力有利于减轻病害。适量灌水，阴雨天或下午不宜浇水，预防冻害。大雨过后及时清理水沟，防止湿气滞留，降低田间湿度，这是防病的重要措施。对保护地、田间做好通风降湿，保护地减少或避免叶面结露。

（3）及时防治害虫，减少植株伤口，减少病菌传播途径。发病时及时清除病叶、病株，并带出园外烧毁，病穴施药或生石灰。

（4）用葫芦或黑籽南瓜作砧木嫁接，防病效果较好。

（5）药物防治　发病初期及时进行药剂防治。可用72%农用链霉素4000倍液，或新植霉素4000倍液，或50% DT杀菌剂800倍液，或50%碱式硫酸铜（绿得保）可湿性粉剂500倍液等药剂进行喷雾。每隔7～10天喷1次，连喷2～3次。药剂交替使用。

七、西葫芦白粉病

1.症状及快速鉴别

发病初期，在叶面或叶背及幼茎上产生白色近圆形小病斑，叶正面多，后向四周扩展呈边缘不明晰的连片白病斑。严重时整个叶片布满白粉，发病后期菌丝老熟，变为灰色，病斑上生出成堆的黄褐色小粒点，后小粒点变黑，即病原菌的闭囊壳（图2-7）。

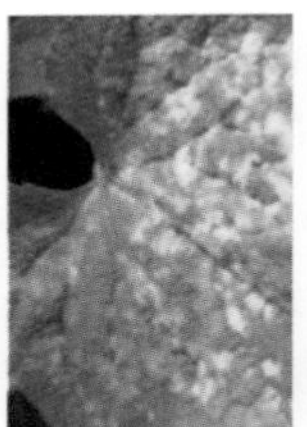

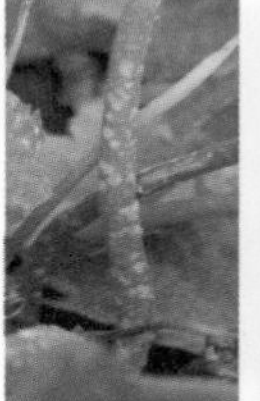

图2-7　西葫芦白粉病

2.病原及发病规律

病原为单丝壳白粉菌和二孢白粉菌，均属子囊菌亚门真菌。

北方地区病菌以闭囊壳随病残体在地上或月季花或保护地瓜类作物上越冬，南方地区以菌丝体或分生孢子在寄主上越冬、越夏。翌年条件适宜时分生孢子萌发，借助气流或雨水传播到寄主叶片上，5天后形成白色菌丝状病斑，7天成熟形成分生孢子飞散传播，进行再侵染。田间流行适温在16 ～ 25℃，相对湿度80%以上。保护地栽培黄瓜因通风不良、栽培密度过高、氮肥施用过多、田块低洼发病重。

3.防治妙招

（1）选用抗病品种　各地可根据实际情况选择适合本地的抗病性强的品种。

（2）加强肥水管理　避免空气湿度出现干湿交替。

（3）药剂防治　发病初期可喷20%三唑酮（粉锈宁）乳油2000倍液，或75%百菌清800倍液，或27%高脂膜乳剂70 ～ 140倍液。如果病害蔓延或加重可用百菌清、多菌灵、甲基托布津各等份混合用药，配成800 ～ 1000倍液叶面喷雾。也可用20%粉锈宁乳油2000倍液，或40%硫黄悬浮剂600倍液，或“农抗120”200倍液喷雾。7 ～ 14天喷1次，连喷3 ～ 4次。

也可在发病初期用45%百菌清烟剂，用量250 ～ 300克/667平方米，分放在棚内4 ～ 5个点处，点燃闭棚熏1夜，次晨通风，7天熏1次，视病情为害程度连续熏3 ～ 4次。

八、西葫芦链格孢黑斑病

1.症状及快速鉴别

主要为害叶片和果实。

叶片上病斑近圆形，中央灰褐色，边缘黄褐色，病斑两面产生暗褐色霉层（图2-8）。

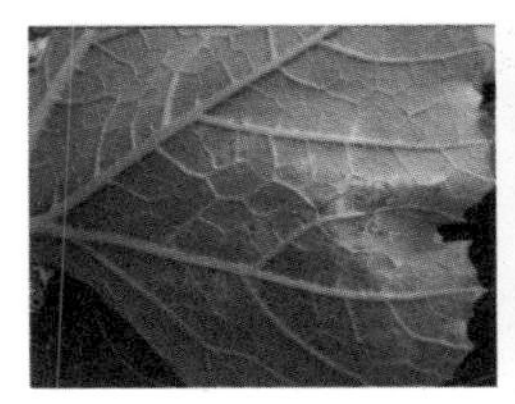
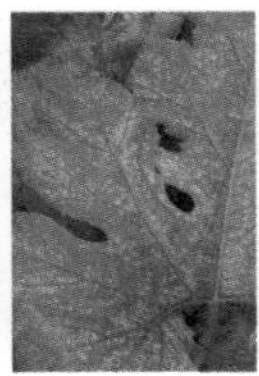
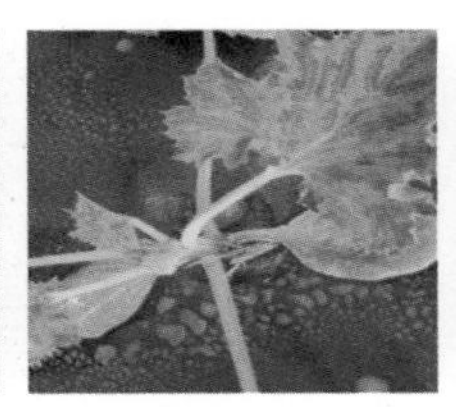

图2-8　西葫芦链格孢黑斑病

2. 病原及发病规律

病原为西葫芦腐生链格孢，属半知菌亚门真菌。

病菌以菌丝体和分生孢子在土壤中或在种子上越冬。翌年春季病原菌产生大量分生孢子，借风雨传播，进行初侵染和多次再侵染，导致病害扩展蔓延。

田间降雨多，相对湿度高于90%易发病。

3. 防治妙招

（1）农业防治　选用无病种瓜留种。播种前种子可用种子重量0.4%的50%福·异菌或50%异菌脲可湿性粉剂拌种。增施有机肥，提高抗病力。

（2）药剂防治　预防时可用奥力克速净500倍液喷施，7天用药1次。治疗时轻微发病可用奥力克速净300～500倍液喷施，5～7天用药1次。病情严重时可用奥力克速净300倍液喷施，3天用药1次，喷药次数视病情为害程度而定。

九、西葫芦炭疽病

1. 症状及快速鉴别

主要为害叶片。叶片病斑多从叶缘开始，初呈半圆形褐色病斑，后向内逐渐扩大并相互连接，导致叶缘干枯，干枯部分隐现云纹，与健康部位交接处还可见黄晕。潮湿时斑面出现朱红色针头大的小液点，为分生孢子盘及分生孢子。幼苗发病，子叶边缘出现褐色半圆形或圆形病斑。一旦染病，茎、叶基部受害，患部缢缩、变色，随即枯死（图2-9）。

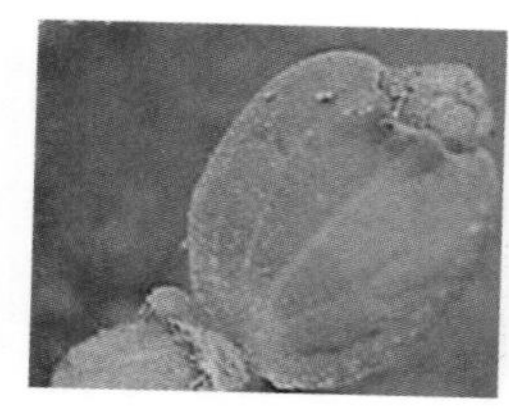

图2–9　西葫芦炭疽病

2.病原及发病规律

病原为瓜类刺盘孢菌，属半知菌亚门真菌。

病菌以菌丝体、拟菌核随病残体在土壤中或附在种皮上越冬。潜伏在种子上的病菌可直接侵入子叶引起苗期发病。温度是诱发炭疽病的重要因素，发病适宜温度22～27℃，10℃以下、30℃以上即停止发生。在适宜的温度范围内空气湿度越大越易发病。相对湿度低于54%不能发病。

3.防治妙招

（1）种子消毒　播种前种子可用55℃温水浸泡15分钟，再喷洒新高脂膜800倍液拌匀。或用冰醋酸100倍液浸种30分钟，清水洗净后再催芽，再均匀喷施新高脂膜800倍液拌种。

（2）加强田间管理　增施磷、钾肥，并定期喷施新高脂膜800倍液，可防止病菌侵染，保肥增效，强健植株。在西葫芦开花前、幼果期、果实膨大期各喷洒1次壮瓜蒂灵，能使瓜蒂增粗，强化营养输送量，提高植株的抗病能力。

（3）药剂防治　发病初期可用速净50～70毫升+大蒜油15毫升+沃丰素25毫升，兑水15千克，连喷2～3次，3天喷施1次，控制后改为预防。

发病中后期可用速净70～100毫升+大蒜油15毫升+沃丰素25毫升，兑水15千克，连喷2～3次，3天喷施1次，控制后改为预防。

提示　施药时间避开高温时间段，最佳施药温度为20～30℃。

十、西葫芦灰霉病

1.症状及快速鉴别

主要为害瓜条，也为害花、幼瓜、叶和蔓。病菌最初多从开败的花开始侵入，使花腐烂，产生灰色霉层，后由病花向幼瓜发展。染病瓜条初期顶尖褪绿，后呈水渍状软腐、萎缩，其上产生灰色霉层。病花或病瓜接触到健康的茎、花和幼瓜即引起发病腐烂。叶片染病多从叶缘侵入，病斑多呈“V”形斑，也可从叶柄处发病，湿度大时病斑表面有灰色霉层（图2-10）。

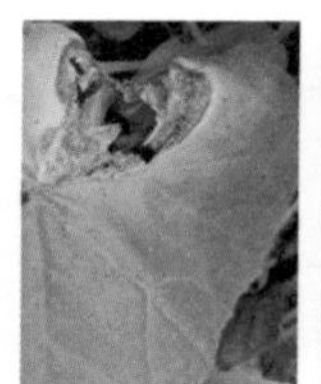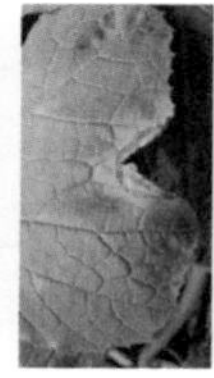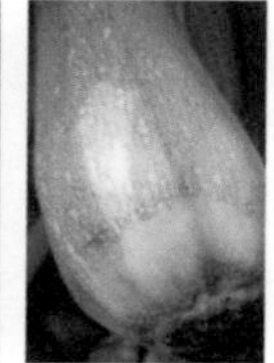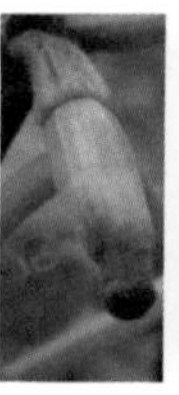

图2-10　西葫芦灰霉病

2. 病原及发病规律

病原为灰葡萄孢菌，属半知菌亚门真菌。

在南方病菌在瓜类作物上辗转传播，无明显越冬期。北方主要以菌核或菌丝体在土壤中越冬，分生孢子在病残体上可存活4～5个月，成为初侵染源。多从花蕊中侵入，在低温、高湿（湿度高于94%）、寄主衰弱情况下易发病。

3. 防治妙招

（1）调控好温室内的温湿度　利用温室封闭的特点，创造一个高温、低湿的生态环境条件，可控制灰霉病的发生与发展。

> **提示**　棚室通风排湿开口大小以清晨室内温度不低于10℃为限，降低室内空气湿度使环境条件不利于孢子囊的形成和萌发侵染。

如果病害已经发生并蔓延可进行高温灭菌处理。在晴天的清晨先通风浇水、落秧，使瓜秧生长点处于同一高度。到10:00时关闭风口，封闭温室进行提温。当温度达到42℃时开始记录时间，维持42～44℃达2小时后逐渐通风，缓慢降温至30℃。

（2）农业防治　实行轮作。增施有机肥料，合理施肥灌水。调控营养生长与生殖生长的关系，使之平衡发展，促进瓜秧健壮。

（3）及时摘除开败的花冠　花冠湿度大容易感染灰霉病，花冠开败后变色时及时摘除，防止感染灰霉病。

（4）药剂防治　及时喷药保护和防治，每次灌水之前必须事先细致喷洒防病药液，保护植株不受病菌侵染。平时在未发病前适量喷施小檗碱（奥力克霉止）30毫升+沃丰素，提高植株的抗病性能和防治效果。

用奥力克霉止300～500倍液，在发病前或发病初期喷雾，每隔5～7天喷药1次，喷药次数视病情程度而定。病情严重时用奥力克霉止300倍液，3天喷施1次。

注意　喷药要在晴天进行，细致周密。操作时要开启风口，促进药液加速蒸发干燥，提高防治效果。

十一、西葫芦黑星病

1.症状及快速鉴别

主要为害叶片、茎及果实。

幼叶受害，初现水渍状污点，后扩大为褐色或墨色斑，易穿孔。

茎上出现椭圆形或纵长凹陷黑斑，中部龟裂。

幼果受害，初生暗褐色凹陷斑，后发育受阻呈畸形果。病斑多呈疮痂状，有的龟裂或烂成孔洞，病部分泌半透明胶质物，后变琥珀块状。湿度大时各病部表面密生煤色霉层（图2-11）。

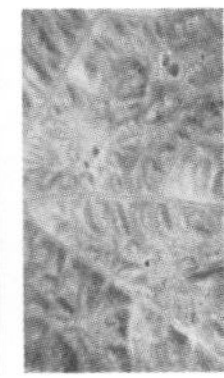

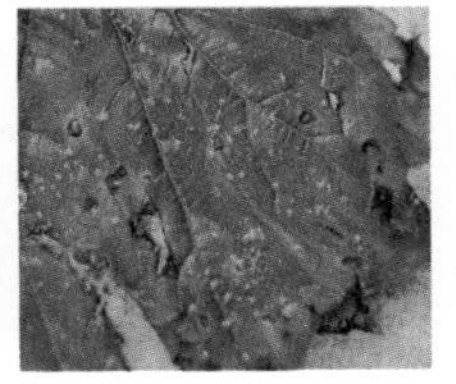

图2-11　西葫芦黑星病

2.病原及发病规律

病原为瓜疮痂枝孢霉菌，属半知菌亚门真菌。

主要以菌丝体或分生孢子丛随病残体遗落土中，或以菌丝体潜伏种皮内及以分生孢子黏附在种子表面越冬。靠分生孢子进行初侵染和再侵染，借气流、雨水溅射传播，多从气孔侵入致病。气温约20℃、相对湿度90%以上，或植株郁闭多湿的条件有利于发病。

3. 防治妙招

（1）种子灭菌 选用抗病品种，选用无病、包衣的种子。如果未包衣，种子须用拌种剂或浸种剂灭菌。用50%多菌灵可湿性粉剂500倍液浸种20分钟，洗净后催芽播种。

（2）轮作 和非瓜类轮作，最好水旱轮作。

（3）保护地棚室消毒 在定植前10天可用硫黄粉2.3克/立方米加锯末混合后，分放数处，点燃后密闭棚室熏烟1夜。或用速净500倍液稀释喷雾。

（4）推广地膜覆盖和膜下灌水 大雨过后及时清理沟系，防止湿气滞留，降低田间湿度，这是防病的重要措施。

（5）高温灭菌 大棚栽培可在夏季休闲期棚内灌水，闭棚几日，利用高温灭菌。棚室栽培调控好温湿度，采用放风排湿、控制灌水等措施降低棚内湿度，减少叶面结露。育苗移栽时苗床底撒施一薄层药土，播种后用药土覆盖。移栽前喷施1次除虫灭菌剂，这是防病的关键。地膜覆盖栽培可防治土中病菌为害地上部植株。

（6）清园灭菌 播种前或移栽前或收获后，清除田间及四周杂草，集中烧毁或沤肥；深翻菜地灭茬，促使病残体分解，减少病虫源。

（7）科学灌水 高温干旱时合理灌水，提高田间湿度，减轻蚜虫、灰飞虱为害与传毒。严禁连续灌水和大水漫灌。浇水时防止水滴溅到叶面上。

（8）利用嫁接苗 可通过抗病砧木防止病害的大发生。

（9）药剂防治 大棚栽培可在定植前熏蒸消毒，每50立方米空间用硫黄粉0.13千克、锯末0.25千克混合后，分放数处，点烧后密闭大棚1天。

预防时可用奥力克速净500倍液喷施，7天用药1次。

治疗时轻微发病时可用奥力克速净300倍液喷施，5～7天用药1

次。病情严重时可用奥力克速净300倍液+大蒜油15毫升喷施，3天用药1次，喷药次数视病情程度而定。

在发病初期也可用45%百菌清烟剂，或50%多菌灵可湿性粉剂800倍+70%代森锰锌可湿性粉剂800倍液喷洒效果较佳。

提示　西葫芦黑星病属检疫对象，一经发现要立刻防治，以防蔓延。

十二、西葫芦菌核病

1.症状及快速鉴别

主要为害果实及茎蔓。果实染病，残花部位先呈水浸状腐烂，后长出白色菌丝，菌丝上散生鼠粪状黑色菌核。茎蔓染病，初呈水浸状，病部变褐，后长出白色菌丝和黑色菌核，病部以上叶及茎蔓枯死（图2-12）。

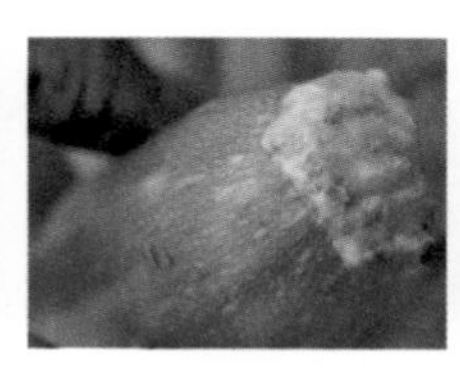

图2–12　西葫芦菌核病

2.病原及发病规律

病原为核盘菌，属子囊菌亚门真菌。

菌核遗留在土中，或混杂在种子中越冬或越夏。混在种子中的菌核随着带病的种子播种进入田间；或遗留在土中的菌核遇到适宜的温湿度条件即萌发产生子囊盘，散放出子囊孢子，随气流传播蔓延，侵染衰老花瓣或叶片，长出白色菌丝，开始为害柱头或幼瓜。在田间带菌雄花落在健叶或茎上，经菌丝接触易引起发病，并进行重复侵染，直到条件恶化又形成菌核落入土中，或随种株混入种子间越冬或越夏。

病菌对水分要求较高，相对湿度高于85%，温度15 ～ 20℃有利于菌核萌发和菌丝生长、侵入及子囊盘产生。因此低温、湿度大或多雨的早春或晚秋有利于病害的发生和流行，菌核形成时间短，数量多。连年种植葫芦科、茄科及十字花科蔬菜的田块发病重。排水不良的低洼地或偏施氮肥，或霜害、冻害等条件下发病重。

3.防治妙招

（1）农业防治　有条件的实行与水生作物轮作。夏季将病田灌水浸泡半个月。收获后及时深翻，深度要求达到20厘米，将菌核埋入深层，抑制子囊盘出土。采用配方施肥，增强寄主抗病力。

（2）物理防治　播前种子可用10%盐水+新高脂膜800倍液浸种2 ～ 3次，杀灭菌核。或塑料棚采用紫外线塑料膜，可抑制子囊盘及子囊孢子形成。也可采用高畦覆盖地膜抑制子囊盘出土，释放子囊孢子，减少菌源。

（3）种子和土壤消毒　定植前可用40%五氯硝基苯配成药土耙入土中，每667平方米用药1千克兑细土20千克拌匀。

（4）加强苗期管理　合理密植。移栽后及时浇透缓苗水，随后合理追肥，适度浇水。在西葫芦开花期、幼果期、果实膨大期各喷洒壮瓜蒂灵1次。

（5）生态防治　棚室上午以闷棚提温为主，下午及时放风排湿。发病后可适当提高夜温减少结露，早春日均温控制在29℃，相对湿度低于65%可减少发病。防止浇水过量，土壤湿度大时适当延长浇水间隔期。

（6）药剂防治　初发病时一般仅表现在残败花期及中下部老叶，可用奥力克霉止300 ～ 500倍液，在发病前或发病初期喷雾，每隔5 ～ 7天喷药1次，喷药次数视病情程度而定。病情严重时用奥力克霉止300倍液3天喷施1次。发病中前期可用奥力克霉止50毫升+大蒜油兑水15千克喷施，约3天用药1次，连续用药2 ～ 3次，即能有效控制病情。发病中后期可用奥力克霉止30 ～ 50毫升+霜贝尔30毫升+大蒜油，兑水15千克，3 ～ 5天用药1次，连用2 ～ 3次。

棚室或露地出现子囊盘时，采用烟雾或喷雾防治。

十三、西葫芦绵腐病

1.症状及快速鉴别

主要为害果实，有时为害叶、茎及其他部位。果实发病，初呈椭圆形、水浸状的暗绿色病斑。干燥条件下病斑稍凹陷，扩展不快，仅皮下果肉变褐腐烂，表面产生白霉。湿度大、气温高时病斑扩展迅速，整个果实变褐、软腐，表面布满白色霉层，病瓜烂在田间。叶上初生暗绿色、圆形或不规则形水浸状病斑。湿度大时软腐，似开水煮过（图2-13）。

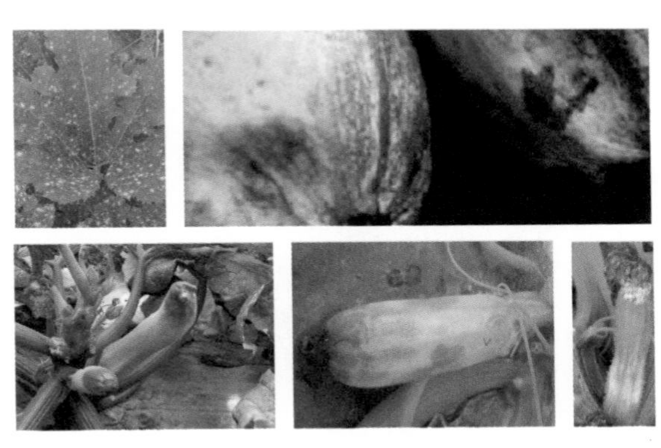

图2-13　西葫芦绵腐病

2.病原及发病规律

病原为瓜果腐霉菌，属鞭毛菌亚门真菌。

以卵孢子在土壤中越冬，适宜条件下萌发产生孢子囊和游动孢子，或直接长出芽管侵入寄主。后在病残体上产生孢子囊及游动孢子，借雨水或灌溉水传播，侵害果实，最后又在病组织里形成卵孢子越冬。病菌主要分布在表土层内，雨后或湿度大病菌迅速增加。土温低、高湿有利于发病。

3.防治妙招

（1）采用高畦、地膜、搭架栽培。

（2）合理灌水，避免大水漫灌，雨后及时排水。适当增施钾肥。

发现病瓜及时清除。

（3）药剂防治　重病区在种植前可用5千克/667平方米琥胶肥酸铜（DT）均匀施在定植沟内，或用水稀释后泼浇土壤。

发病初期可用72.2%普力克水剂800倍液，或50%烯酰吗啉（安克）可湿性粉剂2500倍液，或72%克露可湿性粉剂800倍液等喷雾防治。每隔7～10天喷1次，连续防治2～3次，药剂交替使用。

十四、西葫芦疫病

1.症状及快速鉴别

主要为害嫩茎、嫩叶和果实。

幼苗染病，多始于嫩尖，初产生水渍状病斑，病情发展较快，萎蔫枯死，但不倒伏。

茎蔓染病，多在近地面茎基部开始。初呈暗绿色水渍状斑，后病部缢缩，全株萎蔫死亡。

瓜条染病，初现水渍状浅绿褐色小斑，后软化腐烂，迅速向各方向扩展。在病部产生白色霉层，即病菌孢囊梗和游动孢子囊。最终导致病瓜局部或全部腐烂。

叶片染病，初生暗绿色水渍状斑点，后扩展成不规则的大斑。潮湿时全叶腐烂，并产生白色霉层。干燥时整张叶片变青白色枯死（图2-14）。

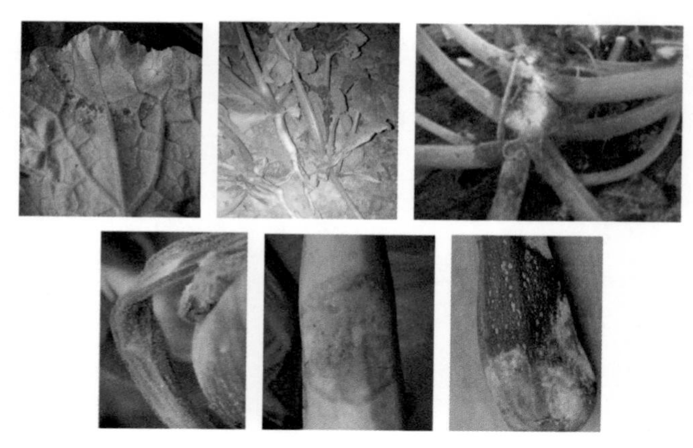

图2–14　西葫芦疫病

2.病原及发病规律

病原为甜瓜疫霉，属鞭毛菌亚门真菌。

病菌以菌丝体、卵孢子和厚垣孢子随病残体在土壤中越冬。翌年春季通过风雨、灌溉水传播。植株发病后在病部产生大量孢子囊和游动孢子，借气流传播进行再侵染。平均气温18℃开始发病，发病适温28 ～ 30℃。在此期间如果遇多雨季节发病重，大雨后暴晴最易诱发病害的流行。连作地、排水不良、浇水过多、施用未腐熟农家肥、通风透光差的田块发病重。

3.防治妙招

（1）种子处理　可用64%杀毒矾可湿性粉剂800倍液浸种30分钟，后催芽播种。

（2）加强管理　实行非瓜类作物3年以上轮作。采用地膜覆盖栽培，深沟高畦种植，施用充分腐熟的优质有机肥。选择地势高燥、排水良好的田块，注意控制浇水次数，雨后及时排水，加强通风换气。发现中心病株及时拔除并销毁。

（3）药剂防治　发病初期可用72.2%霜霉威水剂500倍液，或60%氟吗·锰锌可湿性粉剂800倍液，或60%百泰1000倍液，或18.7%凯特水分散粒剂1000倍液，或69%锰锌·烯酰可湿性粉剂700倍液，或72%霜脲·锰锌可湿性粉剂800倍液，或50%烯酰吗啉水分散粒剂1000倍液，或66.8%丙森·异丙菌胺可湿性粉剂800倍液喷雾。每隔7 ～ 10天喷1次，连喷3 ～ 4次。

十五、西葫芦镰孢霉果腐病

只为害瓜果，以幼瓜或未成熟瓜受害较多。

1.症状及快速鉴别

常从花蒂部位或受伤处侵染。病部初期呈水渍状，后变褐软腐。后期在病部表面产生白色至粉红色霉状物，最后病瓜完全腐烂（图2-15）。

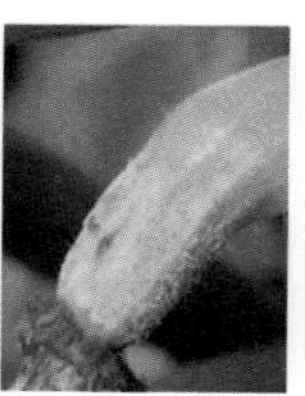
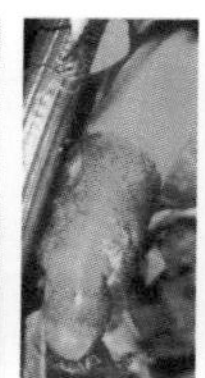
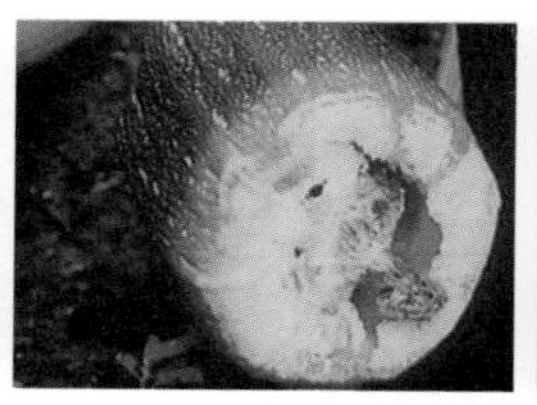

图2-15　西葫芦镰孢霉果腐病

2.病原及发病规律

病原为茄病镰孢，属半知菌亚门真菌。

病菌在土壤中越冬。果实与土壤接触容易染病。湿度高、水肥管理不当造成生理裂口，发病较重。生长期雨水多、雨量大，田间积水或浇水过大发病较重。

3.防治妙招

（1）农业防治　采用高垄地膜覆盖栽培。加强管理，适时浇水和追肥。减少瓜果伤口。发现病瓜及时清除。重病地块注意雨后及时排水，黏质土壤适当控制浇水，避免田间积水。普通种植可用瓦块等将幼瓜垫起，不与土壤接触。

（2）药剂防治　发病初期喷药防治。可用50%甲霜•铜可湿性粉剂800倍液，或61%乙膦•锰锌可湿性粉剂500倍液，或72.2%霜霉威水剂600～800倍液，或58%甲霜灵•锰锌可湿性粉剂400～500倍液，或64%杀毒矾（噁霜灵•代森锰锌）可湿性粉剂500倍液，或72%霜脲•锰锌可湿性粉剂600倍液，或27%碱式硫酸铜悬浮剂600倍液喷雾，间隔7天后再喷药1次。也可用50%多菌灵可湿性粉剂500倍液，或10%双效灵水剂1500倍液，或65%多果定可湿性粉剂1000倍液，或25%敌力脱乳油2000倍液，或45%特克多悬浮剂1000倍液，进行灌根，每株灌药液0.15～0.25升。

十六、西葫芦三孢笄霉褐腐病

为害西葫芦、瓠瓜称为褐腐病，为害黄瓜称为花腐病，为害甜瓜称为果腐病。

1. 症状及快速鉴别

主要为害花和果实。

果实脐部残存的花上产生灰白色絮状霉丛，其中夹有灰色至黑色的似大头针头状颗粒，引起花变褐软腐，又称花腐。病菌常从花蒂部侵入幼果并向全瓜扩展，导致病瓜外部变褐。湿度大时长出白色至灰色孢囊梗和黑色头状物，造成幼瓜逐渐腐烂，又称果腐。严重时成熟果实也可变褐、软化腐败，果上生出灰褐色霉状物。

主要为害幼果及成长中的果实。幼瓜染病，病部先呈褐色水浸状，后迅速软化腐烂如泥。该病扩展速度很快，有些病瓜从发病到整果腐烂仅几天时间。有些幼瓜发病24小时后即可烂掉。病瓜散出臭味是该病的重要特征（图2-16）。

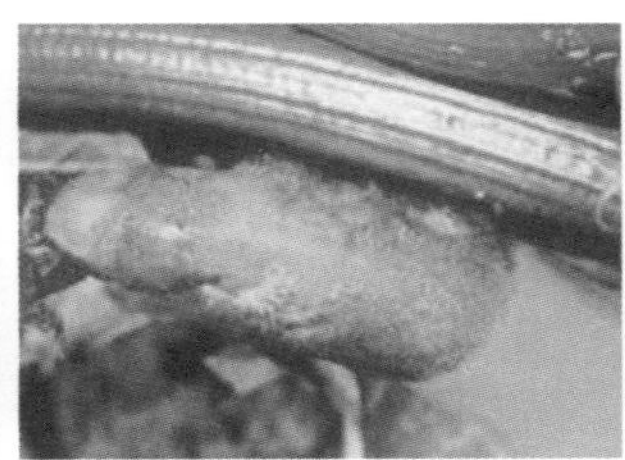

图2–16　西葫芦三孢笄霉褐腐病

2. 病原及发病规律

病原为三孢瓜笄霉，属接合菌亚门真菌。

病菌以菌丝体随病残体、病瓜等越冬，或产生接合孢子留在土壤中越冬。翌年西葫芦开花时产生大量小型孢子囊和孢子，借风雨或昆虫传播，经伤口或从生活力衰弱的部位侵入，引起残花和幼弱的嫩瓜染病。

生产上浇水过多或放风不及时易发病。露地雨天多、日照不足、雨后积水发病重。棚室栽培遇有高温、高湿及生活力衰弱，或低温、高湿条件，日照不足、湿气滞留、伤口多易发病。小西葫芦、金皮西葫芦易发病，小青西葫芦抗病性强。

3. 防治妙招

（1）培育和选择抗病的品种　各地可根据实际情况选择适合本地

的抗病性强的品种。

（2）处理土壤　选择地势高燥地块，发病重的地区要与非瓜类作物进行2～3年以上轮作。连作地定植前15～20天，采用石灰氮（氰氨化钙）+有机肥（牛粪、鸡粪等），用太阳能闷棚，进行土壤消毒。施足酵素菌沤制的堆肥或有机肥，加强田间管理，增强抗病力。

（3）加强管理　采用高畦或起垄地膜覆盖栽培。合理密植，注意通风。坐瓜后及时摘除残花、病果，装入塑料袋带出园外，集中深埋或烧毁。严防浇水过多，雨后及时排水，防止湿气滞留；棚室特别注意通风散湿减少发病。

（4）药剂防治　定植时可用77%硫酸铜钙（多宁）可湿性粉剂600倍液灌根，返苗后灌第二次。隔7天灌1次，连灌2～3次。细菌性茎基软腐病和枯萎病混发时，可向茎基部喷灌60%百泰水分散粒剂1500倍液，或70%甲基托布津可湿性粉剂1000倍液。

定植后除继续用以上药灌根外，还可用70%甲基托布津可湿性粉剂+3%克菌康可湿性粉剂+50%琥胶肥酸铜可湿性粉剂（1∶1∶1）配成100～150倍稀粥状药液，涂抹水渍状病斑及病斑的四周。或用3%中生菌素（克菌康）可湿性粉剂800倍液+50%根茎保2号可湿性粉剂800倍液，或56%靠山水分散粒剂800倍液，隔5～7天喷1次，连防2～3次。收获前5天停止用药。

十七、西葫芦枯萎病

1.症状及快速鉴别

苗期、成株均可发生枯萎病。由初侵染引起的枯萎病发病早，茎基部初呈水渍状变褐，叶片由下向上萎蔫，中午尤为明显，早晚尚可恢复，数日后不再复原，后期茎基部略缢缩、浅褐色，有的纵裂。湿度大时产生白色至粉红色霉状物，有时溢出少量褐色胶质物，纵剖茎基部可见维管束变褐。由再侵染引起的枯萎病发病晚，多从主茎中下部分枝处发病，发病初期茎部症状不明显，病部以上茎叶逐渐枯萎，病部以下茎基部和根部不变色。纵剖病茎病部以上维管束变褐（图2-17）。

 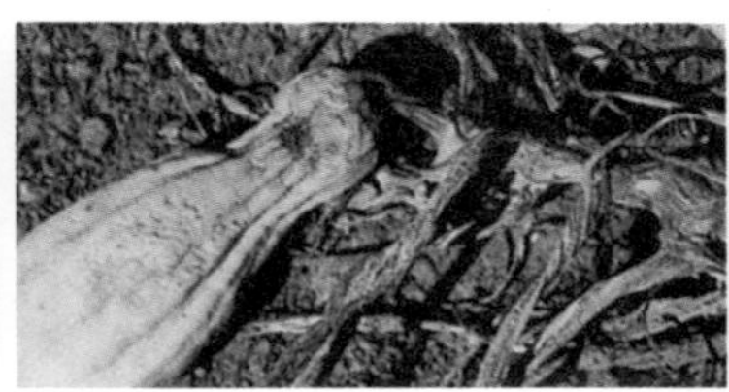  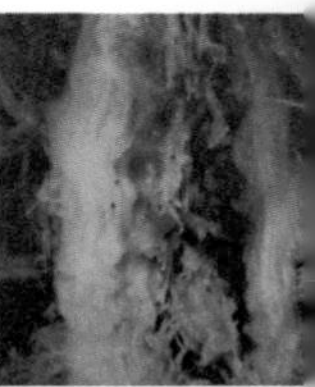

图2-17　西葫芦枯萎病

2.病原及发病规律

病原为尖镰孢菌黄瓜专化型，属半知菌亚门真菌。

以菌丝体或厚垣孢子随病残体留在土壤中越冬；种子也可带菌，成为初侵染源。厚垣孢子在土中可存活5～10年，萌发后先长芽管，从根部伤口或根冠细胞间隙侵入，地上部重复侵染主要靠灌溉水，地下部当年很少重复侵染。种子带菌和带有病残体的有机肥是无病区的初侵染源。病菌随病株残体在土壤和有机肥中越冬，从伤口或根毛侵入，种子也可带菌。空气相对湿度90%以上易感病。秧苗老化、连作、有机肥不腐熟、偏施氮肥、土壤pH偏低或低洼积水容易发病。

3.防治妙招

（1）预防　用奥力克小檗碱（青枯立克）500倍液，一般用量3升/平方米，在播种前或播种后及移栽前苗床浇灌。

（2）灌根　定植时或定植后及预期病害常发期前，可用奥力克青枯立克500倍液，或20%甲基立枯磷乳油1000 倍液灌根，每株灌对好的药液0.3～0.5升。或用12.5%增效多菌灵浓可溶剂200～300倍液，或50%咪鲜胺锰盐（施保功）可湿性粉剂800倍液，或60%百泰可分散粒剂1500倍液，或43%好力克悬浮剂3000倍液，或25%凯润乳油3000倍液，或5%已唑醇（翠丽）微乳剂1500倍液，或10%苯醚甲环唑可分散粒剂1500倍液，或70%甲基托布津可湿性粉剂400倍液，或10%双效灵水剂300倍液，或农抗“120” 100倍液灌根，每株灌0.25千克药液，每隔5～7天灌1次，连续灌2～3次。

提示　必须掌握在发病初期进行灌根，否则防治效果差。

十八、西葫芦根腐病

西葫芦根腐病也叫萎蔫病、烂秧病。

1.症状及快速鉴别

在整个结瓜期均易发生，受侵染的部位主要是根茎部。

发病初期，叶片表现出新叶叶缘变褐色，并逐渐枯焦，叶片逐渐变黄。根茎部开始出现水浸状病斑，病部逐渐缢缩，茎内维管束变成褐色，但不向上发展，侧根无明显病症。后期病部变糟，留下丝状褐色维管束，整株萎蔫枯死。高湿时病部出现白色（或粉色）霉层。

多从始花期开始发生，为害植株根部，造成根部皮层腐烂，上部茎叶萎蔫死亡（图2-18）。

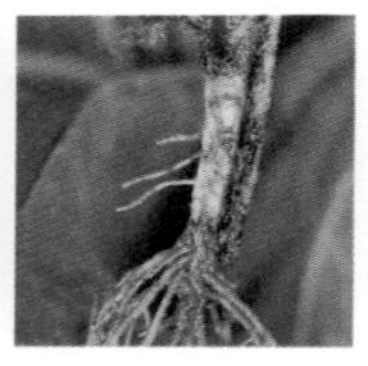
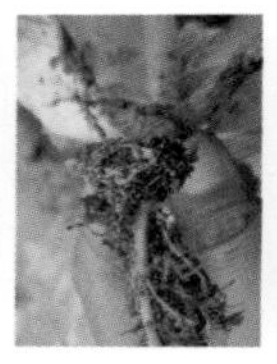
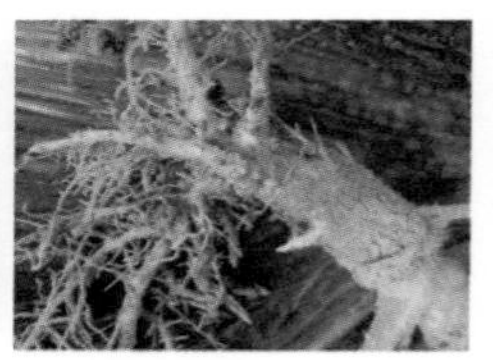

图2-18　西葫芦根腐病

2.病原及发病规律

病原为瓜果腐霉菌，属鞭毛菌亚门真菌。

病菌主要以卵孢子和菌丝体随病残体潜存在土壤中。条件适宜时卵孢子可直接萌发出长芽管侵入寄主致病，或产生无性态的孢囊梗和孢子囊。孢子囊成熟时释放出游动孢子，作为初次侵染接种体，借助灌溉水传播，从根部侵入致病。

每年11月～翌年4月是日光温室西葫芦根腐病多发季节。病菌以卵孢子或菌丝体在土壤中存活。田间持水量75%以上，地温15～18℃最易发病。土壤中病菌从根部伤口侵入，借灌溉水传播蔓延进行再侵染。高温、高湿有利于发病。连作地、低洼地发病重。

3. 防治妙招

（1）重病地可与非瓜类蔬菜实行3年以上轮作。

（2）选用抗病品种，采用“工厂化无土营养钵育苗”及嫁接技术，培植无菌壮苗，增大根系，增强抗病能力。

（3）整地时推广“垄上垄”定植，多次培土形成“大垄背”栽培法，调控水分供应。

（4）前茬作物收获后深耕细作，全面清理田间病株残体，包括根茬，于园外深埋或烧毁。

（5）采取夏天晒垄、高温闷棚。夏季休闲期深耕晒垄，利用夏季高温条件将日光温室用透明薄膜盖严，实行高温闷棚杀死或钝化根腐病菌。严格进行棚内土壤消毒。

（6）药剂防治 预防时可用青枯立克100毫升，兑水15千克进行蘸根消毒。

定植期、缓苗期及初花期灌根或喷雾。可用青枯立克50～100毫升+大蒜油15毫升+根基宝50毫升，兑水15千克进行灌根。或用青枯立克50～100毫升+大蒜油15毫升（苗期7毫升），兑水15千克喷雾。分别在定植时、缓苗期灌根1次，苗期喷雾1次，初开花期连喷2次。控制病害时初期可用青枯立克100～150毫升+大蒜油15毫升+根基宝50毫升兑水15千克进行灌根，同时喷雾效果更佳。3天喷1次，连用2～3次。病情控制后转为预防。

中期用青枯立克150～200毫升+大蒜油15毫升+根基宝50毫升，兑水15千克进行灌根，同时喷雾效果更佳。连用2～3次,3天喷1次。病情控制后转为预防。

注意 青枯立克与大蒜油复配时，加水后需依次稀释。植株弱时需要喷施叶面肥沃丰素、多达素强健植株，增强植株的抗病能力。

也可用98%噁霉灵原药3000倍液（1克原药兑水3千克），或复活一号500倍液灌根。每株蔬菜根周围浇灌200～400毫升稀释药液。

十九、西葫芦根结线虫病

1. 症状及快速鉴别

发病时主要为害侧根或须根。重病植株生长不良，叶片中午萎蔫或逐渐枯黄，株型矮小，有时可导致植株全部死亡（图2-19）。

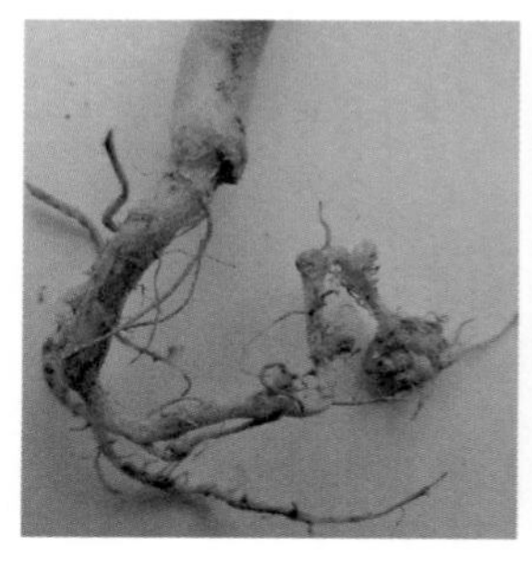
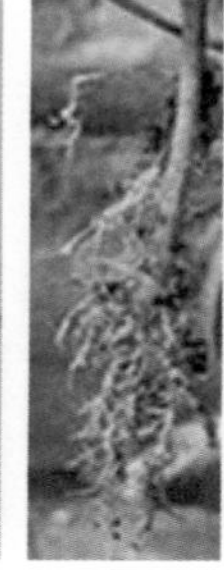

图2–19　西葫芦根结线虫病

2. 生活习性、发生规律及防治

可参考黄瓜根结线虫病。

二十、西葫芦高温障碍

西葫芦高温障碍也叫西葫芦日灼症。

1. 症状及快速鉴别

采用地膜覆盖的早熟西葫芦，子叶、真叶均易受害。在阳光直接照射下，高温导致叶面叶脉间产生黄斑，后叶色变白或呈黄褐色。严重时叶片干枯或枯死（图2-20）。

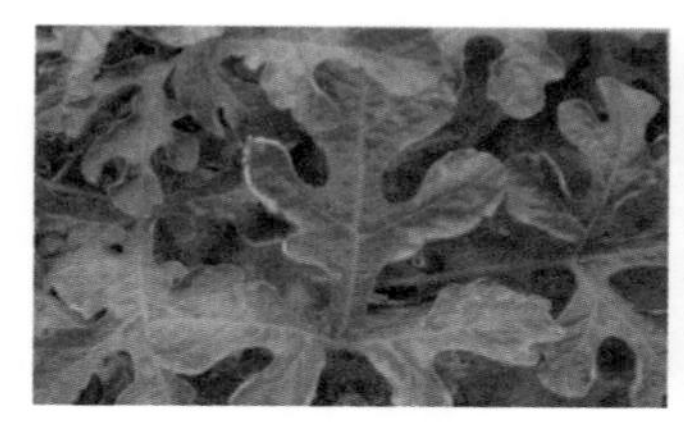

图2–20　西葫芦高温障碍

2. 病因及发病规律

早春栽培的覆膜西葫芦破膜时间未掌握好，破膜过早起不到增温早熟作用。破膜过晚气温升高又易出现高温危害。尤其是采用打窝子等小型覆盖栽培的，覆膜后空间小，如果土壤水分不足，且中午阳光强烈，易导致膜下温度升高到40℃以上。危害轻时叶片发生灼伤，影响光合作用。严重时植株干枯或枯死，失去早熟的作用。

3. 防治妙招

（1）选用耐热的西葫芦品种。

（2）施用充分腐熟的优质有机肥或生物有机活性肥，防止高温烧苗。

（3）覆膜栽培，适时、适量浇水，保持土壤湿润。

（4）正确掌握破膜时间，防止温度过高。破膜后施用惠满丰多元素复合有机活性液态肥料，用量400毫升/667平方米，兑水500倍液喷洒，每周1次，共喷3次，可使西葫芦提早成熟。也可喷膨果素24毫克/千克，促果迅速膨大。

二十一、西葫芦裂果

1. 症状及快速鉴别

幼瓜及成瓜裂果均有发生。常见有纵向、横向或斜向开裂3种，裂口深浅、开裂宽窄不一。严重时可深至瓜瓤，露出种子，裂口创伤面逐渐木栓化，轻者仅裂开一条小缝。接近成熟的瓜开裂严重（图2-21）。

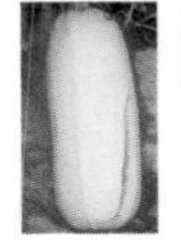
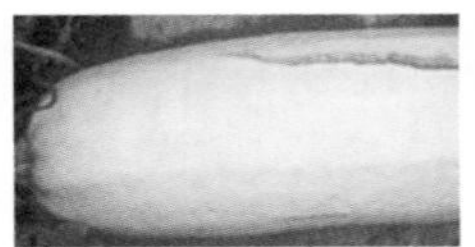
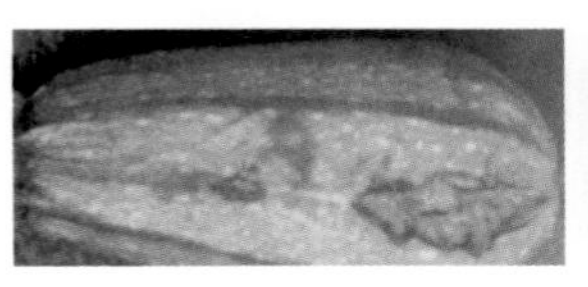
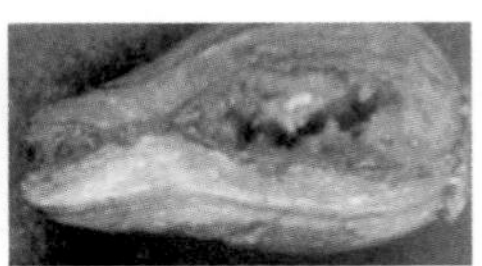

图2-21　西葫芦裂果

2.病因及发病规律

为生理性病害。

（1）西葫芦生长中遇到长期干旱，或预防灰霉病控水过度，遇到突降暴雨或大雨，以及浇水过量，导致果肉细胞吸水膨大，果皮因细胞趋于老化造成不能同步膨大，就会出现裂瓜。此后果实继续生长，裂口也会逐渐加大或加深。

（2）幼果在生长发育过程中遇机械伤害产生伤口时，常在伤口处产生裂果。

（3）西葫芦缺硼时果实易发生纵裂。

（4）开花时花器供钙不足，也可造成幼果开裂。

3.防治妙招

（1）西葫芦喜湿润，不耐干旱，要选择土质肥沃、保水性能好的地块种植。

（2）采用配方施肥，施足充分腐熟的有机肥，注意氮、磷、钾、钙和硼肥的配合施用。

（3）保持土壤湿润，避免长期干旱，应合理浇灌，不要大水漫灌。大暴雨后及时排水。

二十二、西葫芦烟粉虱

烟粉虱俗称小白蛾。成虫全身表面遍布一层白色蜡粉，因而得名。虫体虽小但为害很重。

1.症状及快速鉴别

可直接刺吸寄主汁液，造成营养缺乏，影响正常的生理活动。若虫和成虫还可分泌蜜露诱发煤污病，虫口密度高时叶片呈现黑色，严重影响光合作用和外观品质。成虫还可作为植物病毒的传播媒介引发病毒病。西葫芦被害后表现为银叶状。

成虫群居叶背面吸食汁液，有趋嫩性，一般多集中栖息在西葫芦上部嫩叶，被害叶片干枯。分泌的蜜露落在叶面及果实表面诱发煤污病，妨碍叶片光合作用和呼吸作用，导致叶片萎蔫，植株枯死（图2-22）。

  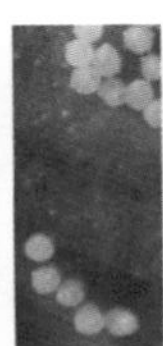   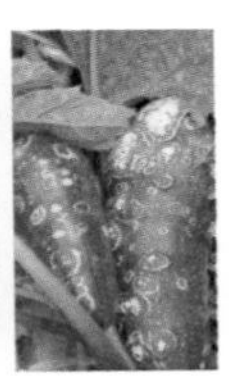

图2-22　西葫芦烟粉虱

2.防治妙招

（1）育苗前彻底熏杀育苗温室残余害虫，铲除杂草残株。通风口安装纱窗，杜绝虫源迁移，培育无虫苗。温室定植前进行熏蒸，温室大棚附近秋季尽量避免种植瓜类、茄果类、豆类等白粉虱所喜爱的蔬菜，减少白粉虱向温室迁移。

（2）利用白粉虱对黄色有强烈趋向性的特点，在白粉虱发生初期将黄板悬挂在保护地内，黄板上涂机油，置于行间植株上方诱杀成虫。

（3）在白粉虱低密度时及早喷药，可用25%噻嗪酮（扑虱灵）可湿性粉剂1500倍液，或25%灭螨猛可湿性粉剂1000倍液，或2.5%功夫乳油2000～3000倍液，或2.5%溴氰菊酯乳油2000～3000倍液，或2.5%灭王星乳油2000～3000倍液，或20%氰戊菊酯（速灭杀丁）乳油2000～3000倍液，均匀喷洒在叶背面。每周1次，连续3次。

第三章
冬瓜病虫害快速鉴别与防治

一、冬瓜细菌性角斑病

1. 症状及快速鉴别

主要为害叶片、叶柄和果实，有时也侵染茎。苗期至成株期均可受害。

真叶染病，初为鲜绿色水浸状斑，渐变淡褐色，病斑受叶脉限制呈多角形。湿度大时叶背溢出乳白色浑浊水珠状菌脓，病部质脆易穿孔，可区别于霜霉病。

茎、叶柄染病，侵染点出现水浸状小点，沿茎沟纵向扩展呈短条状。湿度大时可见菌脓。严重时纵向开裂，呈水浸状腐烂，变褐干枯，表层残留白痕。

果实染病，出现水浸状小斑点，扩展后不规则或连片，病部溢出大量污白色菌脓，病菌侵入种子导致种子带菌（图3-1）。

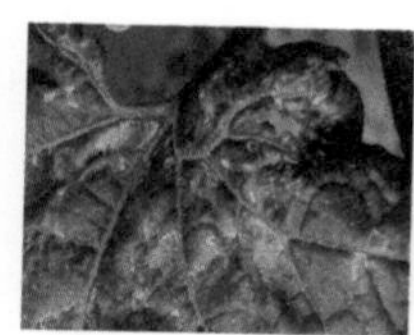

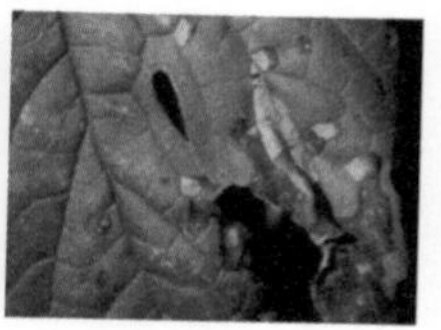

图3-1　冬瓜细菌性角斑病

2. 病原及发病规律

病原为丁香假单胞杆菌黄瓜角斑病致病变种，属细菌。

病原菌在种子内、外或随病残体在土壤中越冬，成为翌年初侵染源。病菌由叶片或果实伤口、自然孔口侵入，进入胚乳组织或胚幼根的外皮层，造成种子内带菌。此外采种时病瓜接触污染的种子易导致种子外带菌。在种子内可存活1年，土壤中病残体上的病菌可存活3～4个月。生产上如果播种带菌种子出苗后子叶发病，病菌在细胞间繁殖，冬瓜病部溢出的菌脓借大量雨珠下落，或结露及叶缘吐水滴落、飞溅传播蔓延，进行多次重复侵染。露地冬瓜蹲苗结束后随雨季到来和田间浇水开始发病。病菌靠气流或雨水逐渐扩展，一直延续到结瓜盛期，后随着气温的下降病情逐渐缓和。发病温限10～30℃，适温24～28℃，适宜相对湿度70%以上易发病。在田间浇水次日叶背出现大量水浸状病斑或菌脓。有时只要有少量菌源，即可引起病害的发生和流行。

3. 防治妙招

（1）选用抗、耐病的品种 各地可根据实际情况选择适合本地的抗病性强的品种。

（2）种子处理 从无病瓜上选留种，瓜种播种前可用70℃恒温干热灭菌72小时。或用50℃温水浸种20分钟，捞出晾干后催芽播种。还可用次氯酸钙300倍液浸种30～60分钟。或40%福尔马林150倍液浸种1.5小时。冲洗干净后催芽播种。

（3）加强田间管理 采用无病土育苗，与非瓜类实行2年以上轮作。生长期及收获后清除病叶，及时深埋。

（4）生态防治 保护地冬瓜重点抓好生态防治，与霜霉病防治措施相同。露地推广避雨栽培。

（5）药剂防治 开展预防性药剂防治，在发病初期或蔓延开始期可喷72%农用硫酸链霉素或新植霉素4000～5000倍液，或47%加瑞农可湿性粉剂800～1000倍液，或14%络氨铜水剂300倍液，或77%可杀得可湿性粉剂500倍液。在霜霉病、细菌性角斑病混发时可喷60%琥·乙膦铝或70%乙·锰可湿性粉剂500倍液，或72%霜脲·锰锌可湿性粉剂800倍液，可兼治两种病害，每667平方米喷兑好的药液60～70升。采收前5天停止用药。

棚室也可选粉尘剂。可喷撒10%乙滴粉尘剂，或5%百菌清粉尘剂，或10%脂铜粉尘剂。用量为1千克/667平方米。

二、冬瓜病毒病

冬瓜病毒病也叫花叶病。在蚜虫大发生时较重。

1.症状及快速鉴别

主要为害上架冬瓜，导致冬瓜呈全株性系统花叶或瓜畸形。发病早的病株节间缩短或矮化。

花期叶片出现褪绿黄斑，逐渐形成斑驳或大型环斑，整个叶片凹凸不平。有些品种呈明脉或沿叶脉变色。严重时病株率高达50%，损失较大。中后期感病株病叶呈浓淡相间的斑驳或叶面出现泡状突起，多皱缩。病瓜畸形，瓜面出现泡状突起或浓淡斑驳状，不能继续长大（图3-2）。

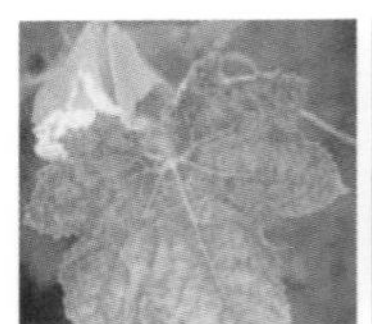

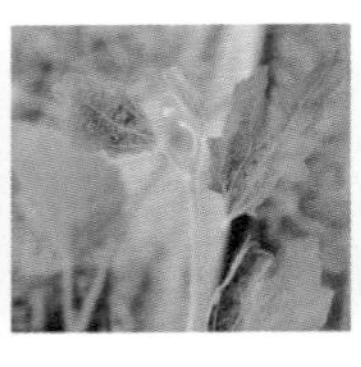

图3-2　冬瓜病毒病

2.病原及发病规律

病原主要是黄瓜花叶病毒（CMV）。冬瓜病毒病传播途径、发病条件与黄瓜病毒病相同。

一般有利于蚜虫繁殖及活动的天气或田间生态条件均有利于发病。

3.防治妙招

（1）种子处理　选用抗病品种。从无病瓜选留种，并用10%磷酸三钠浸种10分钟，或种子经70℃恒温处理干热处理72小时，最好进行集中育苗。

（2）及时防治蚜虫　可在菜田间铺银灰膜避蚜，常用20%菊・马乳油1500倍液，或25%抗蚜威乳油2000倍液等药剂喷雾防治。

（3）合理轮作　进行换茬轮作。菜田周围400米最好不种瓜类。

（4）药剂防治　发病初期开始喷5%菌毒清水剂500倍液，或24%混脂酸·铜水剂800倍液，或20%吗啉胍·乙铜水剂500倍液，或3.85%三氮唑核苷·铜·锌（病毒必克）水乳剂600倍液，或6%菌毒·烷醇（病毒克）可湿性粉剂700倍液，或2%宁南霉素（菌克毒克）水剂500倍液，或0.5%菇类蛋白多糖水剂250～300倍液，或10%混合脂肪酸铜水剂100倍液等药剂。约隔10天喷1次，连续防治2～3次。

三、冬瓜黑斑病

1.症状及快速鉴别

病菌寄生于葫芦科叶片或果实上。果实染病，初生褐色、水渍状小圆斑，后逐渐扩展，病斑呈深褐至黑色（图3-3）。

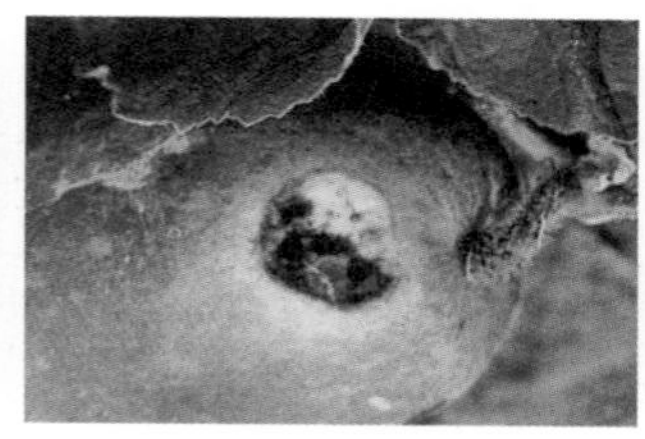
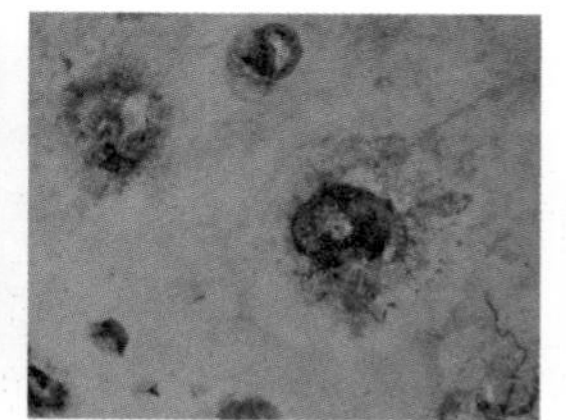

图3-3　冬瓜黑斑病

2.病原及发病规律

病原为瓜链格孢，属半知菌亚门真菌。

果实染病，病菌来自土壤中的病残体，在田间借气流或雨水传播。条件适宜时几天即显症。该病的发生与田间生态条件关系密切，坐瓜后遇高温、高湿易发病。田间管理粗放、肥力差，发病重。

3.防治妙招

（1）选用无病种瓜留种　播种前可用10%磷酸三钠浸种10分钟，或种子经70℃恒温处理干热处理72小时。

（2）科学施肥　增施有机肥，或施用惠满丰多元复合液肥400毫升，兑水稀释500倍液叶面喷洒，可增强抗病力。

（3）药剂防治　发病初期可喷75%百菌清可湿性粉剂600倍液，或70%代森锰锌可湿性粉剂500倍液，或80%代森锰锌（新万生）可湿性粉剂600倍液，或40%灭菌丹可湿性粉剂400倍液。

棚室栽培还可采用粉尘剂或烟雾剂。傍晚喷撒5%百菌清粉尘剂，用量1千克/667平方米，或傍晚点燃45%百菌清烟剂，用量200～250克/667平方米。隔7～9天用药1次，视病情为害程度轮换或交替使用。采果前7天停止用药。

四、冬瓜壳二孢叶斑病

1. 症状及快速鉴别

主要为害叶片，病斑圆形或近圆形，深褐色，直径可达10毫米以上，斑上微具轮纹。生长后期病斑上产生黑色小粒点，即病菌分生孢子器（图3-4）。

图3-4　冬瓜壳二孢叶斑病

2. 病原及发病规律

病原为黄瓜壳二孢，属半知菌亚门真菌。

病菌以分生孢子器在病株残体上或土表越冬。翌年条件适宜时放射出分生孢子，借气流传播引起初侵染。发病后病部产生的分生孢子，借风雨传播蔓延，不断进行再侵染。

3. 防治妙招

（1）清园灭菌　收获后及时清园，将病残株集中沤肥或烧毁。

（2）药剂防治　发病初期结合防治炭疽病，可喷50%甲基硫菌灵·硫黄悬浮剂800倍液，或50%多菌灵可湿性粉剂600倍液，或40%混杀硫胶悬剂600倍液，或50%苯菌灵可湿性粉剂1000倍液，或60%防霉宝超微可湿性粉剂800倍液等药剂。每隔10天喷1次，连续2～3次。采果前3天停止用药。

五、冬瓜白粉病

1.症状及快速鉴别

主要为害叶片。初产生灰白色或较浅的、圆形至不规则形、向上或向下隆起的病斑，边缘界限不明晰，上生黑色小粒点，即病菌的分生孢子器。由霉斑转化为粉斑，零星粉斑可相互融合为连片的块状粉斑。严重时叶片表面全部覆盖白粉状物，最终导致叶片变黄乃至焦枯。

霉斑与粉斑为主要特征，患部组织褪绿变黄，不迅速形成枯斑，可区别于其他斑点性病害（图3-5）。

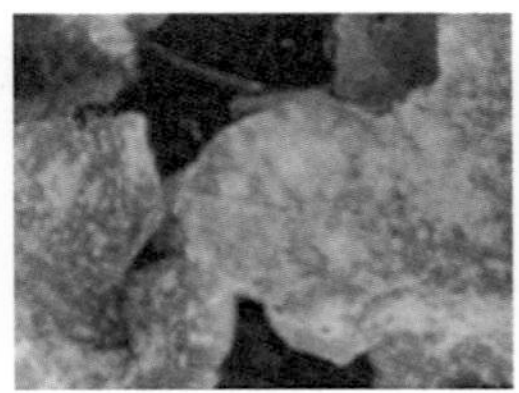

图3-5　冬瓜白粉病

2.病原及发病规律

病原为瓜白粉菌和瓜单囊壳，均属子囊菌亚门真菌。

病菌以无性态分生孢子作为初侵染与再侵染接种体，靠气流在田间辗转传播侵染完成病害周年循环，越冬期并不明显。由于病菌喜湿但耐干燥，通常温暖潮湿的天气及植地环境有利于发病。高湿干燥的天气也可侵染致病。棚室栽培较露地栽培发病严重。

3.防治妙招

（1）选用抗病品种　选用广优1号、广优2号、冠星2号、七星仔、灰斗等早中熟冬瓜品种。

（2）药剂防治　发病初期开始喷20%三唑酮（粉锈宁）乳油2000倍液，或60%防霉宝2号1000倍液，或12.5%烯唑醇（速保利）可湿性粉剂2500倍液，或5%三唑醇（三泰隆）可湿性粉剂2000倍粉，或30%吡菌磷（白粉松）乳油2000倍液。对上述杀菌剂产生抗药性的地区可用40%氟硅唑（福星）乳油8000～10000倍液，约隔20天喷1次，防治1次后再改用常用的杀菌剂。或喷洒农抗120（或武夷菌素水剂）100～150倍液，隔7～10天喷1次，连续防治2～3次，还可兼治炭疽病、灰霉病、黑星病等。喷施27%高脂膜100～200倍液1～2次，有保护叶片不受病菌侵染的作用，喷后遇雨不需重喷。

提示　防治技术要点是早预防、午前防、喷周到及大水量喷雾。

棚室保护地栽培可用5%百菌消粉尘剂1千克/667平方米。采果前7天停止用药。

六、冬瓜灰斑病

1.症状及快速鉴别

叶片受害，初为褪绿黄斑，长圆形至不规则形。后期病斑融合连片，病斑浅褐色至褐色，老病斑中央灰色，边缘褐色，大小0.5～2毫米。有时生出灰色毛状物（图3-6）。

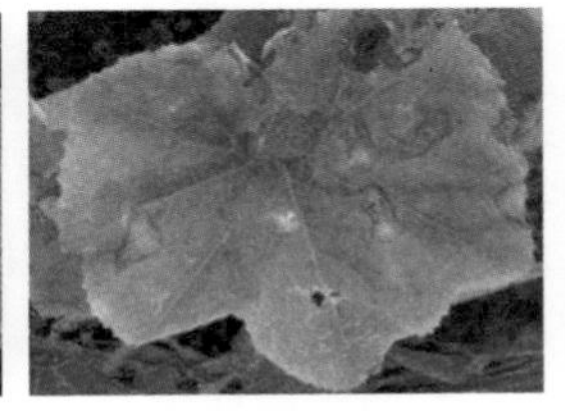

图3–6　冬瓜灰斑病

2.病原及发病规律

病原为瓜类尾孢菌，属半知菌亚门真菌。

以菌丝块或分生孢子在病残体及种子上越冬。翌年产生分生孢子，借气流及雨水传播，从气孔侵入，经7～10天发病后产生新的分生孢子，进行再侵染。多雨季节易发病和流行。

3.防治妙招

（1）农业防治　选用无病种子，或用2年以上的陈种播种。种子可用50%多菌灵可湿性粉剂500倍液浸种30分钟。实行与非瓜类蔬菜2年以上轮作。

（2）药剂防治　发病初期可及时喷50%混杀硫悬浮剂500～600倍液，或50%甲基硫菌灵700～900倍液，或硫黄悬浮剂700～900倍液。约隔10天喷1次，连续2～3次。

保护地可用45%百菌清烟剂熏烟，每667平方米用200～250克。或喷撒5%百菌清粉尘剂，用量1千克/667平方米。隔7～9天用药1次，视病情为害程度防治1～2次。采收前7天停止用药。

七、冬瓜褐斑病

冬瓜褐斑病也叫靶斑病。

1.症状及快速鉴别

主要为害叶片、叶柄和茎蔓。

叶片染病，病斑圆形或不规则形，大小差异较大，小的直径3～5毫米，大的20～30毫米，平均10～15毫米。小型斑黄褐色，中间稍浅。大型斑深黄褐色。湿度大时病斑正、背两面均可长出灰黑色霉状物，后期病斑融合导致叶片枯死。

叶柄、茎蔓染病，病斑椭圆形，灰褐色，病斑扩展绕茎1周后，导致整株枯死（图3-7）。

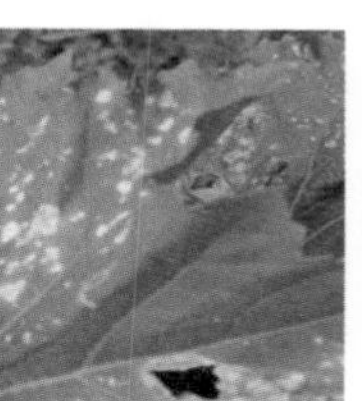

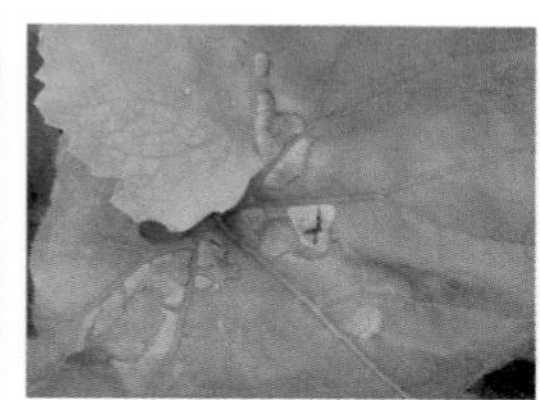

图3-7　冬瓜褐斑病

2. 病原及发病规律

病原为瓜棒孢霉菌，属半知菌亚门真菌。

病菌以菌丝或分生孢子从随病残体留在土壤中越冬。翌年春季条件适宜时产生分生孢子，借气流或雨水传播蔓延进行初侵染。发病后病部又产生新的分生孢子，分生孢子多在白天传播，以10 ～ 14时传播量最大。病菌侵入后经6 ～ 7天潜育即显病症。在冬瓜一个生长季节可进行多次再侵染，病情加重。发病适温25 ～ 28℃，相对湿度100%，昼夜温差大、植株衰弱、偏施氮肥易发病。缺硼时发病重。冬瓜品种间抗病性有一定的差异。

3. 防治方法

（1）种子处理　选用抗病品种和无病种子。病害发生的地区种子可用50℃温水浸种30分钟后冷却，晾干后再催芽播种。

（2）合理轮作　应与非瓜类作物实行2 ～ 3年以上的轮作。

（3）清园灭菌　冬瓜收获后一定要将病残体集中烧毁或深埋，及时深翻，减少菌源。

（4）科学施肥　施用充分腐熟的有机肥，配方施肥，注意搭配磷、钾肥，防止脱肥。

注意　适量施入硼肥，有利于减轻病害的发生。

（5）生态防治　棚室保护地栽培，加强温湿度管理，科学灌水，最好采用膜下滴灌，及时放风排湿，创造有利于冬瓜生长发育不利于病菌侵入的温湿度条件，可有效地预防病害的发生。

（6）药剂防治　发病初期开始喷洒70%代森锰锌可湿性粉剂500倍液，或75%百菌清可湿性粉剂600倍液，或60%防霉宝超微可湿性粉剂800倍液，或70%代森锰锌可湿性粉剂800倍液+50%福美双粉剂800倍液，或50%甲基硫菌灵可湿性粉剂1000倍液+75%百菌清可湿性粉剂1000倍液，或50%速克灵可湿性粉剂3000倍液+75%百菌清可湿性粉剂1000倍液。隔7 ～ 10天喷1次，连续2 ～ 3次。

棚室保护地可用烟剂1号，或烟剂1号+烟剂2号等量混合剂熏烟，用量50 ～ 300克/667平方米。在傍晚关闭通风口熏1夜，翌晨放风。采果前7天停止用药。

八、冬瓜霜霉病

1.症状及快速鉴别

主要为害叶片。病斑初为淡绿色，后变为黄色，受叶脉限制带棱角，大小2～6毫米。菌丛淡灰白色，稀疏生于叶背（图3-8）。

   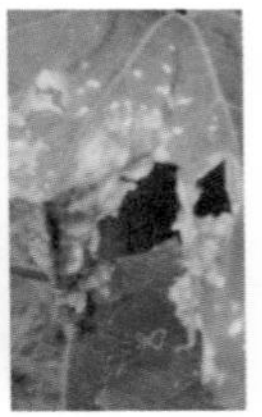

图3-8　冬瓜霜霉病

2.病原及发病规律

病原为古巴假霜霉菌，属鞭毛菌亚门真菌。

冬季温暖地区终年有瓜类种植可不断发生。北方冬季棚室瓜类栽培发病后能不断产生孢子囊，是翌年主要初侵染源。结露持续时间长易发病。露水存在2～3小时病菌孢子才能侵入，否则即使相对湿度100%，只要叶面不结露霜霉菌游动孢子囊基本不能移动，也不发病。

3.防治妙招

（1）农业防治　注意选用灰斗、青皮、梅花瓣、广优1号等耐热品种。

（2）药剂防治　发病严重时可喷18%甲霜胺·锰锌可湿性粉剂600倍液，或75%百菌清可湿性粉剂600倍液，或70%乙膦·锰锌可湿性粉剂500倍液，或64%杀毒矾可湿性粉剂400～500倍液，或72%克露（或克霜氰、克霜星、霜脲·锰锌）可湿性粉剂800～900倍液等药剂。每667平方米喷兑好的药液70升，约隔10天喷1次。视病情为害程度防治1～2次。对上述杀菌剂产生抗药性的地区可用

69%甲霜·锰锌可湿性粉剂1000倍液，或30%二氯·百菌（克霉灵）新型复合杀菌剂，用量50克。

棚室栽培可用7%防霉灵粉尘剂，或5%百菌清粉尘剂，每667平方米用量1千克。采果前7天停止用药。

九、冬瓜黑星病

1. 症状及快速鉴别

主要为害叶、茎和果实。叶片染病，初生水渍状污点，后扩大为褐色至墨色斑，易穿孔（图3-9）。

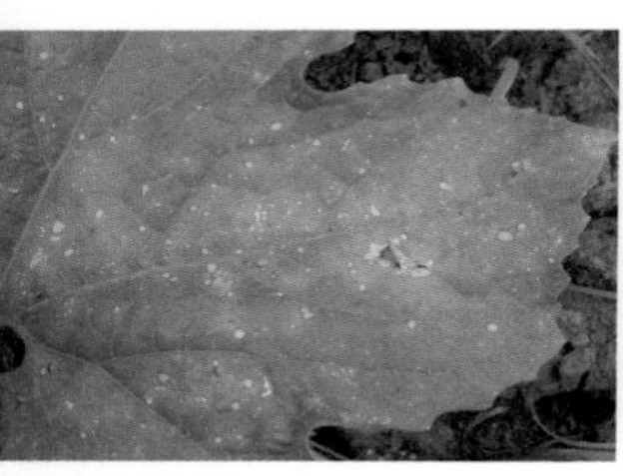

图3-9　冬瓜黑星病

2. 病原及发病规律

病原为瓜疮痂枝孢霉菌，属半知菌亚门真菌。

以菌丝体或分生孢子丛在种子或病残体上越冬。翌年春季分生孢子萌发进行初侵染和再侵染，借气流和雨水传播蔓延。湿度大、夜温低时可加重病害扩展。

3. 防治妙招

（1）农业防治　各地可根据实际情况选择适合本地的抗病性强的品种。选留无病种子，做到从无病棚和无病株上留种，播前对种子进行处理。可用50%多菌灵可湿性粉剂500倍液浸种30分钟后冲洗干净，再进行催芽。或用种子重量0.3%的50%多菌灵可湿性粉剂拌种，均可取得良好的杀菌效果。轮作倒茬，重病田应与非瓜类进行轮作。覆盖地膜，采用滴灌。

加强栽培管理。尤其定植后至结瓜期控制浇水十分重要。保护地栽培尽可能采用生态防治，尤其注意温湿度管理，采用放风排湿、控制灌水等措施降低棚内湿度，减少叶面结露，抑制病菌萌发和侵入，白天控温28～30℃，夜间15℃，相对湿度低于90%。中温、低湿棚平均温度21～25℃，或控制大棚湿度高于90%不超过8小时，均可减轻发病。

（2）药剂防治　发病初期可喷50%多菌灵可湿性粉剂800倍液+70%代森锰锌可湿性粉剂800倍液，或2%武夷菌素水剂150倍液+50%多菌灵可湿性粉剂600倍液，或80%多菌灵可湿性粉剂600倍液，或36%甲基硫菌灵悬浮剂500倍液，或50%苯菌灵可湿性粉剂1000倍液，或40%福星乳油3000～3500倍液，或80%新万生可湿性粉剂500～600倍液等药剂，每667平方米喷兑好的药液60升。

棚室保护地可喷撒5%的防黑星粉尘剂，用量1千克/667平方米。隔7～10天喷1次，连续防治3～4次。采收前5天停止用药。

提示　目前黑星病对多菌灵等产生了一定的抗药性，可用40%福星乳油3000～3500倍液，在发病初期开始施用，约隔15天喷1次，连续防治2～3次。

十、冬瓜灰霉病

1.症状及快速鉴别

为害花和果实，也为害叶片。花及幼瓜染病时在花瓣、柱头上产生水渍状斑点，扩大后褪绿，继续扩展到花蒂部及嫩瓜上出现暗褐色水渍状病斑，引起烂瓜。并长出灰褐色霉层，即病原菌分生孢子梗和分生孢子。

叶片染病，叶缘产生“V”字形较大病斑，叶面出现黄褐色近圆形病斑，边缘浅黄色，病斑上有时产生轮纹。湿度大时病部长出灰色霉层（图3-10）。

 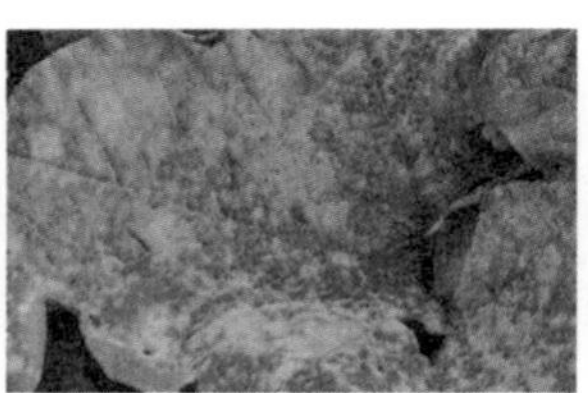 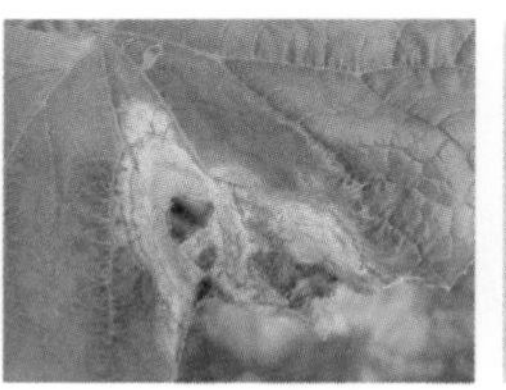 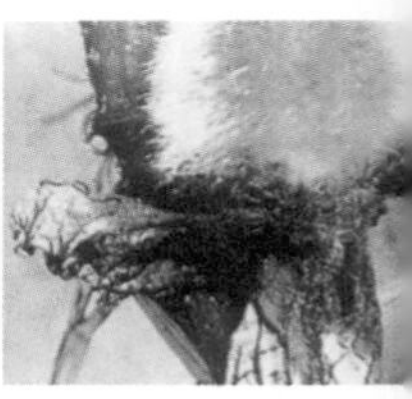

图3-10　冬瓜灰霉病

2. 病原及发病规律

病原为灰葡萄孢菌，属半知菌亚门真菌。病菌传播途径和发病条件参见黄瓜灰霉病。

3. 防治妙招

（1）选用抗病品种　各地可根据实际情况选择适合本地的抗病性强的品种。

（2）选留无病种子　从无病棚、无病株上留种，采用冰冻滤纸法检验种子是否带菌。

（3）温汤或药剂浸种　种子播种前可用55 ～ 60℃恒温水浸种15分钟，或50%多菌灵可湿性粉剂500倍液浸种20分钟后冲洗干净后再催芽，或用0.3%的50%多菌灵可湿性粉剂拌种。

（4）加强田间管理　覆盖地膜，采用滴灌等节水技术。轮作倒茬，重病棚（田）应与非瓜类作物进行3年以上轮作。定植后至结瓜期控制浇水十分重要。保护地栽培尽可能采用生态防治，注意温湿度管理，采用放风排湿、控制灌水等措施降低棚内湿度，减少叶面结露，抑制病菌萌发和侵入，均可减轻发病。

（5）熏蒸消毒　温室、塑料棚定植前10天，每55立方米空间可用硫黄粉0.13千克，锯末0.25千克混合后，分放数处，点燃后密闭大棚熏1夜。

（6）粉尘法或烟雾法　发病初期可用喷粉器喷10%多百粉尘剂，或5%防黑星粉尘剂，每667平方米每次1千克。或施用45%百菌清烟剂，每次200克，连续3 ～ 4次。

（7）药剂防治　棚室或露地发病初期可喷40%福星乳油8000倍

液，或50%多菌灵可湿性粉剂800倍液+70%代森锰锌可湿性粉剂800倍液，或2%武夷菌素水剂150倍液+50%多菌灵可湿性粉剂600倍液，或80%多菌灵可湿性粉剂600倍液，或75%百菌清可湿性粉剂600倍液，或50%苯菌灵可湿性粉剂1500倍液，或80%敌菌丹可湿性粉剂500倍液等药剂。每667平方米喷药液60～65升，隔7～10天喷1次，连续3～4次。

（8）加强检疫　无病区加强检疫，严防病害传播蔓延。

十一、冬瓜炭疽病

1.症状及快速鉴别

可为害子叶、真叶、叶柄、主蔓、果实等部位。以果实最重。

叶片染病，病斑圆形，大小差异较大，直径3～30毫米，一般8～10毫米，褐色或红褐色，周围有黄色晕圈，中央色淡。病斑多时叶片干枯。

叶柄、茎蔓染病，病斑褐色长圆或梭形稍凹陷，绕叶柄或茎蔓一周后患部收缩以上枯死。

果实染病，多在顶部自果蒂附近开始，病斑初呈暗绿色水浸状小点，后逐渐扩大出现圆形、黑褐色凹陷斑。湿度大时病斑中部长出粉红色黏质状物，即分生孢子盘及分生孢子。病斑连片导致皮下果肉变褐。茎蔓及瓜上有时可见琥珀色流胶，严重时造成腐烂（图3-11）。

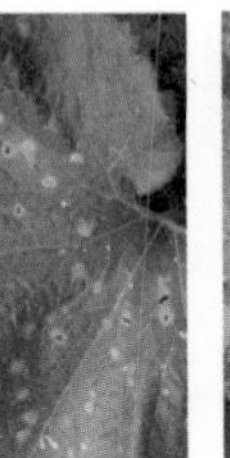

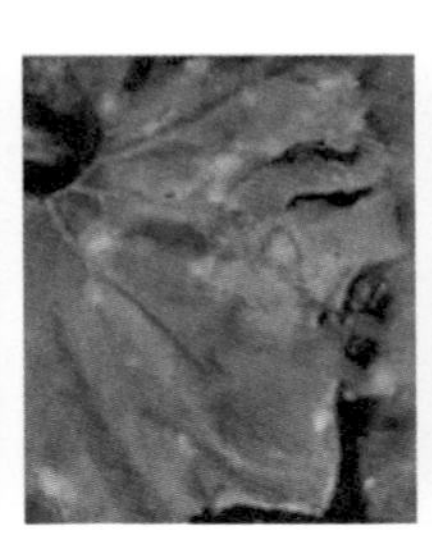
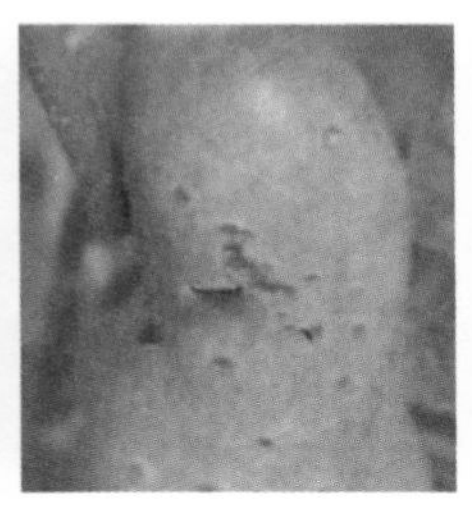
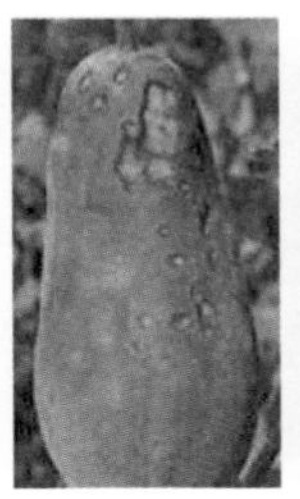
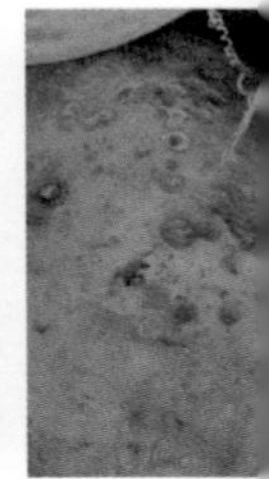

图3-11　冬瓜炭疽病

2. 病原及发病规律

病原为葫芦科刺盘孢，属半知菌亚门真菌。

病菌以菌丝体附着在种子表面或随病残体在土壤中越冬。田间架材及保护地棚室防寒设备表面都可带菌，成为翌年初侵染源。雨水、灌溉、气流以及某些昆虫都可传播病害。高温、高湿是炭疽病发生流行的主要条件。在适宜的温度条件下，空气湿度越大越容易发病，潜育期也越短。相对湿度87%以上适宜发病，小于54%不发病。温度10 ～ 30℃范围内都可以发病，以24℃发病最重，28℃以上发病轻。田间通风差、氮肥过多、灌水过量、连作重茬发病重。成熟瓜条抗病性差。

3. 防治妙招

（1）因地制宜选育和种植抗病品种　一般选用果皮厚、蜡粉多的品种。

（2）合理轮作　与非瓜类作物实行3年以上轮作。

（3）加强栽培管理　选择排水良好的沙壤土种植，避免在低洼、排水不良的地块种瓜。施足基肥，增施磷、钾肥，及时根外追肥。雨季注意排水，果实下最好铺草垫瓜，防止瓜果直接接触地面。收获后及时清除病叶、病蔓和病果。

（4）种子处理　从无病株、无病果中采收种子，播种前进行种子消毒。可用55℃温水浸种15 ～ 20分钟，或用40%甲醛150倍液浸种1小时。捞出后用清水洗净，催芽播种。

（5）药剂防治

① 苗床土消毒或无病土育苗。每平方米苗床土可用70%五氯硝基苯10克+65%代森锌20克+15千克细土混匀，用1/3药土垫底，2/3药土播种后覆在种子上。

② 发病初期可用50%多菌灵可湿性粉剂500倍液，或65%代森锌可湿性粉剂500倍液，或80%炭疽福美可湿性粉剂800倍液等药剂喷雾防治。

十二、冬瓜炭腐病

1. 症状及快速鉴别

主要为害果实。染病果实出现大块紫黑至黑褐色病斑，圆形至不规则形。严重为害时果实大部分变软变皱，斑面密生针头大小黑粒，皮下果肉也变褐腐烂。失水后外观似黑炭，故名炭腐病。在采后贮藏期可继续发生为害（图3-12）。

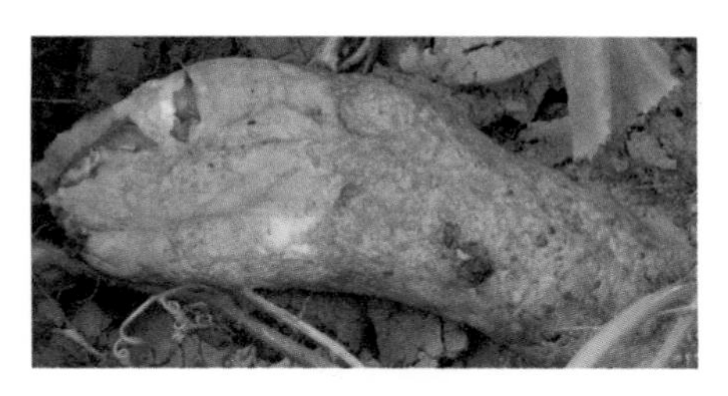

图3–12 冬瓜炭腐病

2.病原及发病规律

病原为菜豆壳球孢，属半知菌亚门真菌。

病菌以菌丝体和无性子实体分生孢子器随病残体在土壤中存活越冬。以内生的分生孢子作为初侵染与再侵染接种体，借助雨水溅射传播侵染致病。温暖潮湿环境有利于发病，连作地和低湿地易发病。

3.防治妙招

（1）选用抗、耐病品种　各地可根据实际情况选择适合本地的抗病性强的品种。

（2）综合防治　防治好疫病、炭疽病和白粉病等病害，基本上可兼治本病，无需单独防治。

（3）贮藏期预防　贮藏期做好贮前窖库的清洁消毒。注意调控好温湿度，减轻贮藏期病害的发生。

十三、冬瓜疫病

冬瓜疫病也叫烂冬瓜，多在果实接近成熟时突然发生。

1.症状及快速鉴别

主要为害茎、叶、瓜果部分，整个生育期均可发病。

苗期发病，茎、叶、叶柄呈水渍状或萎蔫状，后干枯死亡。成株染病，多从茎的嫩头或节部发生，初为水渍状，病部失水后缢缩，病部以上的叶片迅速萎蔫，但维管束不变色。

叶片受害，先出现水渍状圆形或不规则形的灰绿色大斑。严重受害的叶片全部枯死。

瓜果受害，初现水渍状斑点，后病斑扩大凹陷，有的开裂溢出胶状物。病部扩大后造成瓜果腐烂，表面疏生白霉，即孢囊梗及孢子囊（图3-13）。

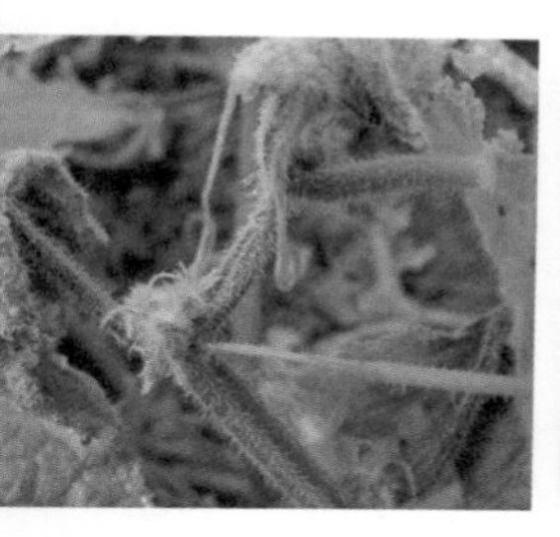

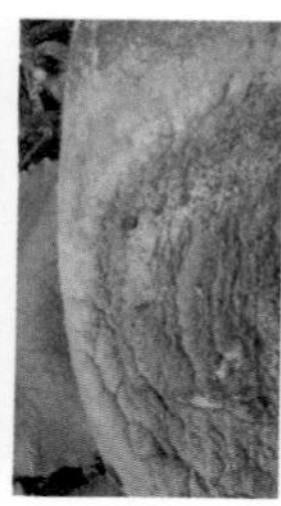
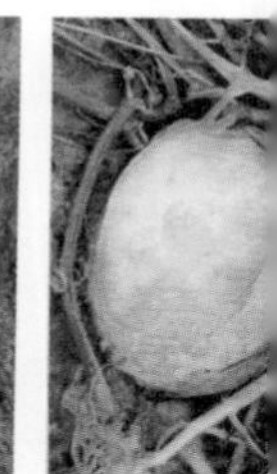

图3–13　冬瓜疫病

2. 病原及发病规律

病原为甜瓜疫霉，属鞭毛菌亚门真菌。

菜地连作、低洼潮湿、施用未充分腐熟的土杂肥易发病。多雨的年份发病重。品种间抗病性有差异，青杂1号冬瓜（湖南）较抗疫病。

3. 防治妙招

（1）农业防治　因地制宜选育和种植抗病高产良种。采用毒土营养袋（钵）育苗，用25%甲霜灵1.5～2.5千克，按药：细土比例为1：（100～200）配成毒土。定植时可用25%甲霜灵（或64%杀毒矾，或72%普力克）水剂1000倍液作定根水。加强肥水管理，适当施用磷、钾肥或复合肥。避免深水长时间沟灌，杜绝大水漫灌，提倡引水浇灌时用预先备好的硫酸铜母液或硫酸铜粉溶入水中浇灌，每次2千克/667平方米。

（2）药剂防治　发病初期可喷洒或浇灌70%乙膦•锰锌可湿性粉

剂500倍液，或60%琥·乙膦铝（百菌通）可湿性粉剂500倍液，或14%络氨铜水剂300倍液，或77%可杀得微粒剂400倍液，或50%甲霜铜可湿性粉剂600倍液等药剂。

提示 不严重时，喷洒和灌根同时进行效果更好。每株灌上述药液0.3～0.5升，视病情程度约10天进行1次，连续2～3次。

十四、冬瓜菌核病

1.症状及快速鉴别

主要为害果实和茎蔓。

果实染病，多在残花部，先呈水浸状腐烂，后长出白色菌丝，菌丝纠结成黑色菌核。

茎蔓染病，初在近地面的茎部产生褪色水浸状斑，后逐渐扩大呈褐色。高湿条件下病茎软腐，长出白色棉毛状菌丝。病茎髓部遭到破坏，中空腐烂或纵裂干枯。

叶柄、叶、幼果染病，初呈水浸状并迅速软腐，后长出大量白色菌丝，菌丝密集形成黑色鼠粪状菌核。病部以上叶、蔓凋萎枯死（图3-14）。

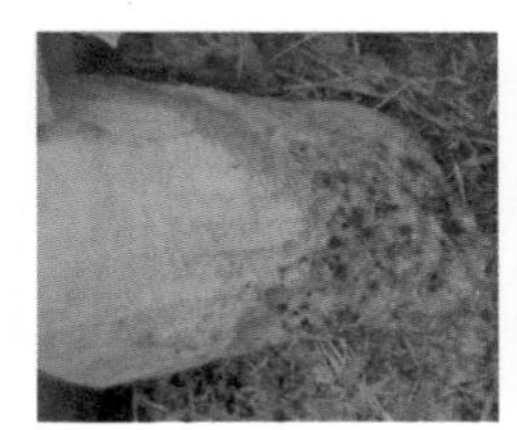

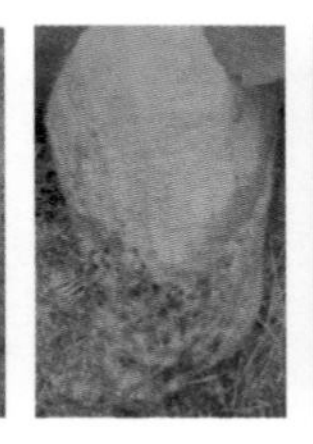
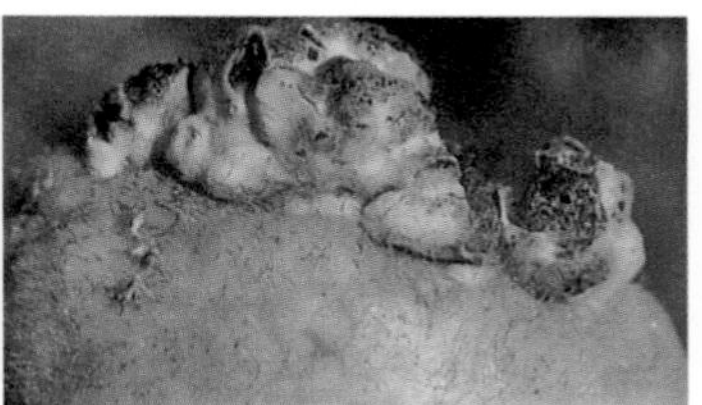

图3-14　冬瓜菌核病

2.病原及发病规律

病原为核盘菌，属子囊菌亚门真菌。

菌核遗留在土中或混杂在种子中越冬或越夏。混在种子中的菌核随着播种，带病种子进入田间传播蔓延。该病属分生孢子气传病害类型，是以气传的分生孢子从寄生的花和衰老叶片侵入，以分生孢子和健株接触进行再侵染。侵入后长出白色菌丝，开始为害柱头或幼瓜。在田间带菌雄花落在健叶或茎上，经菌丝接触易引起发病，并以这种方式进行重复侵染，直到条件恶化，又形成菌核落入土中或随种株混入种子间越冬或越夏。

对水分要求较高，相对湿度高于85%，温度15 ～ 20℃，低温、湿度大或多雨的早春或晚秋有利于病害的发生和流行。菌核形成时间短，数量多。连年种植葫芦科、茄科及十字花科蔬菜的田块、排水不良的低洼地，或偏施氮肥，或霜害、冻害条件下发病重。

3. 防治妙招

（1）农业防治　实行与水生作物轮作或夏季将病田灌水浸泡半个月。收获后及时深翻，深度要求达到20厘米，将菌核埋入深层，抑制子囊盘出土。配方施肥，增强抗病力。

（2）物理防治　塑料棚采用紫外线塑料膜，可抑制子囊盘及子囊孢子形成。也可采用高畦覆盖地膜，抑制子囊盘出土释放子囊孢子，减少菌源。

（3）种子和土壤消毒　定植前可用20%甲基立枯磷配成药土耙入土中，每667平方米用药0.5千克兑细土20千克拌匀。种子用50 ～ 55℃温水浸种10分钟可杀死菌核。

（4）生态防治　棚室上午以闷棚提温为主，下午及时放风排湿。发病后可适当提高夜温，减少结露。早春日均温控制在28℃或31℃，相对湿度低于65%可减少发病。防止浇水过量，土壤湿度大时适当延长浇水间隔期。

（5）药剂防治　棚室出现子囊盘时可用烟雾或喷粉法防治。可用15%速克灵烟剂，或45%百菌清烟剂，50克/667平方米，熏1夜，隔8 ～ 10天熏1次，连续或与其他方法交替防治3 ～ 4次。或喷撒5%百菌清粉尘剂，用量1千克/667平方米。

棚室或露地可喷50%速克灵可湿性粉剂1500倍液，或50%乙烯菌核利（农利灵）可湿性粉剂1000倍液，或50%扑海因可湿性粉剂1500倍液+70%甲基硫菌灵可湿性粉剂1000倍液，在盛花期喷雾，每隔8～9天喷1次，连续3～4次。

病情严重时，除正常喷雾外还可将上述杀菌剂兑成50倍液涂抹在瓜蔓病部。不仅控制扩展，还有治疗作用。

十五、冬瓜镰孢褐腐病

1.症状及快速鉴别

主要为害花和幼瓜。已开放的花染病，病花变褐腐败，称为“花腐”。

坐果后即见发病。幼瓜染病，果毛变褐后产生不规则形褐色斑，逐渐扩展到整个果实，并变成黑褐色。湿度大时病斑扩展很快，并长出白霉。成长的冬瓜染病，瓜蒂部变褐，向瓜面上扩展，导致病果停止不长或腐烂。

病菌侵染幼瓜，多始于花蒂部，从花蒂部侵入后瓜蒂部变褐，向瓜面上扩展，导致病瓜外部变褐。病部可见白色茸毛蔓延于瓜毛之间，以后可见棉毛状霉顶有灰白至黑色毛状物。湿度大时病情扩展快。干燥条件下果实局部或半个果实变为黑褐色，病瓜逐渐软化腐败（图3-15）。

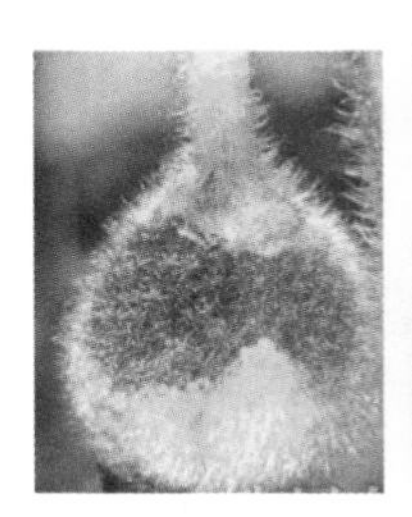
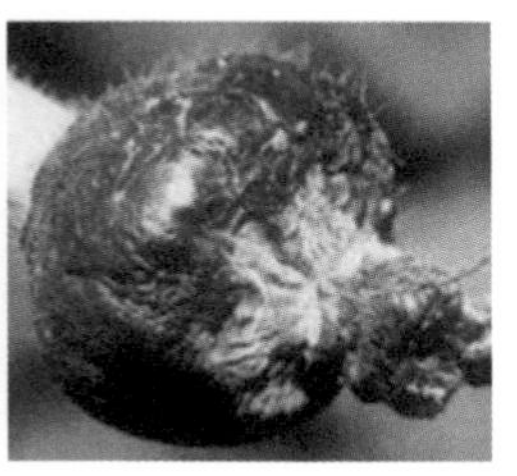

图3-15　冬瓜镰孢褐腐病

2.病原及发病规律

病原为半裸镰孢和叶点霉，均属半知菌亚门真菌。

半裸镰孢以菌丝或厚垣孢子在冬瓜种子上或随病残体在土壤中越冬。翌年春季条件适宜时产生分生孢子，借风雨传播进行初侵染和多次再侵染。叶点霉菌以菌丝体或分生孢子器随病残体遗落在土壤中越冬。长江以南温暖地区周年均有冬瓜栽植，病菌常在田间辗转传播，无明显越冬期，只要满足发病条件病菌就可进行初侵染或再侵染。

雨日多、降雨量大、地势低洼或积水易发病。生产上偏施、过施氮肥发病重。

3. 防治妙招

（1）农业防治　培育抗病品种，选用无病种子。采用高厢深沟或起垄栽植，雨后及时排水，严防湿气滞留田间，栽植密度适当，不可过密。棚室保护地特别注意通风散湿。预防需要加强棚室温湿度管理，注意通风排湿，严禁大水漫灌。白天温度控制在23～28℃，相对湿度控制在60%～75%；夜间温度控制在13～15℃，相对湿度控制在80%～95%。将残存花瓣和病瓜及时摘除并深埋。

（2）药剂防治　发病重的地区发病前，可喷47%春·王铜（加瑞农）可湿性粉剂700倍液，或78%波·锰锌（科博）可湿性粉剂600倍液进行预防。

花期和幼瓜期，可适时喷洒69%甲霜·锰锌可湿性粉剂600倍液，视天气情况每隔7～10天喷1次，共喷2～3次。发病初期可喷60%多菌灵盐酸盐（防霉宝）可溶粉剂700倍液，或50%百·硫（顺天星2号）悬浮剂600倍液等药剂。

十六、冬瓜绵腐病

1. 症状及快速鉴别

冬瓜绵腐病是瓜类采收成熟期常见的病害。主要为害成熟期的瓜果，多从贴近土面的部位开始发病。果实发病初期病斑暗绿色，呈椭圆形、水浸状。干燥条件下病斑稍凹陷扩展不快，仅皮下果肉变褐腐烂，表面产生白霉。高温、高湿烂瓜，叶软腐，似开水煮过状（图3-16）。

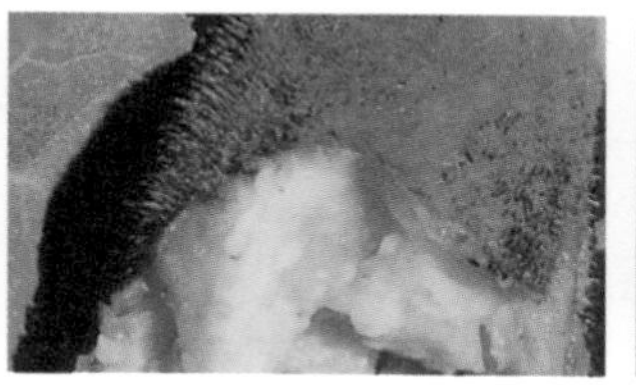
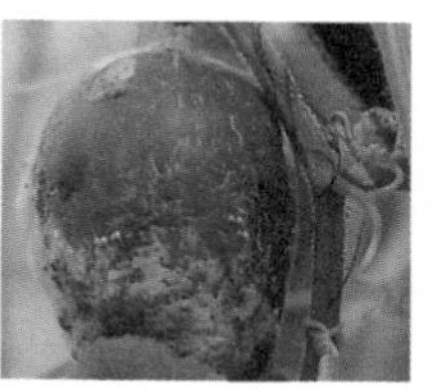

图3-16　冬瓜绵腐病

2. 病原及发病规律

由多种腐霉菌侵染引起，较常见的有瓜果腐霉、德巴利腐霉和终极腐霉等，均属鞭毛菌亚门真菌。

腐霉是一类弱寄生菌，有很强的腐生能力，普遍存在于菜田土壤中、沟水中和病残体中。它的菌丝可长期在土壤中腐生，卵孢子抗逆性很强，可以在土壤中长期存活。病菌通过灌溉水和土壤耕作传播。寄生力很弱，一般不能侵染未成熟的无伤瓜果。一旦瓜果成熟，特别是贴近地面的部位，表皮如果受到一些机械损伤或虫伤时，病菌就可以从伤口处趁机侵入，侵入后破坏力很强，能分泌果胶酶使细胞和组织崩解，瓜果很快软化腐烂。

一般地势低、土质黏重、管理粗放、机械伤、虫伤多的瓜田病害较重。高温、多雨、闷热、潮湿的天气有利于病害的发生。

3. 防治妙招

（1）农业防治

① 选择地势较高、排灌方便的地块，高畦深沟种植，整平畦面，以利于雨后及时排水。

② 及时提蔓绑架，适当提高结瓜部位，对大型瓜果如冬瓜、南瓜等，可用禾草铺垫或用绳子吊起，尽可能使瓜果表皮不直接与土面接触。

③ 及时采收，防止漏收，减少损失。收获后清除田间病残组织，减少翌年菌源。

④ 雨季或浇水后如果畦面过湿，可撒草木灰拌干土。

（2）药剂防治　老菜田或留种瓜可在瓜果成熟期前，在土表面喷

58%甲霜·锰锌可湿性粉剂600～800倍液，或30%氧氯化铜悬浮剂500倍液等药剂。

十七、冬瓜绵疫病

1.症状及快速鉴别

主要为害近成熟的果实、叶和茎蔓。

果实染病，先在近地面处出现水渍状黄褐色病斑，后病部凹陷，上面密生白色棉絮状霉，病部或全果腐烂。叶片病斑黄褐色，后产生白霉腐烂。茎蔓上病斑绿色，呈湿腐状（图3-17）。

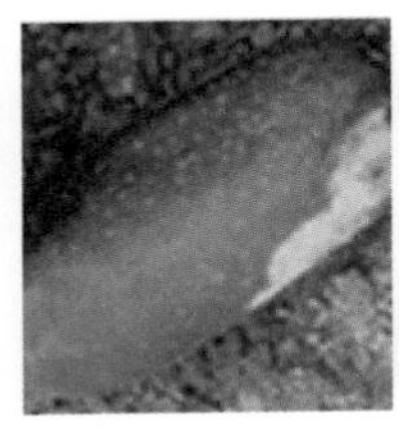
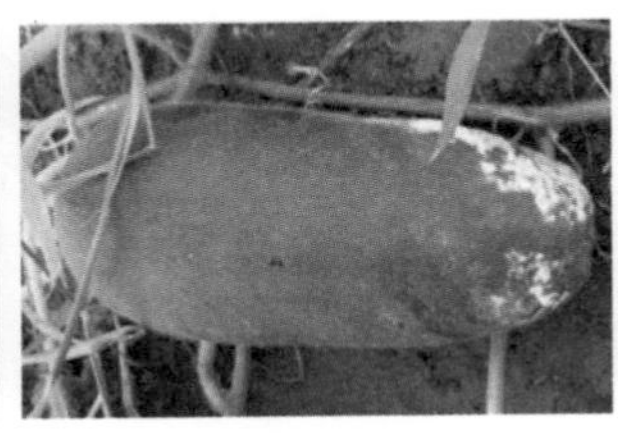

图3-17　冬瓜绵疫病

2.病原及发病规律

病原为寄生疫霉，属鞭毛菌亚门真菌。

北方寒冷地区病菌以卵孢子在病残体上和土壤中越冬。种子上不能越冬，菌丝因耐寒性差，也不能成为初侵染源。在南方温暖地区病菌主要以卵孢子、厚垣孢子在病残体或土壤及种子上越冬，其中土壤中病残体带菌率高，是主要的初侵染源。条件适宜时越冬后的病菌经雨水飞溅或灌溉水传到茎基部或近地面果实上引起发病。重复侵染主要来自病部产生的孢子囊，借雨水传播为害。田间25～30℃，相对湿度高于85%发病重。一般雨季或大雨后天气突然转晴气温急剧上升，病害易流行。土壤湿度95%以上持续4～6小时，病菌即完成侵染，2～3天就可完成1代。易积水的菜地、定植过密、通风透光不良发病重。

3. 防治妙招

（1）农业防治　重病地实行3年以上轮作。定植前施用酵素菌沤制的堆肥或充分腐熟的有机肥，肥料不足的可穴施。生长期尽量少追或不追施速效氮肥；苗期适时中耕松土，促发新根和保墒，伸蔓后及时盘蔓、压蔓；生育期内尽量少浇水，遇大暴雨后及时排水。发现病瓜及时摘除，带出田外深埋或沤肥。秋季拉秧后注意清洁田园，及时耕翻。

（2）药剂防治　发病初期可用69%锰锌·烯酰可湿性粉剂1000～1500倍液，或50%氟吗·锰锌可湿性粉剂500～1000倍液，或72.2%霜霉威水剂600～800倍液+75%百菌清可湿性粉剂600～800倍液，或50%氟吗·乙铝可湿性粉剂600～800倍液+70%代森锰锌可湿性粉剂800～1000倍液，或53%甲霜灵·锰锌水分散粒剂600～800倍液，或1：0.5～1：240倍式波尔多液，或77%可杀得可湿性微粒粉剂500倍液，或70%丙森锌可湿性粉剂600～800倍液，或60%琥铜·乙铝·锌可湿性粉剂500～800倍液等药剂兑水喷雾防治，视病情为害程度每隔7～10天喷1次。也可喷洒或浇灌72%克露（或克抗灵、克霜氰）可湿性粉剂600倍液，或50%甲霜铜可湿性粉剂800倍液，或70%乙磷·锰锌可湿性粉剂500倍液，或69%甲霜·锰锌可湿性粉剂1000倍液，每667平方米喷兑好药液70升，防治2～3次。采果前7天停止用药。

棚室保护地也可选用烟熏法或粉尘法。在发病初期可用45%百菌清烟雾剂，每667平方米撒250～300克，或5%百菌清粉尘剂1千克/667平方米，约隔9天用1次，连续2～3次。

十八、冬瓜软腐病

1. 症状及快速鉴别

主要为害果实。初呈水渍状，后逐渐变软，病部凹陷，内部组织腐烂，导致瓜条折断落地，病瓜具恶臭味（图3-18）。

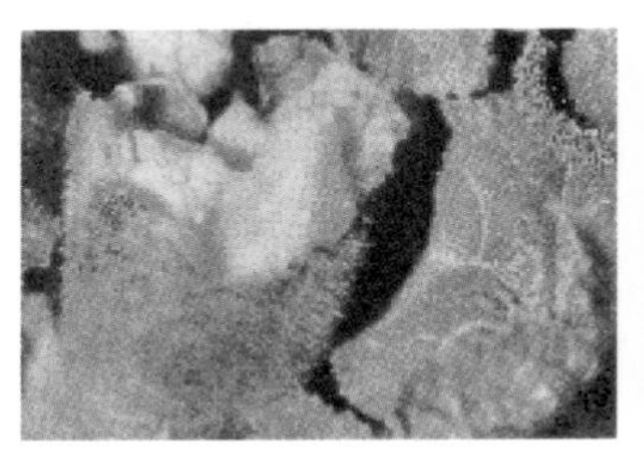
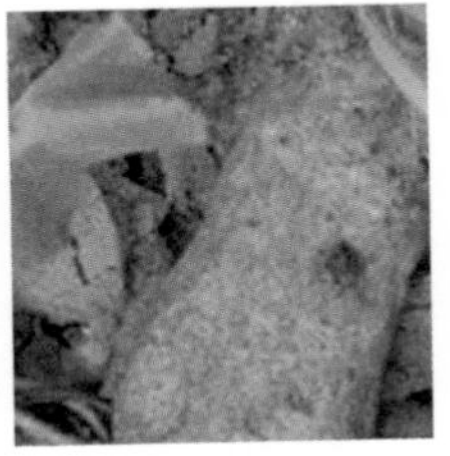

图3-18　冬瓜软腐病

2. 病原及发病规律

病原为胡萝卜软腐欧氏杆菌胡萝卜软腐亚种，属细菌。

病菌随病残体在土壤中越冬。翌年借雨水、灌溉水及昆虫传播，由伤口侵入。病菌侵入后分泌果胶酶，溶解中胶层，导致细胞分崩离析，细胞内水分外溢引起腐烂。阴雨天或露水未落干时整枝打杈，或虫伤多，发病重。

3. 防治妙招

（1）及时防治冬瓜害虫，减少虫伤。

（2）药剂防治。严重时可喷洒27%铜高尚悬浮剂600倍液，或50%琥胶肥酸铜可湿性粉剂500倍液，或72%农用硫酸链霉素可溶粉剂4000倍液，或53.8%可杀得2000干悬浮剂1000倍液，或47%加瑞农可湿性粉剂700倍液，或56%靠山水分散粒剂800倍液，或12%绿乳铜乳油600倍液，或10%溃枯宁可溶粉剂1500倍液等药剂，隔7～10天喷1次，连续2～3次。采收前5天停止用药。

十九、冬瓜丝核菌果腐病

1. 症状及快速鉴别

幼瓜、成瓜均可发病。初在与地面接触的部位产生黄褐色病变，后病部凹陷，形成大小不等的不规则形病斑。成熟果实染病，形成大片的水渍状腐朽区域，后变褐干裂。湿度大时病部长出白色菌丝（图3-19）。

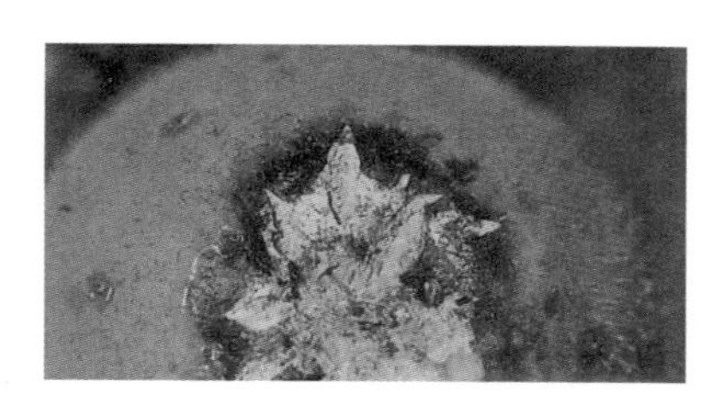

图3-19　冬瓜丝核菌果腐病

2. 病原及发病规律

病原为立枯丝核菌，属半知菌亚门真菌。

以菌丝体或菌核在土中越冬，可在土中腐生2～3年。菌丝能直接侵入寄主，通过水流、农具等传播。病菌发育适温24℃，最高40～42℃，最低13～15℃，适宜pH值3～9.5。播种过密、间苗不及时、温度过高易诱发病害。

3. 防治妙招

（1）农业防治　播种前种子可用种子重量0.2%的40%拌种双拌种。苗床或育苗盘药土处理，可单用40%拌种双粉剂，也可用40%拌种灵与福美双1 ：1混合，苗床施药量为8克/平方米。加强苗床管理，科学放风，防止苗床或育苗盘出现高温、高湿条件。苗期可喷洒植宝素7500～9000倍液，或0.1%～0.2%磷酸二氢钾，增强抗病力。

（2）生物防治　利用拮抗微生物，培养拮抗菌进行土壤、种子及繁殖组织处理防病。

（3）药剂防治　靠近地面的果实易发生丝核菌果腐病，最好用草绳盘成圆圈将瓜垫起。发病初期可喷淋20%甲基立枯磷乳油（利克菌）1200倍液，或5%井冈霉素水剂1500倍液，或10%噁霉灵（立枯灵）水悬剂300倍液，或15%噁霉灵水剂450倍液，用量2～3升/平方米。

与猝倒病、立枯病等混合发生时可用72.2%普力克水剂800倍液+50%福美双可湿性粉剂800倍液喷淋，隔7～10天喷1次，连喷2～3次。或用云大120（芸苔素内酯）3000倍液，还可用27%铜高尚悬浮剂600倍液，或45%土菌消水剂450倍液，或80%新万生可湿性粉剂600倍液。

二十、冬瓜枯萎病

1.症状及快速鉴别

苗期、成株期均可发病，主要为害茎、叶。苗期发病，初期病苗子叶变黄，不久干枯，幼茎、叶片、叶柄及生长点萎蔫，根茎基部变褐，缢缩或猝倒。成株发病，茎基部纵裂，干燥后呈黑褐色，常溢出琥珀色胶状物。湿度大时产生白色或粉红色霉状物。横剖病茎可见维管束变褐。部分叶片中午萎蔫，早晚恢复，叶色变淡，最后全部萎蔫，植株枯死（图3-20）。

图3–20　冬瓜枯萎病

2.病原及发病规律

病原为尖镰孢菌冬瓜专化型，属半知菌亚门真菌。

病原菌主要以菌丝体和各种类型的孢子或厚垣孢子随病残体留在土壤中越冬。种子也可带菌，成为初侵染源。通过水流和染有病原物的农具作短距离传播，从根部伤口或根冠侵入。厚垣孢子在土中可存活5～10年，萌发后先长出芽管，从根部伤口或根冠细胞间隙侵入，地上部重复侵染主要靠灌溉水。地下部当年很少重复侵染。种子带菌和带有病残体的有机肥是无病区的初侵染源。

一般连作的地块发病重。采用高垄栽培较平畦发病轻。在带菌土壤上培育冬瓜苗发病重。土温15℃以上始发，20～30℃盛发。土壤过分干旱、重茬、根结线虫及地下害虫为害的地区发病重。此外还与品种的抗病性及植株的生长状况有关。

3.防治妙招

（1）合理轮作，选用抗病品种　与非瓜类实行3年以上轮作。选用抗枯萎病的品种。

（2）种子消毒　播种前种子可用50%多菌灵可湿性粉剂，或60%多菌灵盐酸盐（防霉宝）可溶性超微粉500倍液浸种1小时，洗净后催芽播种。或用50%多菌灵可湿性粉剂500倍液+新高脂膜800倍液浸种1小时，后用清水冲洗干净催芽。

（3）用无病新土育苗　采用营养钵或塑料套分苗，定植时不伤根。采用高畦、地膜栽培。地温低时少浇水，多施腐熟有机肥，增加根际微生物拮抗作用，防止苗期枯萎病菌侵染。

（4）苗床土消毒　每平方米苗床土可用50%多菌灵可湿性粉剂10克拌匀后播种。病区定植时可用50%多菌灵（或50%甲基硫菌灵）可湿性粉剂3.5千克/667平方米掺细土施用。移栽前也可用消毒药剂+新高脂膜800倍液喷施地表消毒。

（5）加强栽培管理　培土不可埋过嫁接切口，栽前多施基肥，采收后适当增加浇水，成瓜期多浇水保持旺盛的长势。同时在冬瓜生长期可喷施促花王3号，抑制主梢疯长，促进花芽分化。在冬瓜开花前、幼果期、果实膨大期可喷施壮瓜蒂灵。

（6）药剂防治　发现病株及时拔除，防止传染蔓延。发病初期可用96%天达噁霉灵粉剂3000倍液+“天达2116”1000倍液，或50%咪鲜胺锰盐（施保功）可湿性粉剂800倍液，或60%百泰可分散粒剂1500倍液，或43%好力克悬浮剂3000倍液，或25%凯润乳油3000倍液，或5%翠丽微乳剂500倍液，或50%多菌灵可湿性粉剂500倍液，或10%苯醚甲环唑可分散粒剂1500倍液，或70%甲基托布津可湿性粉剂400倍液，或10%双效灵水剂300倍液，或农抗“120”100倍液灌根。每株灌0.25千克药液，每隔5～7天灌1次，连灌2～3次。

或用70%甲基托布津可湿性粉剂1000倍液，或10%双效灵水剂200～500倍液，或瓜枯宁可湿性粉剂1000倍液，或枯萎灵可湿性粉剂800～1000倍液，或绿亨2号1000倍液，在植株根际周围喷淋，每株用药200～250毫升。每隔5～7天灌1次，连灌2～3次。

提示　可用针对性药剂+新高脂膜灌根，并喷施新高脂膜800倍液增强药效，提高药剂有效成分利用率，巩固防治效果。

（7）嫁接防病　选择抗病性强的砧木进行嫁接，可避免发病。

二十一、冬瓜蔓枯病

主要引起死秧，尤以秋棚受害严重。

1.症状及快速鉴别

主要发生在冬瓜的茎、叶、果等部位。

茎节最易发病，茎蔓上病斑椭圆至梭形，油浸状，初呈暗褐色；后变黑色，病茎开裂，溢出琥珀色胶状物。严重时茎节变黑腐烂、易折断，病部以上枝叶萎蔫枯死。

叶部病斑多在叶缘处呈半圆形、近圆形或不规则形，为黄褐至淡褐色大病斑，有的自叶缘向内呈"V"字形病斑，后期病斑易破碎，常龟裂。干枯后呈黄褐至红褐色，病斑轮纹不明显，上生许多黑色小点（图3-21）。

花器发病，引起幼瓜果肉呈淡褐色或心腐。

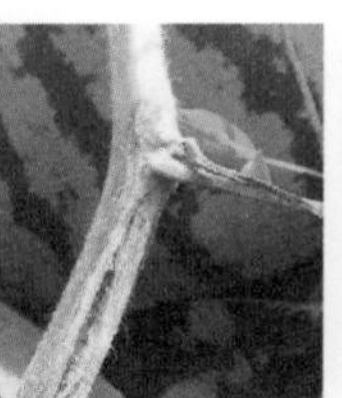

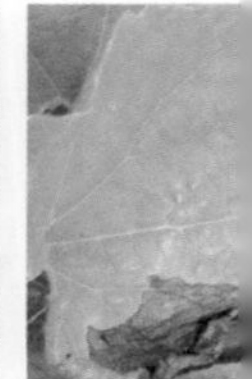

图3-21　冬瓜蔓枯病

2.病原及发病规律

病原为瓜球腔菌，属子囊菌亚门真菌；无性阶段为西瓜壳二孢，属半知菌亚门真菌。

以分生孢子器附在病残体上，借灌溉水和雨水传播。从伤口或自然孔口侵入。土壤含水量高，气温18 ～ 25℃，相对湿度85%以上易发病。重茬地、植株过密、通风透光差、生长势弱发病重。

3. 防治妙招

（1）农业防治 实行与非瓜类菜蔬菜轮作2 ～ 3年。选用抗病良种。播种前用新高脂膜拌种能驱避地下病虫，隔离病毒感染，不影响萌发吸胀功能，加强呼吸强度，提高种子发芽率。同时加强瓜地排水，保证通风透光。

注意氮、磷、钾肥的平衡施用，施足充分腐熟的优质有机肥。及时中耕除草，科学浇水，同时在冬瓜开花前、幼果期、果实膨大期喷施壮瓜蒂灵。

（2）药剂防治 发病初期可喷施50%速克灵可湿性粉剂1000倍液，或50%多菌灵可湿性粉剂500倍液，或25%嘧菌酯悬浮剂1500 ～ 2000倍液+25%咪鲜胺乳油1000 ～ 2000倍液，或32.5%嘧菌酯1500 ～ 2000倍液，或10%苯醚甲环唑水分散粒剂1000 ～ 1500倍液+70%代森联干悬浮剂800 ～ 1000倍液，或50%苯菌灵可湿性粉剂800 ～ 1000倍液+50%福美双可湿性粉剂500 ～ 800倍液，或40%双胍三辛烷基苯磺酸盐可湿性粉剂600 ～ 1000倍液，或50%异菌脲可湿性粉剂1000 ～ 1500倍液，或70%甲基硫菌灵可湿性粉剂600 ～ 800倍液+75%百菌清可湿性粉剂600 ～ 800倍液等药剂；同时喷施新高脂膜800倍液，可提高药剂有效成分利用率，巩固防治效果。视病情为害程度，每隔7 ～ 10天喷1次。

（3）涂茎防治 茎上病斑出现后，立即用高浓度药液涂刷茎上的病斑。可用70%甲基硫菌灵可湿性粉剂300倍液，或40%氟硅唑乳油200倍液等药剂，用毛笔蘸药涂抹病斑处。

二十二、冬瓜根腐病

1. 症状及快速鉴别

冬瓜定植后始见发病。发病初期晴天中午出现暂时性萎蔫还能恢复，后终因不能恢复而枯死，拔出根颈部可见水浸状褐色病变，剖开病根腔腐烂部位已变色。严重时仅留下丝状输导组织（图3-22）。

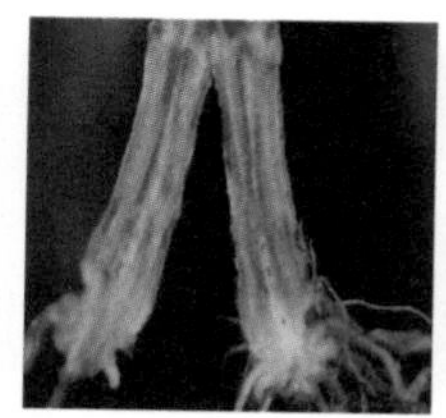

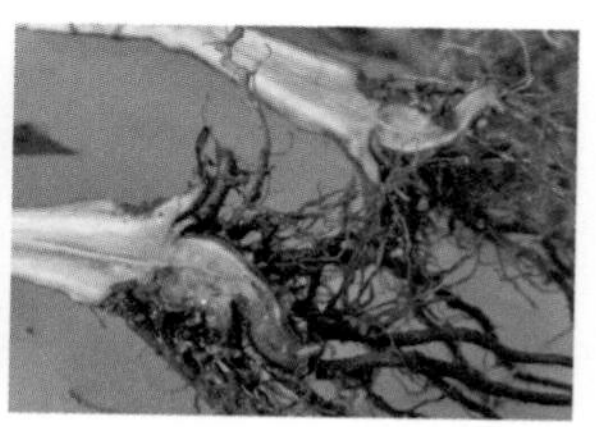

图3-22　冬瓜根腐病

提示　冬瓜根腐病茎蔓内维管束一般不变褐，可区别于枯萎病。

2.病原及发病规律

病原为瓜类腐皮镰孢菌，属半知菌亚门真菌。

以菌丝体、厚垣孢子或菌核在土壤中及病残体上越冬。尤其厚垣孢子可在土中存活5～6年，甚至可长达10年，成为主要侵染源。病菌从根部伤口侵入，后在病部产生分生孢子，借雨水或灌溉水传播蔓延，进行再侵染。高温、高湿有利于发病。连作地、低洼地、黏土地或下水头发病重。

3.防治妙招

（1）农业防治　选用耐寒和耐雨水的品种。有条件的应与十字花科、百合科作物实行3年以上轮作。土壤可用40%拌种双粉剂8克/平方米处理。采用高畦栽培，防止大水漫灌及雨后积水。苗期发病及时松土，增强土壤透气性。施用酵素菌沤制的堆肥或充分腐熟的优质有机肥，可施用动物粪便、糠麸、锯末、骨粉、饼肥、蔗渣、菇类堆肥、泥炭等，使土壤有机质含量高于2%。适量施用化肥，防止土壤酸化。合理灌水，防止水分过多，避免高湿条件出现，可减少发病。

（2）药剂防治　发病初期可喷洒或浇灌50%根腐灵可湿性粉剂800倍液，或50%多菌灵可湿性粉剂500倍液，或60%防霉宝超微可湿性粉剂800倍液等药剂。采收前3天停止用药。

二十三、冬瓜沤根

冬瓜沤根也叫烂根，是育苗期常见的病害，主要危害幼苗根部或根颈部。

1. 症状及快速鉴别

沤根后地上部子叶或真叶呈黄绿色或乳黄色，叶缘开始枯焦。严重时整叶皱缩枯焦，生长极为缓慢。根部不发新根或不定根少，根皮发锈后腐烂，导致地上部萎蔫，容易拔起，严重时成片干枯，似缺素症（图3-23）。

图3-23　冬瓜沤根

提示　在子叶期出现沤根，子叶枯焦。在某片真叶期发生沤根，这片真叶就会枯焦。因此，从地上部瓜苗表现，可以判断发生沤根的时间及原因。

2. 病因及发病规律

属低温导致的生理性病害。主要是地温低于12℃且持续时间较长，加上浇水过量，或遇连阴雨天气，苗床温度和地温过低出现萎蔫，持续时间长时即可发生沤根。长期处于5～6℃低温，尤其是夜间低温，导致生长点停止生长，老叶边缘逐渐变褐，造成瓜苗干枯死亡。

3. 防治妙招

（1）农业防治　选用耐病的优良品种和耐寒的品种。施用酵素菌沤制的堆肥或充分腐熟的优质有机肥。畦面要平，严防大水漫灌。采用电热线育苗，控制苗床温度约16℃，一般不低于12℃，使幼苗茁壮生长。加强育苗期的地温管理，避免苗床地温过低或过湿，正确掌握放风时间及通风量。发生轻微沤根后及时松土，提高地温，待新根长出后再转入正常管理。

（2）药剂防治　发生沤根后可喷洒50%根腐灵可湿性粉剂800倍液，或50%立枯净可湿性粉剂800倍液，可促进根系生长，每隔5～7天喷1次，共喷2～3次。必要时可喷增根剂。

二十四、冬瓜根结线虫病

1.症状及快速鉴别

主要发生在根部须根或侧根上。染病后根部开始生长较小的白色瘤状根结。侧根上的根结由小到大，由乳白转为褐色，同时长出细弱新根。

解剖根结，有很多细小的乳白色线虫埋于内部。幼虫在土壤中移动从根尖侵入寄主再度染病形成根结。病重地块挖出瓜根水洗后可见根部密布根结，根结处长出细弱根，呈乱麻状。地上部表现症状因发病的轻重而不同，轻病株症状不太明显，随着病情的加重生长发育不良，叶片中午萎蔫或逐渐黄枯，植株矮小，影响结果。发病严重时下部叶片变黄，后全株变黄，最后全田枯死（图3-24）。

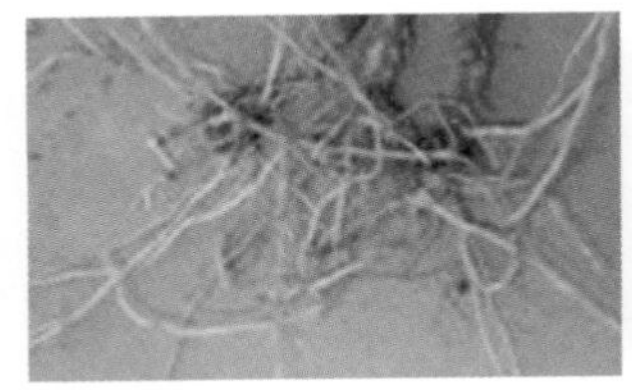
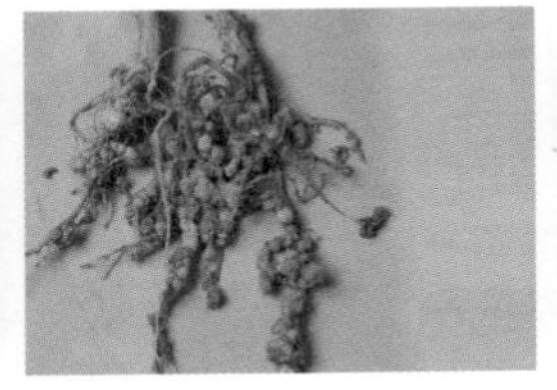
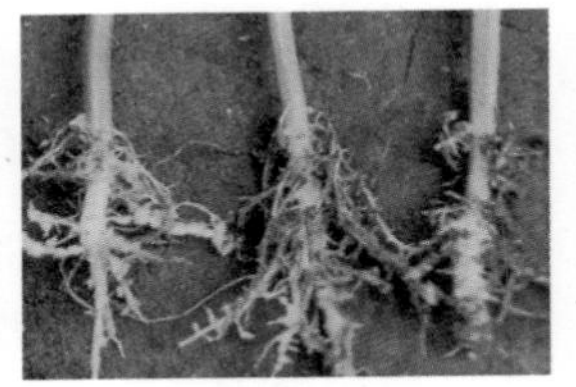

图3–24　冬瓜根结线虫病

2.病因及发病规律

是由线虫引起的。病土、病苗及灌水是主要的传播途径。一般可存活1～3年。条件适宜时寄主组织中的雌虫可产卵，孵化出幼虫，生长后蜕皮变为2龄幼虫，在土壤中移动寻找寄主根尖，侵入后在生长锥内分泌物刺激导管细胞膨胀，使根形成虫瘿，即新根结。瓜类重茬种植根结线虫会逐年加重为害。土壤过湿或过干均不利于线虫生存。

3. 防治妙招

（1）选用无病土育苗　严防从病区带入病菌，发病严重的棚室结合防治其他病虫更换新土，深度20～30厘米。较轻病田收获后挖病株根，带出田外烧毁，然后深翻30厘米。加强田间管理，施用防线虫生物制剂，如灭线宁或防线虫生物肥料。增施磷、钾肥促壮苗，使根系快速生长。生长期喷施磷、钾肥，减轻植株受害。

（2）灌水抑制线虫　夏季休闲期灌深水淹4个月，可杀死大部分线虫。也可在棚室起垄后沟内灌满水，后在垄上覆盖地膜闭棚15～20天。

（3）种植速生菜，引诱捕捉线虫　一般在6～10月种植生长期为1～1.5个月的速生菜，引诱消灭2龄线虫。

（4）药剂防治　可用盈辉杀线剂水剂兑水灌根冲施，可迅速杀死线虫，帮助冬瓜植株恢复长势。在前期的预防中也可结合盈辉杀线剂颗粒沟施、穴施或全田撒施，防效能持续2～3个月，可控制线虫数量，为冬瓜根系的正常生长提供合适的土壤环境。

二十五、冬瓜日灼病

1. 症状及快速鉴别

主要发生在果实上。果实向阳面的肩部果皮呈黄白色或黄褐色斑，形状近圆形或不规则，大小不等，斑面光滑或略皱缩。后期呈皮革状，病部略向下陷，果实仍坚硬不腐烂（图3-25）。

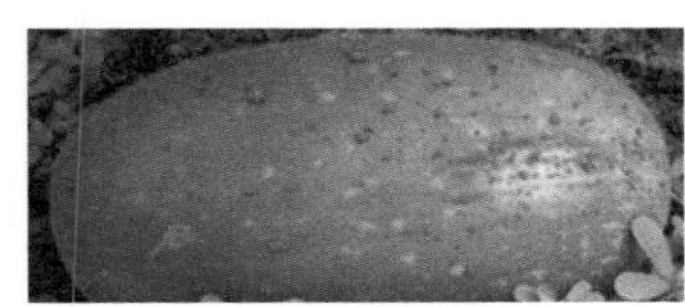
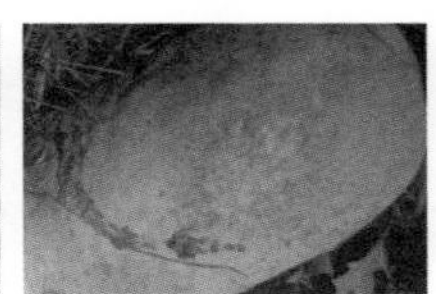

图3-25　冬瓜日灼病

提示 一些贴地的冬瓜果皮背阳面也可变为黄白色，但与日灼向阳面果皮变色有区别。通常日灼斑下果肉无病变，但如果受其他杂菌侵害，可导致内部组织坏死，甚至果腐。

2.病因及发病规律

冬瓜日灼病为生理性病害，是果实向阳面受强烈阳光照射所致。

通常土壤缺水，或天气过度干热，或雨后暴热，或种植不耐热的品种易诱发日灼病。品种间抗性有一定的差异。

3.防治妙招

（1）常发生冬瓜高温日灼的地区，应选择抗病、耐病品种。播种前可用新高脂膜拌种。

（2）适时适度灌水满足果实发育所需，防止土壤过旱。施足有机肥作底肥，每667平方米可再用惠满丰颗粒肥40千克作底肥。高矮作物间作套种，避免阳光直射到果实上。结合管理，注意绕藤时可用生长旺盛的主蔓自身叶片或稻草覆盖，遮阳护瓜。

（3）可适时适度喷施叶面营养剂+新高脂膜800倍液，有助于提高植株抗逆性。并在冬瓜开花前、幼果期、膨大期喷施壮瓜蒂灵，防止或减少果实日灼。在高温干旱天气条件下，每667平方米用云大“120”15毫升+惠满丰活性肥液100毫升，兑水50千克喷雾。

二十六、冬瓜裂瓜

冬瓜夏季栽培常出现裂瓜，夏季高温、烈日、干旱、暴雨等都会对冬瓜的生长不利，引起裂瓜。这不仅影响外观，还会影响质量。在贮运过程中易造成果实腐烂、变质。

1.症状及快速鉴别

瓜面横向或纵向开裂，丧失商品价值（图3-26）。

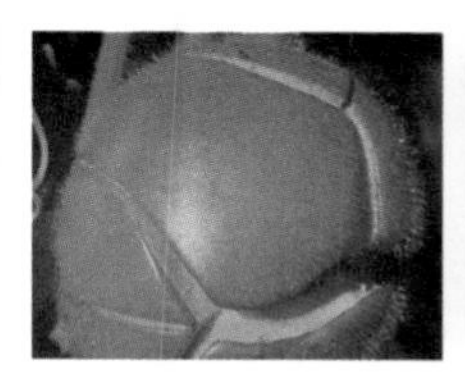
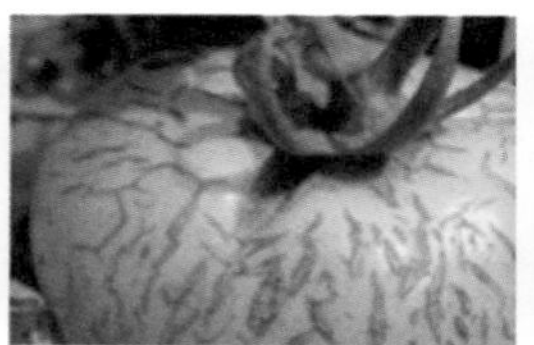

图3-26　冬瓜裂瓜

2.病因及发病规律

夏季栽培的冬瓜出现裂瓜，主要是遇到夏季各种不利的天气条件。暴雨或阵雨最容易引起冬瓜根系生理机能障碍，妨碍硼素正常吸收、运转，引起裂瓜。干、湿变化幅度大使果皮生长比果肉组织膨大的速度慢，造成瓜面裂开。

3.防治妙招

（1）在多雨的地区或者季节，可用深沟高畦或者起垄搭架等栽培方式，应对雨水突增。

（2）增施充分腐熟的优质有机肥，有利于增加土壤透水性，促进肥水均匀，减少裂瓜。

（3）由于冬瓜的顶端和贴地的果皮厚壁细胞层较少，可适时转果，促进果实均匀发育。

（4）加强对天气的关注，注意在暴雨来临之前采取适当措施，在果实膨大之后适时采收，可减少冬瓜裂果。

第四章

苦瓜病虫害快速鉴别与防治

苦瓜也叫凉瓜，为葫芦科植物，一年生攀缘草本，具有很高的食用价值，用作配菜佐膳，美味可口。苦瓜味苦、无毒、性寒，入心、肝、脾、肺经，还具有清热祛暑、明目解毒、降压降糖、利尿凉血、解劳清心、益气壮阳之功效。随着消费者喜爱度增加，苦瓜种植面积不断扩大。

一、苦瓜斑点病

1. 症状及快速鉴别

主要为害叶片。初在叶片上产生褐色圆形小斑点，后逐渐扩大为圆形、椭圆形至不规则形，大小不一的，褐至灰褐色病斑。病斑大时易破碎。后期病斑表面产生小黑点，灰褐至灰白色。严重时病斑相互汇合，导致叶片局部干枯。潮湿时斑面出现小黑点，常易破裂或穿孔（图4-1）。

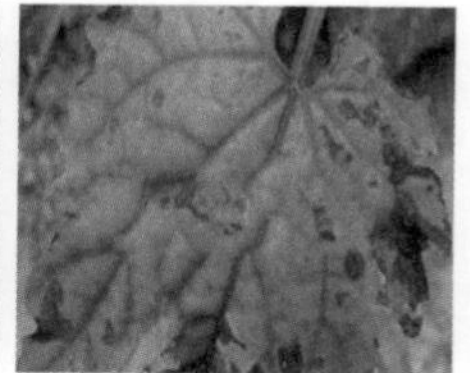

图4-1　苦瓜斑点病

2. 病原及发病规律

病原为正圆叶点霉，属半知菌亚门真菌。

病菌随病残体在土壤中越冬。翌年春季借雨水反溅传播分生孢子，引起田间发病。发病后病株上产生的分生孢子借风雨传播和雨水溅射辗转传播，反复进行再侵染。病菌喜高温、高湿条件。7 ～ 8月进入雨季，发病也进入高峰期。病情轻重取决于雨日多少和雨量大小。高温、高湿天气有利于病害流行，连作、地势低洼、偏施氮肥的地块发病重。

3. 防治妙招

（1）农业防治　选地势较高、排水良好的地块种植。重病田避免连作，与非瓜类进行2年以上轮作。播种前在地表喷施消毒药剂+新高脂膜800倍液，对土壤进行消毒处理。选用抗病品种，种子用新高脂膜拌种，驱避地下病虫，隔离病毒感染，不影响萌发吸胀功能，可加强呼吸强度，提高种子发芽率。种植密度应适宜。施足粪肥，合理追肥，避免偏施、过量施用氮肥，增施农家肥。适当增施磷钾肥。生长期适时喷施促花王3号，抑制主梢旺长，促进花芽分化。开花前喷施壮瓜蒂灵。适时灌水，不要大水漫灌，及时排出雨后田间积水。及时搭架、整蔓，改善株间通风透光条件。注意做好田间卫生和清沟排渍工作。

（2）药剂防治　发现病株及时拔出，可喷施70%甲基托布津可湿性粉剂800倍液+75%百菌清可湿性粉剂800倍液等针对性药剂，配合喷施新高脂膜800倍液，可增强药效，提高药剂有效成分利用率，巩固防治效果。

二、苦瓜褐斑病

1. 症状及快速鉴别

整个生育期均可发病，主要为害叶片。病害发展速度较快，初侵染叶片时在叶片正面有灰褐色小斑点，随着病情发展病斑不断扩大，病斑近圆形或不规则形，直径约4 ～ 12毫米，黄褐色，周围常有褪绿晕圈，中部易破裂穿孔。发病中后期，病斑正面有灰色霉层。环境条件适宜时病斑迅速扩大连接成片，最终整叶干枯（图4-2）。

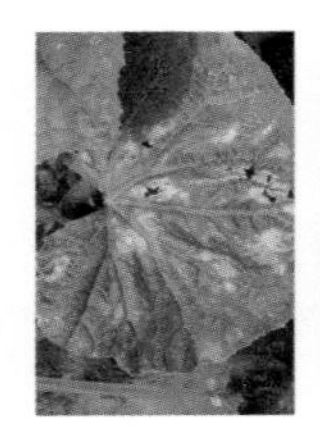
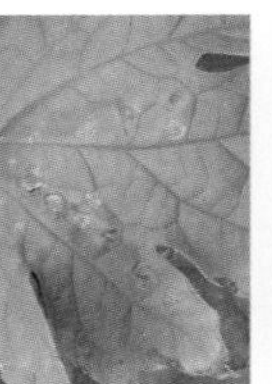

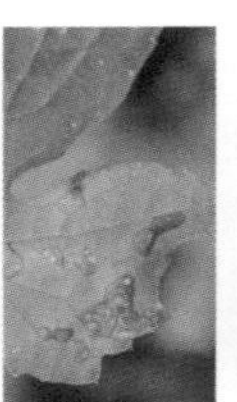

图4-2　苦瓜褐斑病

提示　苦瓜褐斑病病斑中间灰白色，边缘明显为灰褐或黑褐色，常误诊为细菌性叶斑病。

2.病原及发病规律

病原为瓜类尾孢菌，属半知菌亚门真菌。

病原菌以分生孢子丛或菌丝体在病残体及种子上越冬。翌年春季产生分生孢子借气流及雨水溅射传播，从气孔侵入引起初侵染。发病后病部又产生分生孢子进行多次再侵染，导致病害逐渐扩展蔓延。湿度高或通风不良易发病。多雨季节易发生和流行。

3.防治妙招

（1）合理轮作　重病地应实行2年以上轮作。

（2）清洁田园　拉秧后彻底清除病残体，然后深翻将病残体翻入土壤深层，加速病残体腐烂。发病初期及时摘除病叶，进行深埋或烧毁。

（3）药剂防治　发病初期及时喷药。可用70%甲基托布津可湿性粉剂1000倍液，或75%百菌清可湿性粉剂1000倍液，或56%多菌灵可湿性粉剂600倍液，或70%代森锰锌可湿性粉剂400倍液，或用异菌脲、苯醚甲环唑、百菌清、乙霉威等药剂，每隔7～10天喷1次，连喷2～3次，注意交替用药。如果发病严重可用苯醚甲环唑+多菌灵，异菌脲（或苯醚甲环唑）+多抗霉素等药剂进行叶面喷雾，均有较好的防治效果。

三、苦瓜灰斑病

1.症状及快速鉴别

主要为害叶片。叶片开始出现褪绿小斑点，后中间形成褐色坏死斑，边缘不明显，直径为0.5～1.5厘米（图4-3）。

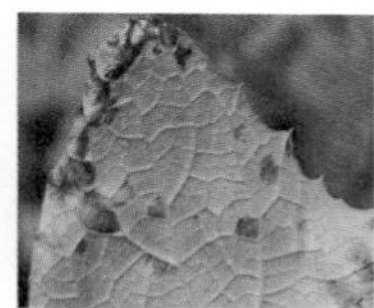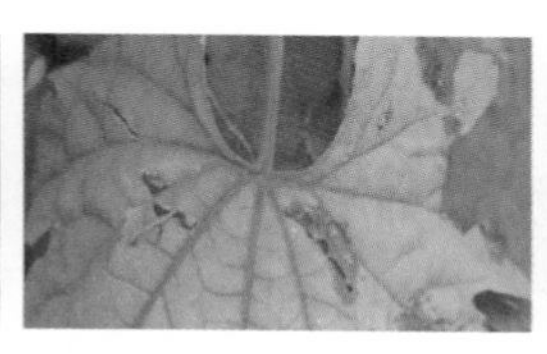

图4-3　苦瓜灰斑病

2.病原及发病规律

病原为瓜类尾孢菌，属半知菌亚门真菌。

以菌丝块或分生孢子在病残体及种子上越冬。翌年春季产生分生孢子，借气流及雨水传播，从气孔侵入，经7～10天发病后产生新的分生孢子进行再侵染。多雨季节易发病。

3.防治妙招

（1）种子处理　选用无病种子，苦瓜种皮坚硬发芽慢，播前种子在55℃水中浸泡，水温降到室温后再浸泡24小时，然后置于30～32℃催芽，芽长到3毫米后即可播种。

（2）农业防治　实行与非瓜类蔬菜2年以上轮作。选用无病种子适期播种，苦瓜喜温，低于10℃植株生长受抑制，因此播种不宜过早。北方一般在4月上旬在棚室播种。

（3）药剂防治　发病初期可用50%多霉威可湿性粉剂1000～1500倍液，或50%混杀硫悬浮剂500～600倍液，或60%防霉宝超微可湿性粉剂600～700倍液等药剂喷雾。每隔10天喷1次，连续2～3次。

保护地每667平方米可用45%百菌清烟剂（或熏灭烟剂）200～250克。或喷撒5%百菌清粉尘剂1千克。每隔7～9天用药1次，视病情为害程度连续防治1～2次。采收前7天停止用药。

四、苦瓜尾孢叶斑病

1. 症状及快速鉴别

主要为害叶片。叶病斑灰褐至灰白色，近圆形至不规则形，通常较细小，横径1～4毫米，少数横径超过5毫米。潮湿时斑面出现灰白至暗灰色霉，为分生孢子梗及分生孢子（图4-4）。

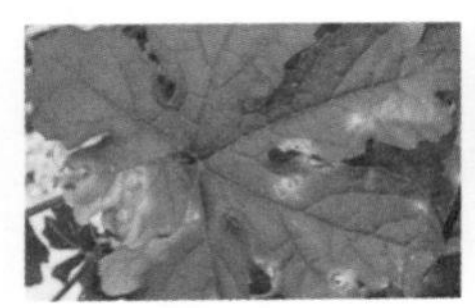

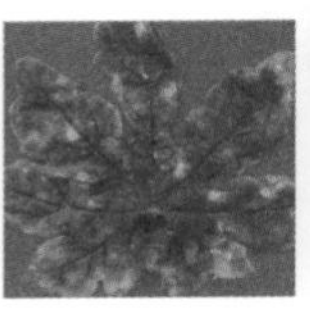
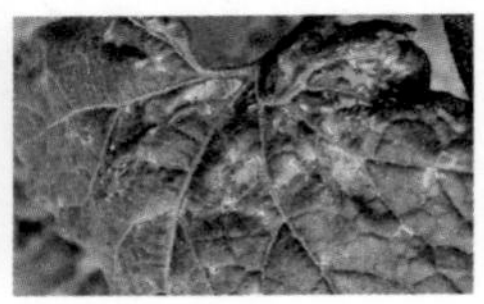

图4-4　苦瓜尾孢叶斑病

2. 病原及发病规律

病原为瓜类尾孢菌，属半知菌亚门真菌。

病菌以菌丝体和分生孢子座随病残体遗落在土中越冬。以分生孢子作为初侵染与再侵染接种体，借助气流或雨水溅射传播，从气孔或贯穿表皮侵入致病。高温、多湿有利于发病。南方6～8月高温季节常发病，其间如果降雨较多，湿度大常发病较重。

3. 防治妙招

苦瓜尾孢叶斑病与炭疽病常混合发生，认真做好炭疽病的防治也可兼治本病，一般不需单独专治。在以尾孢叶斑病发生为主的田块，除参照炭疽病的防治用药外，还可喷施50%多霉威可湿性粉剂1000倍液，或50%混杀硫悬浮剂600倍液，或60%防霉宝超微可湿性粉剂700倍液，或40%多硫悬浮剂600倍液等药剂。按照无病早防、见病早治的要求，掌握在植株开始封行、田间株间通透性开始降低时，即病害未出现或病害刚发现时，就应开始喷药，发挥药剂预防控病的最大作用。

五、苦瓜叶枯病

1.症状及快速鉴别

主要为害叶片。初现圆形至不规则形褐色至暗褐色轮纹斑，后扩大直径至2～5毫米。严重时病斑融合成片，导致叶片干枯（图4-5）。

图4-5　苦瓜叶枯病

2.病原及发病规律

病原为瓜链格孢，属半知菌亚门真菌。

以菌丝体、分生孢子在病残体上，或以分生孢子在病组织外，或黏附在种子表面越冬。在室温条件下种子表面附着的分子孢子可存活12个月以上，种子里的菌丝体可存活18个月以上，病残体上的菌丝体在室内保存可存活2年，在土表或潮湿土壤中，可存活1年以上，成为翌年初侵染源，借气流或雨水传播。生长期内病部产生的分生孢子借风雨传播，萌发后可直接侵入叶片，条件适宜3天即显病症，很快形成分生孢子进行再侵染。种子带菌是远距离传播的重要途径。

病害的发生主要与苦瓜生育期、温湿度关系密切。气温14～36℃，相对湿度高于80%即可发病。雨日多、雨量大，相对湿度高易发病。晴天日照时间长对病害有一定的抑制作用。生产上连作地、偏施氮肥、排水不良、湿气滞留发病重。

3.防治妙招

（1）农业防治　选用无病种瓜留种。轮作倒茬。施用酵素菌沤制的堆肥或充分腐熟的优质有机肥，提高抗病力。严防大水漫灌。

（2）药剂防治　棚室发病初期采用粉尘或烟雾防治法。可在傍晚喷撒5%百菌清粉尘剂，用量1千克/667平方米，或在傍晚点燃45%百菌清烟剂，常用200～250克/667平方米，隔7～9天熏1次，视病情为害程度连续或交替轮换使用。

露地发病初期可喷洒75%百菌清可湿性粉剂600倍液，或50%扑海因可湿性粉剂1500倍液，或80%大生可湿性粉剂600倍液，或40%灭菌丹400 ～ 500倍液，或70%代森锰锌可湿性粉剂400 ～ 500倍液。喷药掌握在发病前开始，每667平方米喷兑好的药液60升，隔7 ～ 10天喷1次，连续防治3 ～ 4次。喷药后4小时遇雨应补喷，雨后及时喷药可减轻为害。采收前7天停止用药。

六、苦瓜白斑病

1. 症状及快速鉴别

主要为害叶片。早期出现褪绿变黄的圆形小斑点，逐步扩展成近圆形或不规则形、直径约1 ～ 4毫米的灰褐至褐色病斑，边缘较明显（图4-6）。

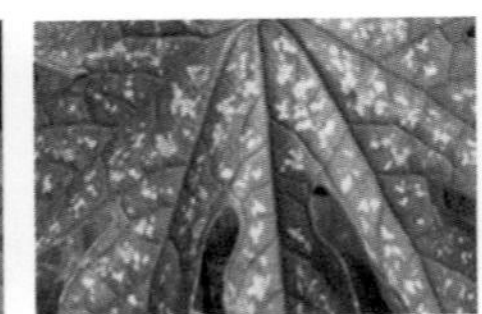
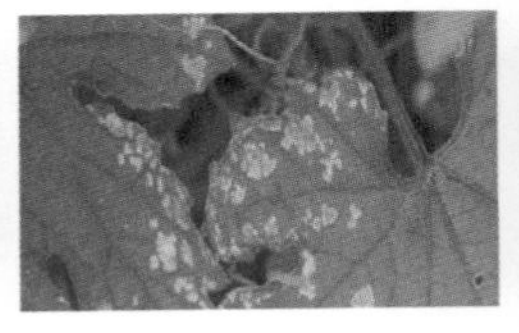

图4-6　苦瓜白斑病

2. 病原及发病规律

病原为苦瓜尾孢菌，属半知菌亚门真菌。

病菌以菌丝体和分生孢子在病残体上越冬，成为翌年的初侵染源。通过气流或雨水传播到苦瓜叶片上侵染引起发病，由病斑上产生的分生孢子继续传播发生再侵染。叶片上众多的小斑点影响光合作用，并促使叶片较快转向衰老，缩短苦瓜采收期，造成减产。

高温多雨季节、缺乏有机肥、偏施化肥过多、土壤板结的瓜田发病较严重。

3. 防治妙招

（1）农业防治　选择优良抗病品种，采用噁霉灵、多菌灵、赤霉素等药剂浸种或拌种处理。培育优质壮苗。苦瓜在生殖生长时需要足够营养，及时追施叶面肥，结合新高脂膜和壮瓜蒂灵一起喷施，提高苦瓜吸水吸肥能力。施足有机肥，改良土质，增强肥力，提高抗病力。追施绿芬威、百施利或绿丰素等叶面肥，补充必要的微量元素。适当疏摘侧芽，保证新芽枝叶能够叶厚色绿。做好田间管理，适时中耕除草，提高土壤通透性。做好田间清洁，及时清除田间病株、残株、枯叶等，带出园外集中销毁。全园喷施护树大将军消毒，可有效减少田间病原积累。

（2）药剂防治　发病初期可用70%甲基硫菌灵可湿性粉剂800～1000倍液，或65%代森锌（好生灵）可湿性粉剂400～500倍液，或嘧霉胺（或百可宁）600～800倍液等药剂喷雾。每隔7～10天喷1次，连续防治2～3次。

七、苦瓜霜霉病

1.症状及快速鉴别

主要为害叶片。初现浅黄色小斑，扩大后病斑受叶脉限制呈多角形或不规则形，颜色由黄色逐渐变为黄褐至褐色。严重时病斑融合为斑块。湿度大时叶背长出白色霉状物，有时叶面也可见白色菌丝。天气干燥时很少见到霉层。早晨症状尤为明显，叶缘卷缩干枯。严重时菜田一片枯黄（图4-7）。

图4–7　苦瓜霜霉病

提示　苦瓜霜霉病田间发病症状与苦瓜白粉病相似。白粉病也为害叶片、叶柄和茎，多在叶面或嫩茎上现白色霉点，后扩展成霉斑。严重时叶片出现褪绿黄色斑，有的连成大片或布满整个叶片的正面或背面。进入秋季在白色霉斑上长出很多黑色小粒点，即病原菌的子囊壳。必要时需通过镜检病原确定。

2. 病原及发病规律

病原为古巴假霜霉菌，属鞭毛菌亚门真菌。

寒冷地区病菌可在温室或大棚活体植株上存活，从温室或大棚向露地植株传播侵染。温暖地区田间周年都有瓜类寄主存在，病菌可以孢子囊借风雨辗转传播为害，无明显越冬期。病菌萌发温限4～32℃，以15～19℃最适。低温阴雨易发病。

在保护地内越冬翌年春季传播，也可由南方随季风传播，夏季可通过气流、雨水传播。病害在田间发生的气温为16℃，适宜流行气温为20～24℃，高于30℃或低于15℃，发病受到抑制。相对湿度80%以上时病害迅速扩展。多雨、多雾、多露时病害极易流行。

3. 防治妙招

（1）农业防治　选用良种。降低湿度，设法缩短叶面结露持续的时间。平衡施肥。

（2）药剂防治　发病初期可喷洒70%乙膦·锰锌可湿性粉剂500倍液，或58%甲霜·锰锌可湿性粉剂500～600倍液，或64%杀毒矾可湿性粉剂500倍液，或50%甲霜铜（或甲霜·铝·铜）600倍液，或72%霜脲·锰锌（克抗灵）可湿性粉剂800倍液，或72%杜邦克露可湿性粉剂800倍液等药剂喷雾。

病情为害严重时可用69%甲霜·锰锌可湿性粉剂或水分散粒剂1000倍液，或47%加瑞农可湿性粉剂800～1000倍液，或56%靠山水分散粒剂700～800倍液等药剂喷雾。

提示　苦瓜对铜剂敏感，苗期慎用。生长期要严格控制用量和浓度，以防发生药害。

与白粉病混合发生时，可喷69%甲霜·锰锌可湿性粉剂1600倍液+20%三唑酮乳油2000倍液。约隔10天喷1次，连续防治2～3次。收获前4天停止用药。

八、苦瓜白粉病

1.症状及快速鉴别

主要为害叶片。初发病时叶片的正面或背面长出小圆形白粉状霉斑，逐渐扩大，厚密，不久连成一片。发病后期整个叶片布满白粉，后变为灰白色，生长晚期有时病部产生黄褐色、后变黑色的小粒点，严重时在叶面上密布粉斑，并互相融合，导致叶片变黄，最终造成整个叶片黄褐色干枯。植株生长及结瓜受阻，生育期缩短，产量降低（图4-8）。

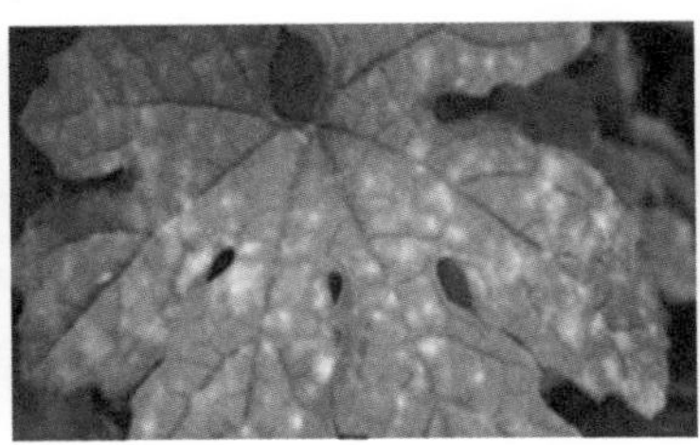

图4-8　苦瓜白粉病

2.病原及发病规律

病原为单丝壳白粉菌和瓜白粉菌，属子囊菌亚门真菌。

病菌可在温室内瓜类蔬菜及月季等花卉上存活越冬。越冬后产生分生孢子，借气流传播。病菌从孢子萌发到侵入20多个小时，病害发展很快，往往在短期内造成大流行。10～30℃病菌均可活动，最适20～25℃，相对湿度45%～75%发病快。低于25%时分生孢子也能萌发引起发病。超过95%病情显著受到抑制。

3.防治妙招

（1）物理防治　可用27%高脂乳剂80～100倍液，在发病初期喷洒在叶片上形成一层薄膜，不仅可防止病菌侵入，还可造成缺氧条件使病菌死亡。一般每5 ～ 6天喷1次，连喷3 ～ 4次。

（2）药剂防治　发病初期可喷12.5%腈菌唑乳油2000倍液，或62.25%腈菌唑·代森锰锌可湿性粉剂600倍液等药剂。

九、苦瓜穿孔病

1.症状及快速鉴别

主要为害叶片。叶片病斑近圆形，黄褐色至黄白色或灰白色，横径1毫米至数毫米不等，斑面出现针头大的小黑点。后期病斑组织易脱落，叶片穿孔，穿孔病斑周缘尚残留坏死组织（图4-9）。

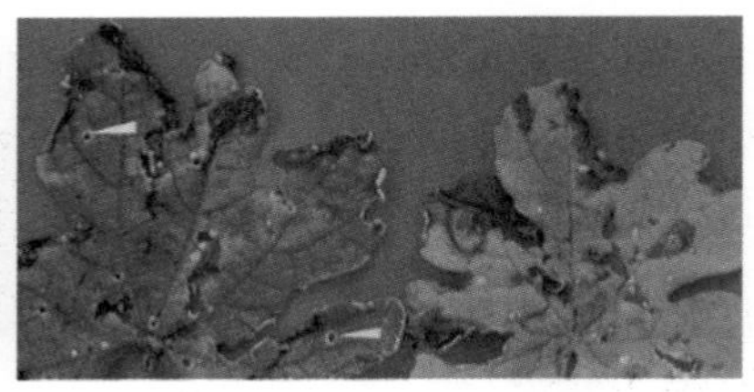

图4–9　苦瓜穿孔病

提示　苦瓜穿孔病与尾孢叶斑病相似，但穿孔病多呈穿孔斑，为小黑点而不是霉状物。

2.病原及发病规律

病原为假尾孢菌，属半知菌亚门真菌。

病菌以菌丝体和分生孢子器随病残体遗落在土壤中存活越冬。以分生孢子作为初侵染与再侵染接种体，借助雨水溅射传播侵染致病。温暖多湿的天气有利于发病。

3.防治妙招

（1）农业防治　选用抗病、耐病的高产良种。种子播前进行消毒。合理轮作。

（2）**药剂防治** 结合炭疽病进行兼治，一般不需专治。可喷施40%氟硅唑可湿性粉剂6000～7000倍液，或50%加瑞农可湿性粉剂600倍液喷雾。每7～15天喷1次，连续2～3次，前密后疏，交替喷药，喷匀喷足。

十、苦瓜细菌性角斑病

1.症状及快速鉴别

主要为害叶、茎及果实。

叶片染病，初现黄褐色水浸状小病斑，呈多角形或不规则形，中央黄白至灰白色，易穿孔或破裂。

茎部染病，呈水渍状浅黄褐色条斑，后期易纵裂。清晨或湿度大时分泌出白色至乳白色菌液。

果实染病，初现水渍状小圆点，后迅速扩展，小病斑融合成大斑，果实呈水渍状软腐。湿度大时瓜皮破损，种子和瓜肉外露，全瓜腐败脱落。干燥时病部呈油纸状凹陷，有些干缩后悬吊在蔓上（图4-10）。

图4-10 苦瓜细菌性角斑病

提示 苦瓜细菌性角斑病可溢出白色菌脓，不形成小黑粒点，可区别于蔓枯病。

2.病原及发病规律

病原为丁香假单胞杆菌黄瓜角斑病致病变种，属细菌。

病原菌在苦瓜种子上或随病残体残留在土壤中越冬。病菌可在种皮内外存活1～2年。翌年春季播种带菌的种子，发芽后子叶上就可产生病斑，后扩展到真叶上借雨水飞溅进行传播蔓延。病菌经气孔、水孔或伤口侵入。此外随着病残体在土壤中越冬的病原菌也可引起初侵染，湿度大时病部溢出菌脓进行再侵染。主要发生在雨季，尤其是台风或暴风雨后扩展迅速。重茬田块、地势低洼、排水不良易发病。管理粗放或大水漫灌发病重。

3. 防治妙招

（1）农业防治 从无病田选用无病的种子。与非瓜类作物实行2～3年轮作。播种前种子用56℃温水浸种至室温后，再浸24小时，捞出晾干后置于30～32℃条件下催芽，芽长到3毫米时进行播种。还可用医用硫酸链霉素（或氯霉素）500倍液浸种12小时，冲洗干净后催芽播种。种植密度应适宜。采用高畦地膜覆盖栽培，降低田间湿度，减少病菌传播。雨后及时排水，有条件可推行避雨栽培。

（2）药剂防治 棚室或露地栽培，发病前开展预防性防治。可喷72%农用硫酸链霉素可溶粉剂4000倍液，或56%靠山水分散粒剂800倍液，或47%加瑞农可湿性粉剂1000倍液，或30%碱式硫酸铜（绿得保）悬浮剂400倍液等药剂。

棚室可选用5%防细菌粉尘剂喷粉，用量1千克/667平方米。

与霜霉病混发时可用60%琥·乙膦铝可湿性粉剂500倍液，或70%乙磷·锰锌可湿性粉剂500倍液，或72%农用硫酸链霉素4000倍液+72%杜邦克露可湿性粉剂1000倍液等药剂喷雾。可兼防2种病。采收前5天停止用药。

十一、苦瓜病毒病

1. 症状及快速鉴别

早发病的植株叶片变小、皱缩，节间缩短，全株明显矮化，不结瓜或结瓜少。中后期迟发病的叶片皱缩，叶色浓淡不均，呈花叶斑驳状。幼嫩梢蔓畸形，生长受阻，瓜小或尾尖，畸形扭曲（图4-11）。

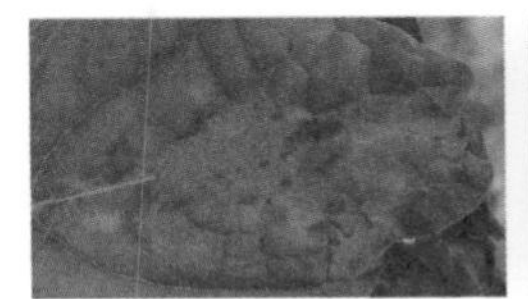 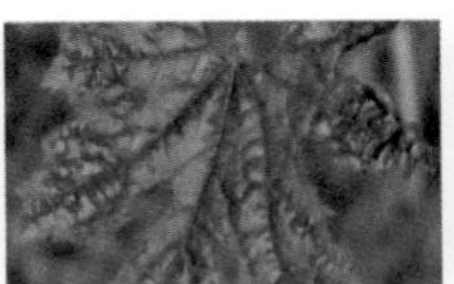  

图4-11 苦瓜病毒病

2. 病原及发病规律

病原为黄瓜花叶病毒和西瓜花叶病毒，可单独或复合侵染。两种病毒均在田间活体寄主上存活，借助汁液摩擦和蚜虫传播。土壤不能传播。任何有利于蚜虫繁殖活动的天气及植地环境条件也有利于病害的发生蔓延。

3. 防治妙招

（1）农业防治　加强抗病育种工作，尽早选出适合本地种植的高产抗病良种。加强肥水管理，促进植株稳定生长，增强抗病力。适时适度喷施叶面营养剂，并在营养剂中加入0.1%～0.2%的黑皂（或肥皂），从植株上架开始定期或不定期喷施3～4次，促进植株生长，钝化毒源，减轻侵染。加强检查，及时拔除零星病株，防止蚜虫为害。

（2）药剂防治　初见发病可喷施0.1%高锰酸钾（或1.5%植病灵乳剂）1000倍液，或5%毒菌清水剂300～500倍液等药剂。隔7～10天喷1次，共2～3次。

十二、苦瓜链格孢黑霉病

1. 症状及快速鉴别

主要为害叶片和果实。

叶片染病，在叶缘或叶脉间产生近圆形至不规则形水渍状暗褐色病斑。湿度大时病斑扩展迅速，导致叶片早枯。

果实染病，初生水渍状略凹陷的褐色斑，大小30～70毫米，边缘色深，中央灰褐色。后期病斑上产生黑色霉，即病原菌分生孢子梗和分生孢子（图4-12）。

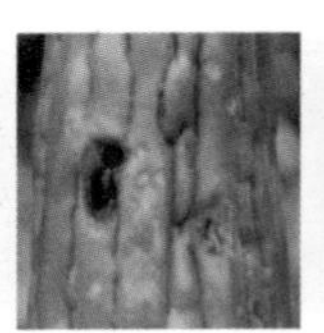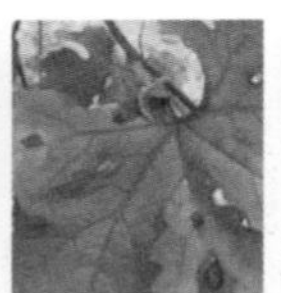

图4-12　苦瓜链格孢黑霉病

2. 病原及发病规律

病原为链格孢菌，属半知菌亚门真菌。

病菌以菌丝体和分生孢子在土壤中或在种子上越冬。翌年春季病原菌产生大量分生孢子，借风雨传播，进行初侵染和多次再侵染，导致病害扩展蔓延。田间降雨多，相对湿度高于90%易发病。

3. 防治妙招

（1）农业防治　选用无病种瓜留种。轮作倒茬。增施有机肥，提高植株抗病力。严防大水漫灌，通风降湿。

（2）药剂防治　可喷施40%氟硅唑可湿性粉剂6000～7000倍液，或50%加瑞农可湿性粉剂600倍液等药剂。

十三、苦瓜炭疽病

1. 症状及快速鉴别

主要为害叶、茎、蔓和果实。

叶片染病，初现圆形至不规则形中央灰白色斑，直径0.1～0.5厘米。后产生黄褐至棕褐色病斑，后期病部形成黑色粗糙不规则形斑块，叶片上产生小黑点，即病原菌的分生孢子盘，一般很小肉眼不易看清。

茎、蔓染病，病斑呈椭圆或近椭圆形，为边缘褐色的凹陷斑，有时龟裂。

瓜条染病，初为黄褐至黑褐色、圆形，为水渍状不规则病斑，后扩大为棕黄色凹陷斑，有时有同心轮纹。湿度大或阴雨连绵时病部呈湿腐状。天气晴或干燥时病部干腐状凹陷，颜色变浅淡，但边缘色较深，四周呈水渍状黄褐色晕环。严重时数个病斑连成不规则凹陷斑块。病瓜多畸形，容易开裂（图4-13）。

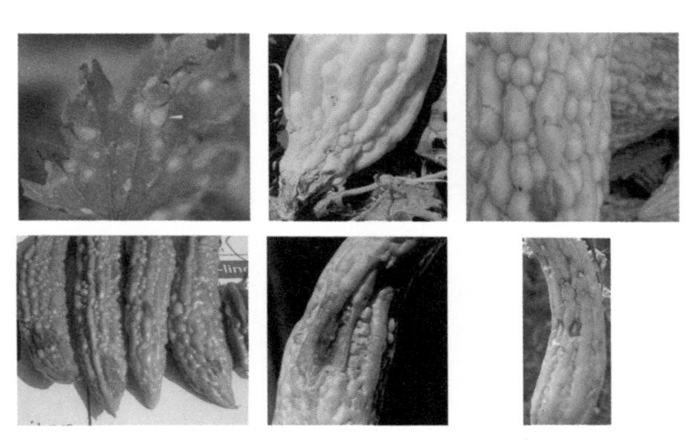

图4-13 苦瓜炭疽病

提示 苦瓜炭疽病后期病瓜组织变黑，但不变糟且不易破裂，可区别于蔓枯病。

2.病原及发病规律

病原为葫芦科刺盘孢菌，属半知菌亚门真菌。

主要以菌丝体或拟菌核在种子上或随病残株在田间越冬，也可在棚室旧木料上存活。越冬后的病菌产生大量分生孢子，成为初侵染源。此外潜伏在种子上的菌丝体也可直接侵入子叶，导致苗期发病。病菌分生孢子通过雨水传播，孢子萌发适温22～27℃，病菌生长适温24℃，8℃以下及30℃以上即停止生长。10～30℃均可发病，24℃发病重。湿度是诱发本病的重要因素，在适宜温度范围内，空气湿度93%以上易发病。相对湿度97%～98%，温度24℃，潜育期3天。相对湿度低于54%不能发病。

早春塑料棚温度低，湿度高，叶面结有大量水珠，苦瓜吐水或叶面结露，经常处于满足发病的湿度条件，此时炭疽病易流行。低温多雨易发病。气温超过30℃，相对湿度低于60%病害发展缓慢。采用不放风栽培及连作、氮肥过多、大水漫灌、通风不良、植株衰弱发病重。

3. 防治妙招

（1）农业防治　选用对病害抗性强的品种。从无病株上留种，苦瓜种皮厚且硬，早春低温出苗缓慢，在土中持续时间长易发病。种子可用50%双氧水浸泡3小时，然后用清水冲净后播种。也可在播前置于56℃温水中浸泡，自然冷却至室温后再浸泡24小时，然后置于30～32℃催芽，芽长至3毫米播种。实行3年以上的轮作。必要时对苗床进行消毒，可减少初侵染源。施用酵素菌沤制的堆肥或充分腐熟的优质有机肥。地温高于10℃北方棚室4月上旬播种为宜。苗期20～30天，生长势强抗病。

（2）加强棚室温湿度管理　棚室进行生态防治，通风排湿，使棚内湿度保持在70%以下，减少叶面结露和吐水。田间操作、除病灭虫、绑蔓、采收等均应在露水落干后进行，减少人为传播蔓延。

（3）药剂防治　定植时沟施或穴施药土，可用福美双可湿性粉剂（或50%炭疽福美），用量3～5千克/667平方米，加60～75千克细干土制成。

棚室可用45%百菌清烟剂250克/667平方米，隔9～11天熏1次，连续或交替使用。也可在傍晚喷撒5%百菌清粉尘剂（或加瑞农粉尘剂），用量1千克/667平方米。

棚室或露地发病初期，也可喷洒75%肟菌・戊唑醇水分散粒剂（拿敌稳）3000倍液，或施保功800倍液，或50%甲基硫菌灵可湿性粉剂700倍液+75%百菌清可湿性粉剂700倍液，或70%甲基硫菌灵悬浮剂600倍液，或50%苯菌灵可湿性粉剂1500倍液，或60%防霉宝超微可湿性粉剂800倍液，或50%多丰农可湿性粉剂500倍液，或2%农抗120水剂（或2%武夷菌素水剂）200倍液，或50%炭疽福美可湿性粉剂500倍液，或30%苯噻氰（倍生）乳油2000倍液，或80%大生可湿性粉剂500倍液，或25%敌力脱乳油1000倍液等药剂。隔7～10天喷1次，连续2～3次。采收前7天，停止用药。

提示　喷药时，如果混加喷施宝（或植宝素）7500倍液，可起到药肥双效作用。

十四、苦瓜疫病

1.症状及快速鉴别

多在开花前显现病症。可为害茎蔓、叶及果实。以蔓基部和嫩蔓节部发病较多。

叶片染病先失去光泽，初期为暗绿色、不规则形水渍状病斑，边缘不明显。湿度大时可见病部长出很薄的一层白霉，干燥时呈青白色、易破碎。叶柄和蔓节出现暗绿色、水渍状软腐，患部容易溢缩。瓜条受害呈暗绿色凹陷病斑，湿度大时瓜条很快软腐，患部长出稀疏白霉，腐烂发臭（图4-14）。

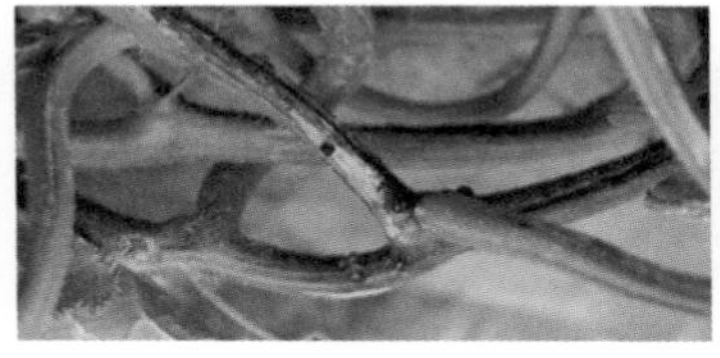

图4–14　苦瓜疫病

2.病原及发病规律

病原为甜瓜疫霉菌，属鞭毛菌亚门真菌。

病菌主要以菌丝体、卵孢子或厚垣孢子随病残体留在土中越冬。种子也能带菌。菌丝体直接侵染蔓茎基部，或卵孢子和厚垣孢子通过雨水反溅到寄主植物上，孢子萌发后直接从表皮侵入植株内，后在病斑上产生孢子囊及游动孢子，借风雨传播进行再侵染。病菌发育温度范围5～37℃，发病流行适宜温度25～28℃，相对湿度在90%以上。雨季来得早、雨日持久、降雨量大发病早，病情重。此外田间排水不良，土壤湿度大易发病。

3.防治妙招

（1）农业防治　实行3年以上轮作。采用地膜覆盖高垄（畦）栽培，减少地面通过水溅传播病害的次数。合理灌溉，控制田间湿度，做到雨过地干。多施有机肥，促进植株生长健壮、根深叶茂，提高抗性。及时进行植株调整，防止生长过密致通风透光不良。随时清除病叶并烧毁。

（2）适时采收　避免瓜条过熟，减少发病机会。初见病瓜及时摘除深埋。

（3）药剂防治　发病初期发现病株及时拔出，并及时用药防治。可用25%瑞毒霉可湿性粉剂800～1000倍液，或80%代森锌可湿性粉剂600～800倍液，或64%杀毒矾可湿性粉剂500～600倍液，或40%乙磷铝可湿性粉剂300～400倍液，或80%新万生可湿性粉剂500～600倍液，或72.2%普力克水剂400～600倍液，或50%甲霜·铜可湿性粉剂600倍液，或14%络氨铜水剂300倍液，或甲霜·锰锌可湿性粉剂1000倍液，或58%甲霜灵·锰锌可湿性粉剂500倍液，或77%可杀得可湿性粉剂600倍液，或47%加瑞农可湿性粉剂800倍液，或70%甲基托布津可湿性粉剂800倍液+75%百菌清可湿性粉剂800倍液等针对性药剂，交替喷洒。每隔5～10天喷1次，连续3～4次。

提示　喷药要周到、细致，所有叶片、果实及附近地面都要喷到，可取得良好防效。喷药同时配合喷施新高脂膜800倍液，可增强药效，提高药剂有效成分利用率，巩固防治效果。

十五、苦瓜绵腐病

1.症状及快速鉴别

在结瓜期染病，主要为害果实。贴近地面果实易发病，病变部位似水烫状，表面生有黏质细白霉状物，一旦发病迅速蔓延至整个苦瓜，直至最后软化、腐烂。

瓜条染病，初为褐色水渍状，很快病部组织软化腐烂，表面产生浓密絮状白霉，即病原菌的菌丝体。高温、潮湿病部迅速扩展，导致整个瓜条染病腐烂（图4-15）。

2.病原及发病规律

病原为瓜果腐霉菌，属鞭毛菌亚门真菌。

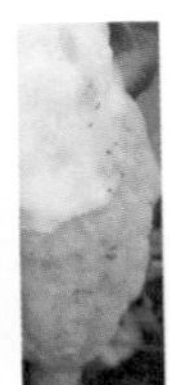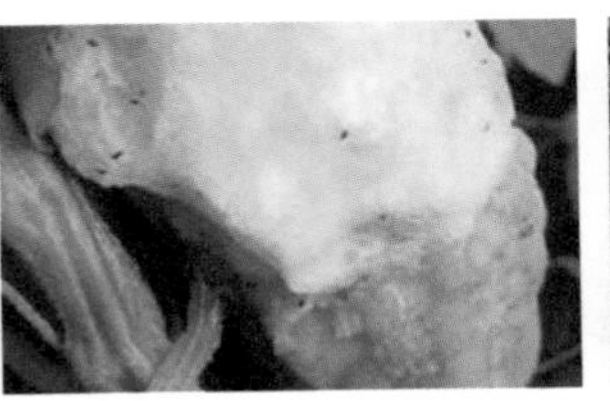

图4-15 苦瓜绵腐病

病菌以卵孢子在12～18厘米的表土层越冬，并在土中长期存活。翌年春季遇适宜条件萌发产生孢子囊，以游动孢子或直接长出芽管侵入寄主。此外在土中营腐生生活的菌丝也可产生孢子囊，以游动孢子侵染瓜苗引起猝倒。田间的再侵染主要由病苗上产生孢子囊及游动孢子，借灌溉水或雨水溅到贴近地面的根茎或果实上，造成更严重的损失。病菌侵入后在皮层薄壁细胞中扩展，菌丝蔓延于细胞间或细胞内，后在病组织内形成卵孢子越冬。病菌生长适宜温度15～16℃，高于30℃受到抑制。适宜发病地温10℃，低温对寄主生长不利，但病菌尚能活动。结果期阴雨连绵，果实易染病。

3.防治妙招

（1）农业防治　与非瓜类进行3～4年轮作。选择地势高、地下水位低的地块作苗床，播前一次灌足底水，出苗后尽量不浇水，必须浇水时一定选择晴天喷洒，不宜大水漫灌。育苗畦（床）及时放风降湿，即使阴天也要适时适量放风排湿，严防瓜苗徒长染病。果实发病严重的地区采用高畦栽培。定植后前期少浇水，多中耕，减轻发病。浇水时禁止大水漫灌，雨后及时排水。

（2）清园灭菌　发现病株或病变的果实立即销毁，防止扩展蔓延。

（3）药剂防治　发病初期彻底清除病瓜后，可用69%烯酰·锰锌可湿性粉剂1000～1500倍液，或72.2%霜霉威水剂500～800倍液+70%代森联干悬浮剂600～800倍液，或72%霜脲·锰锌可湿性粉剂600～800倍液，或50%氟吗·锰锌可湿性粉剂500～1000倍液等药剂喷雾。或喷淋72.2%普力克水剂400倍液，或15%噁毒灵（土菌消）水剂450倍液，或12%绿乳铜乳油600倍液。视病情为害程度间隔7～10天喷1次，重点喷植株下部瓜条和地面消毒。

十六、苦瓜菌核病

1.症状及快速鉴别

主要为害果实和茎蔓。

果实染病，多始于残花部，初呈水渍状，后长出白色菌丝，菌丝纠结成黑色鼠粪状菌核。

茎蔓染病，初在病部产生褪色水渍状斑，后长出菌丝，病部以上叶、蔓凋萎枯死（图4-16）。

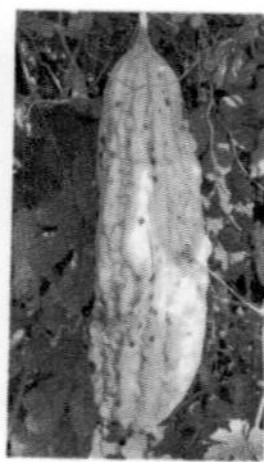

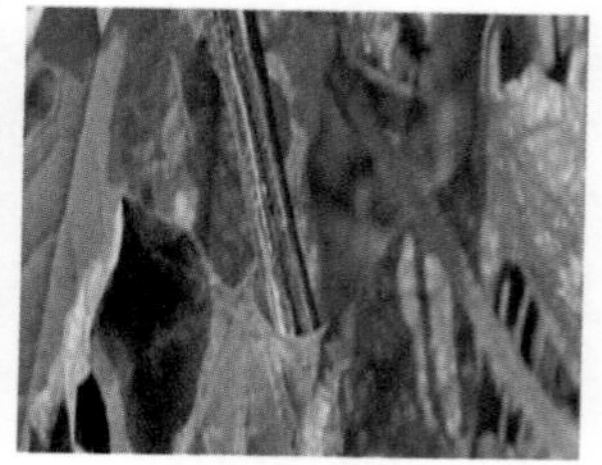

图4–16　苦瓜菌核病

2.病原及发病规律

病原为核盘菌，属子囊菌亚门真菌。

菌核初为白色，后表面由菌丝体扭集在一起形成黑色鼠粪状。菌核遗留在土中或混杂在种子中越冬或越夏，混在种子中的菌核随播种进入田间传播蔓延。病害属分生孢子气传病害类型，是以气传的分生孢子从寄生的花和衰老叶片侵入，以分生孢子和健株接触进行再侵染。相对湿度高于85%，温度15～20℃有利于菌核萌发和菌丝生长、侵入及子囊盘产生。低温、湿度大或多雨有利于病害发生和流行，菌核形成时间短、数量多。连年种植葫芦科、茄科及十字花科蔬菜的田块，排水不良的低洼地，偏施氮肥或发生霜害、冻害等发病重。

3. 防治妙招

（1）农业防治　选用耐寒品种可减轻发病。有条件的实行与水生作物轮作，或夏季将病田灌水浸泡半个月，或收获后及时深翻，深度要求达到20厘米，将菌核埋入深层，抑制子囊盘出土。同时采用配方施肥，增强寄生抗病力。

（2）物理防治　播前种子可用10%盐水漂种2～3次，淘汰菌核。或种子用50℃温水浸种10分钟，即可杀死菌核。塑料棚采用紫外线塑料膜，抑制子囊盘及子囊孢子形成。高畦覆盖地膜，抑制子囊盘出土释放子囊孢子，减少菌源。

（3）种子和土壤消毒　定植前可用20%甲基立枯磷配制成药土，耙入土中，每667平方米用药0.5千克，兑细土20千克拌匀。

（4）生态防治　棚室上午以闷棚提温为主，下午及时放风排湿。发病后可适当提高夜温，减少结露，早春日均温控制在29℃或31℃高温，相对湿度低于65%可减少发病。防止浇水过量，土壤湿度大时适当延长浇水间隔期。

（5）药剂防治　棚室或露地出现子囊盘时，可用50%速克灵可湿性粉剂1500倍液，或50%扑海因（或50%农利灵）可湿性粉剂1000倍液，或60%防霉宝超微粉600倍液，或20%甲基立枯磷乳油1000倍液，或50%扑海因可湿性粉剂1500倍液+70%甲基硫菌灵可湿性粉剂1000倍液等药剂在盛花期喷雾。每667平方米喷兑好的药液60升，隔8～9天喷1次，连续防治3～4次。

棚室可用15%速克灵烟剂（或45%百菌清烟剂），每667平方米用250克熏1夜，隔8～10天熏1次，连续或与其他方法交替防治3～4次。也可喷撒5%百菌清粉尘剂1千克。

病情严重时除正常喷雾外，还可将上述杀菌剂兑成50倍液，涂抹在瓜蔓病部，不仅能控制扩展，还有治疗作用。

十七、苦瓜枯萎病

1. 症状及快速鉴别

在北方发生严重，主要为害叶片。多发生在主蔓茎节部，初在叶脉间发生褐色、水烫状小斑点，病株发黄和萎蔫等。后病斑逐渐扩大，很快向上、下两头的节间扩展。叶缘上卷，最后叶片枯死（图4-17）。

图4-17　苦瓜枯萎病

2. 病原及发病规律

病原为尖镰孢菌苦瓜专化型，属半知菌亚门真菌。

病菌以厚垣孢子或菌丝体在土壤中越冬，成为翌年主要初侵染源。病部产生大、小分生孢子，通过灌溉或雨水飞溅，从植株地上部伤口侵入，进行再侵染。地下部当年很少再侵染。

连作地或施用未充分腐熟土杂肥，地势低洼、植株根系发育不良，天气湿闷发病重。进入7～8月高温季节后或反季节栽培的易发病。

3. 防治妙招

（1）选种及种子处理　选用抗枯萎病的品种。采种时必须从无病植株上留种瓜。播种前种子严格消毒，可用40%福尔马林100倍液浸种30分钟。或50%多菌灵1500倍液浸种1小时。然后取出，用清水冲洗干净再催芽播种。

（2）避免与瓜类蔬菜连作 实行3～4年轮作。选择地势高、排水良好的地块种植。

（3）药剂灌淋 发现病株连根带土铲除销毁，并在病穴撒石灰防止扩散蔓延。生长期或发病初期可灌淋50%苯菌灵可湿性粉剂1500倍液，或40%多·硫悬浮剂500倍液，或60%琥·乙磷铝可湿性粉剂400倍液，或36%甲基硫菌灵悬浮剂400倍液，或20%甲基立枯磷乳油900～1000倍液，或10%双效灵水剂250倍液，或多菌灵1000倍液等药剂。采收前3天，停止用药。

或浇灌植株根际土壤，每株灌上述兑好的药液0.3～0.5升；也可用10%治萎灵水剂300～400倍液，每株灌兑好的药液200毫升。约隔10天灌1次，连续2～3次。

（4）加强管理 提倡营养钵（袋）育苗，营养土提前消毒（拌毒土或喷淋上述药剂）。做到定植不伤根，减轻发病。高垄栽培，用充分腐熟的有机肥作底肥，多施磷、钾肥，少施氮肥。适度浇水，促根系健壮，发病期间适当减少浇水次数，严禁大水漫灌，雨后及时排水。适时喷施促丰宝800倍液，促进植株生长，也可减轻发病。

（5）苦瓜与丝瓜嫁接 通过嫁接抗病砧木可进行有效防治。

十八、苦瓜蔓枯病

1.症状及快速鉴别

主要为害茎蔓，也可为害叶片和果实。

茎蔓受害，初为椭圆形或梭形病斑，后为不规则形。病斑灰褐色，边缘褐色。病斑处开裂，溢出胶质物，引起蔓枯。严重时全株枯死。后期病部生出黑色小粒点。

叶片发病，病斑圆形、褐色、中间灰褐色，后期病部生出黑色小粒点。

果实发病，先出现水浸状小圆点，逐渐变为黄褐色凹陷斑，病部也产生小黑粒点。后期病瓜组织易变糟、破碎（图4-18）。

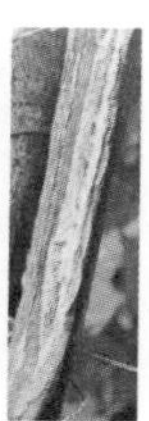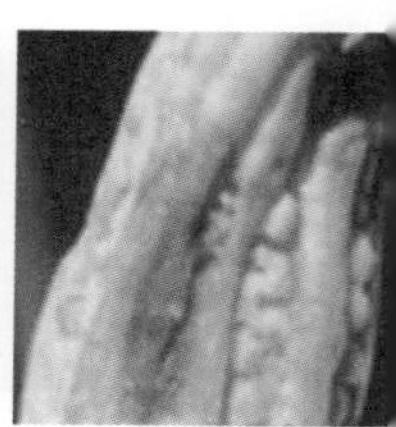

图4-18　苦瓜蔓枯病

2.病原及发病规律

病原为泻根亚隔孢壳菌，属子囊菌亚门真菌。

病原菌以子囊壳或分生孢子器随病残体在土壤中或在种子上越冬。翌年病菌靠风雨传播，从气孔、水孔或伤口侵入。种子带菌可进行远距离传播，播种带菌的种子苗期即可发病。田间发病后病部产生病菌进行再侵染。气温20～25℃，相对湿度高于85%，土壤湿度大易发病。高温多雨，种植过密，通风不良的连作地易发病。北方或反季节栽培发病重。

3.防治妙招

（1）农业防治　选用耐热品种。与非瓜类作物实行2～3年轮作。选用无病种子，对种子进行消毒。施用酵素菌沤制的堆肥或充分腐熟的优质有机肥，适时追肥，防止植株早衰。适时适量灌水，雨后及时排水，棚室注意放风和降湿。

（2）药剂防治　发病初期及时喷药，可用70%甲基硫菌灵悬浮剂800倍液，或75%百菌清可湿性粉剂600倍液，或60%防霉宝超微可湿性粉剂800倍液，或50%苯菌灵可湿性粉剂1500倍液，或50%利得可湿性粉剂800倍液，或80%炭疽福美可湿性粉剂800倍液，或40%杜邦新星乳油9000倍液等药剂喷雾。每隔约10天防治1次，连续防治2～3次。采收前7天停止用药。也可用上述杀菌剂50倍液涂抹茎蔓。

（3）嫁接防病　用丝瓜作砧木。播种前种子先消毒，再将苦瓜、丝瓜种子播在育苗钵里，待丝瓜长出3片真叶时，将切去根部的苦瓜苗或苦瓜嫩梢嫁接在丝瓜砧木上。采用舌接法，将苦瓜苗切断接入丝瓜切口处。待愈合后再剪断丝瓜枝蔓，待苦瓜长出4片真叶时再定植。

十九、苦瓜立枯病

1.症状及快速鉴别

主要为害幼苗茎基部或地下根部。初在茎部出现椭圆形或不整形暗褐色病斑，逐渐向内凹陷，边缘较明显。扩展后绕茎1周导致茎部萎缩干枯，后瓜苗死亡，但不折倒。根部染病，多在近地表根颈处，皮层变褐色或腐烂。

在苗床内，初期仅个别瓜苗白天萎蔫，夜间恢复，经数日多次重复后病株萎蔫枯死（图4-19）。

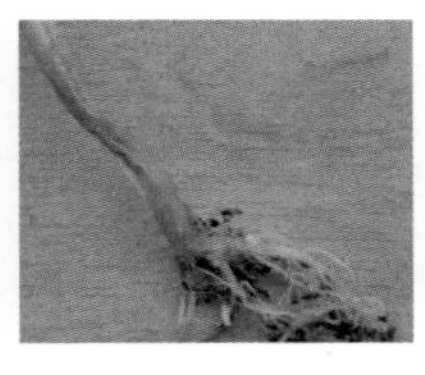

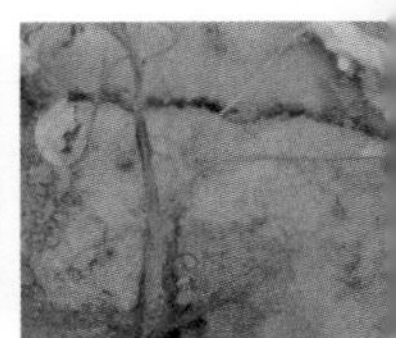

图4–19　苦瓜立枯病

提示　苦瓜立枯病早期与猝倒病不易区别。但病情扩展后病株不猝倒，病部具轮纹或不十分明显的淡褐色蛛丝状霉，即病菌的菌丝体或菌核。病程进展慢，可区别于猝倒病。

2.病原及发病规律

病原为立枯丝核菌，属半知菌亚门真菌。

以菌丝体或菌核在土中越冬，可在土中腐生2～3年。菌丝能直接侵入寄主，通过水流、农具传播。病菌发育适温24℃，最高40～42℃，最低13～15℃，适宜pH值3～9.5。播种过密、间苗不及时、温度过高易发病。

3.防治妙招

（1）培育壮苗　选用耐寒及耐高温、高湿品种，可减轻发病。苦瓜种皮厚且硬，早春低温条件下出苗困难，整齐度差，在土壤中持续时间长易染病。应在播种前采用机械破伤。可用钳子夹使种壳破裂，但不能将种壳去掉，种皮处理后发芽率明显增强。或用50%双氧水浸种3小时，然后用清水冲洗干净后播种，适于大面积应用。或播前将种子置于55℃温水中浸泡，自然冷却至室温后再继续浸24小时，然后置于30～32℃条件下催芽，芽长到3毫米时进行播种。苦瓜喜温，气温高于10℃才能正常生长发育，播期不宜过早，北方棚室宜在4月上旬播种，苗期20～30天。为培育壮苗，播种后应盖一层营养土，浇足水后盖膜保温、保湿，出苗后喷0.2%～0.3%的磷酸二氢钾2～3次，可增强抗病力。

（2）药剂防治　必要时可喷69%甲霜·锰锌水分散粒剂或可湿性粉剂1000～1200倍液，或80%多·福·锌（绿亨2号）可湿性粉剂600～800倍液，或95%绿亨1号精品4000倍液。

二十、苦瓜猝倒病

1.症状及快速鉴别

幼苗出土后，苗期即可染病，露出土表的茎基部或胚轴中部出现水渍状病斑，后变浅黄褐色，病苗子叶或刚出的真叶仍呈绿色，病苗常常子叶尚未凋萎，幼苗即猝倒在地面上，病部变为黄褐干枯或缢缩为线状干枯。湿度大时病部附近长出白色棉絮状菌丝（图4-20）。

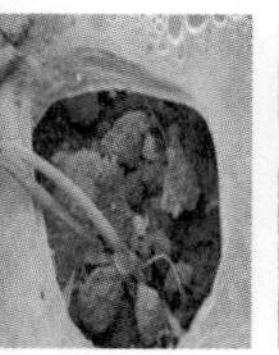

图4-20　苦瓜猝倒病

2.病原及发病规律

病原为瓜果腐霉菌，属鞭毛菌亚门真菌。

病菌以卵孢子在12～18厘米表土层越冬，并在土中长期存活。翌年春季遇有适宜条件萌发产生孢子囊，以游动孢子或直接长出芽管侵入寄主。此外在土中营腐生生活的菌丝也可产生孢子囊，以游动孢子侵染瓜苗引起猝倒病。田间的再侵染主要靠病苗上产生孢子囊及游动孢子，借灌溉水或雨水溅射传播蔓延。病菌侵入后在皮层薄壁细胞中扩展，菌丝蔓延于细胞间或细胞内，后在病组织内形成卵孢子越冬。该病多发生在土壤潮湿和连阴雨多的地方，与其他根腐病共同为害。土壤湿度大、连阴雨、多雾霾天气发病重。

3. 防治妙招

（1）农业防治　选用抗病品种，可减轻发病。适期播种，北方在棚室一般4月上旬露天气温稳定在10℃育苗较好，苗期20 ～ 30天。播前将种子置于56℃温水中浸泡，直至冷却到室温再继续浸24小时，然后置于30℃条件下催芽，芽长出3毫米时播种。或用50%双氧水浸种3小时，然后用清水冲洗干净后播种，适于大面积应用。为培育壮苗，播种后盖一层营养土，或直接用营养土育苗，浇足水后盖膜保温保湿。出苗后可喷0.2% ～ 0.3%的磷酸二氢钾，或高效叶面复合肥2 ～ 3次，可增强抗病力。

（2）药剂防治　可喷洒69%甲霜·锰锌水分散粒剂或可湿性粉剂1000 ～ 1200倍液，或72.2%普力克水剂400倍液，或47%加瑞农可湿性粉剂800倍液等药剂。

二十一、苦瓜白绢病

1. 症状及快速鉴别

病株外观呈凋萎状，检视茎基部及地下根部可见患部变褐坏死，表面被白色菌索缠绕。病部附近土表也可见到大量白色菌索及茶褐色菜籽粒状的小菌核（图4-21）。

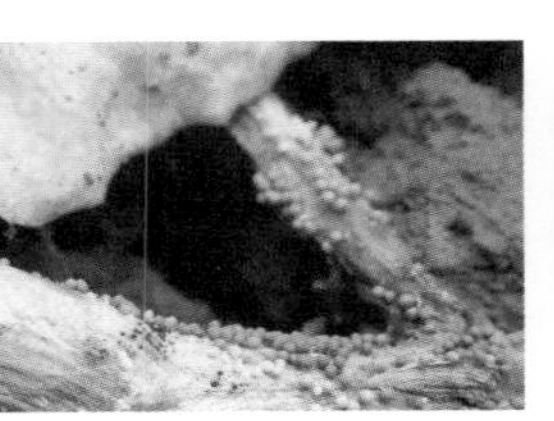

图4-21　苦瓜白绢病

2. 病原及发病规律

病原为核盘菌，属子囊菌亚门真菌。

菌核油菜籽状，初为白色至黄白色，后变为茶褐色、圆形，表面光滑。病菌以菌索及菌核随病残体遗落在土中越冬。借助灌溉雨水传播，从伤口侵入致病。发病后菌核又借助流水传播，或借助菌丝攀缘接触邻近植株，进行再次侵染致病。

高温、多湿的天气有利于发病。植地连作、土壤偏酸、通透性好的沙壤土及施用未腐熟的土杂肥发病重。

3. 防治妙招

（1）农业防治　注意选择和选育抗病品种，或从重病田中选育抗病单株。重病田避免连作，实行轮作。有条件的可用培养好的哈茨木霉0.5～1千克配适当细土穴施护苗。或用哈茨木霉0.4～0.45千克，加50千克细土混匀后，撒覆在病株基部，能有效地控制病害扩展。提倡施用酵素菌沤制的堆肥或菌肥。

（2）药剂防治　定植后无病早防、见病早治。定期或不定期淋施田安或井冈霉素水剂2～3次进行预防。检查发现病株及时拔除、烧毁，妥善处理病株。对病穴及其邻近植株可淋灌5%井冈霉素水剂1000倍液，或20%甲基立枯磷乳油1000倍液，或田安（或速克灵、扑海因），每株（穴）淋灌0.4～0.5升。封锁发病中心，控制病害蔓延。

二十二、苦瓜根结线虫病

1. 症状及快速鉴别

只为害根部，受害处形成瘤状的根结。根结初为白色，表面较光滑，后由于受土壤某些病原菌的复合侵染，逐渐变褐色。严重时主根和侧根上布满虫瘤，连接成串珠状，整个根系肿胀畸形，形成根结团或呈鸡爪状，最终导致全根腐烂，植株枯死。

发病期间，植株地上部发育迟缓，长势衰弱，植株矮小，叶片发黄，结果少而小，似缺肥缺水症状。严重时整株逐渐萎蔫（图4-22）。

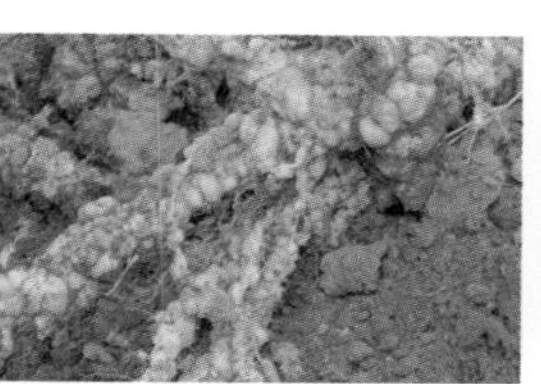

图4-22　苦瓜根结线虫病

2. 防治妙招

（1）农业防治　重病田避免连作，实行轮作。提倡施用酵素菌沤制的堆肥或菌肥。收获后彻底清除病根残体，深翻土壤，起垄或作畦，灌满水后盖好地膜并压实。

（2）药剂防治　土壤药剂处理。播种或定植前可用1.8%阿维菌素乳油0.5～1千克/667平方米，兑水均匀施于苗床。或施在定植沟或定植穴后再播种或定植。

发病初期，可用1.8%阿维菌素2000～2500倍液，或50%辛硫磷乳油1000～1500倍液，或80%敌敌畏乳油1000～1200倍液，或90%敌百虫800～1000倍液灌根。每株灌兑好的药液500毫升，间隔10～15天再灌根1次，能有效地控制根结线虫病的发生。

二十三、苦瓜裂果病

1. 症状及快速鉴别

幼果期至苦瓜收获前经常开裂。严重时种子暴露或脱落（图4-23）。

图4-23　苦瓜裂果病

2. 病因及发病规律

属生理性病害。苦瓜裂果的原因主要有三个：生理性裂果、病毒病造成裂果和蔓枯病造成裂果。

（1）生理性裂果　苦瓜根系为须根系，吸收肥水能力较弱。叶面积系数较大，叶面蒸腾量大，在降雨量较少、空气湿度小的情况下，很容易因生理性缺水而裂果。从开花到收获一般需要2周的时间，如果肥水供应不平衡，就会造成大量的裂果。

（2）蔓枯病造成裂果　茎叶染病，光合效率降低，光和产物转化和运输受阻，瓜条生长缓慢，造成苦瓜的瓜条短、粗，出现大量裂果。

（3）病毒病造成裂果　蚜虫、白粉虱等传播病毒病，易发生裂果。

3. 防治妙招

（1）生理性裂果　苦瓜采收期长，一般开花半个月后即可成熟，要适时采收。在太阳出来前用剪刀从基部剪下，中午或下午强光高温下采收苦瓜易变黄，影响商品价值。夏季在风雨来临前及时采收，可减少裂果。

（2）蔓枯病造成裂果

① 适时浇水，合理灌溉。适当增加磷、钾肥的用量，防止瓜苗徒长，培育壮苗，增强瓜苗的抗病性。与非瓜类作物进行2～3年的轮作。种子可用50%双氧水浸种3小时对种子进行消毒，还有利于种子的快速萌发。

② 发病初期可喷70%甲基托布津500～800倍液，或75%百菌清可湿性粉剂600倍液，或80%炭疽福美600倍液等药剂。隔7天喷1次，连喷2次。为提高防治效果应交替用药。

（3）病毒病造成裂果　防治传播病毒病的蚜虫、白粉虱。在喷洒农药时注意加强生防免疫剂和含氨基酸叶面肥的使用，可促使植株健壮生长，还能使植株本身产生抗体，增强植株的抗病性。同时拔除感病植株减少传染源。

二十四、苦瓜斑须蝽

1.症状及快速鉴别

成虫和若虫刺吸嫩叶、嫩茎及果穗汁液，造成落蕾落花。茎叶被害出现黄褐色斑点。严重时叶片卷曲，嫩茎凋萎，影响生长，减产减收（图4-24）。

图4–24　苦瓜斑须蝽成虫、幼虫及为害状

2.防治妙招

（1）清理菜地，可消灭部分越冬成虫。也可人工摘除卵块。

（2）严重时，可用21%增效氰・马乳油4000 ～ 6000倍液，或2.5%溴氰菊酯3000倍液等药剂喷雾防治。

二十五、苦瓜黄腹灯蛾

苦瓜黄腹灯蛾也叫红腹灯蛾、星白灯蛾。

1.症状及快速鉴别

初孵幼虫群居叶背啃食叶肉，留下表皮，稍大后可分散为害。大龄幼虫咬食叶片，只留主脉和叶柄（图4-25）。

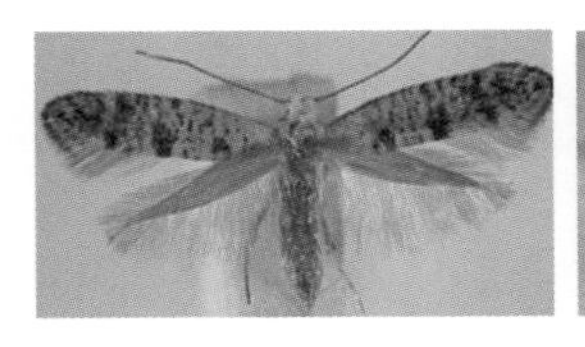

图4-25　苦瓜黄腹灯蛾成虫、幼虫及为害状

2. 防治妙招

（1）农业防治　铲除被受害菜田四周杂草，或挖沟阻止害虫迁移。卵期及时摘除卵块，或将群集有初孵幼虫的叶片销毁。

（2）物理防治　利用黑光灯诱杀成虫。

（3）药剂防治　在幼虫3龄前选择在早晨或傍晚害虫活动猖獗时用药。可用5%来福灵乳油，或25%功夫乳油2000～3000倍液，或2.5%敌杀死乳油2000～3000倍液，或其他氯氰菊酯类农药等兑水均匀喷雾。

二十六、苦瓜棉铃虫

1. 症状及快速鉴别

以幼虫蛀食蕾、花、果为主，也为害嫩茎、叶和芽。花蕾受害时苞叶张开变成黄绿色，2～3天后脱落。幼果常被吃空或引起腐烂脱落。成果虽然只被蛀食部分果肉，但因蛀孔在蒂部，有利于雨水、病菌流入引起腐烂。主要以啃食叶片为主，间接地造成果实减产，甚至绝收（图4-26）。

图4-26　苦瓜棉铃虫为害状

2. 形态特征

（1）成虫　体长14～18毫米，翅展30～38毫米，灰褐色。

（2）卵　直径约0.5毫米，半球形。

（3）幼虫　老熟幼虫体长30～42毫米，体色变化很大，有淡绿、淡红、红褐及黑紫色（图4-27）。

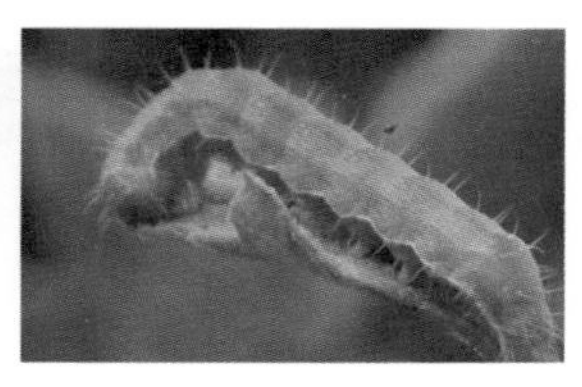

图4–27　苦瓜棉铃虫成虫及幼虫

3. 生活习性及发生规律

全国各地均有发生。成虫交配和产卵多在夜间进行，交配后2～3天开始产卵，卵散产于嫩梢、嫩叶、茎上。属喜温、喜湿型害虫，初夏气温稳定在20℃和5厘米地温稳定在23℃以上时越冬蛹开始羽化。幼虫发育以25～28℃和相对湿度75%～90%最为适宜。在北方湿度对幼虫发育的影响更为显著，月平均雨量在100毫米以上，相对湿度60%以上时为害较重。

4. 防治妙招

（1）农业防治　冬前翻耕土地，浇水淹地，减少越冬虫源。根据虫情测报在害虫产卵盛期，结合整枝摘除虫卵烧毁。

（2）生物防治　成虫产卵高峰后3～4天可喷洒Bt乳剂，或核型多角体病毒，使幼虫感病死亡，连续喷2次防效最佳。

（3）药剂防治　幼虫为害严重时可用20%灭多威2000～2500倍液，或4.5%高效氯氰菊酯3000～3500倍液，或5%定虫隆乳油1500倍液，或5%氟虫脲（卡死克）乳油2000倍液，或5%伏虫隆乳油4000倍液，或5%氟铃脲乳油2000倍液，或20%除虫脲胶悬剂500倍液，或10%醚菊酯悬乳剂700倍液，或10%溴氟菊酯乳油1000倍液，或20%溴灭菊酯乳油3000倍液，或40%菊杀乳油2000倍液，或40%菊・马乳油2000倍液，或2.5%溴氰菊酯2000倍液，或20%氰戊菊酯2000倍液等药剂喷雾。

第五章
丝瓜病虫害快速鉴别与防治

一、丝瓜细菌性角斑病

1.症状及快速鉴别

主要发生在叶、叶柄、茎、卷须及果实上。

叶片染病，初生透明状小斑点。扩大后形成灰褐色、具黄色晕圈的病斑，中央变褐或呈灰白色穿孔破裂。湿度大时病部产生乳白色细菌溢脓。茎和果实染病初呈水浸状，后也溢出白色菌脓。干燥时变为灰色，常形成溃疡（图5-1）。

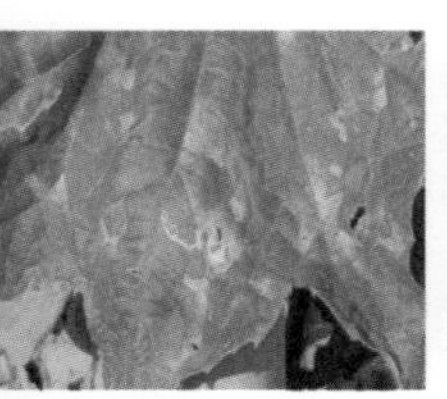

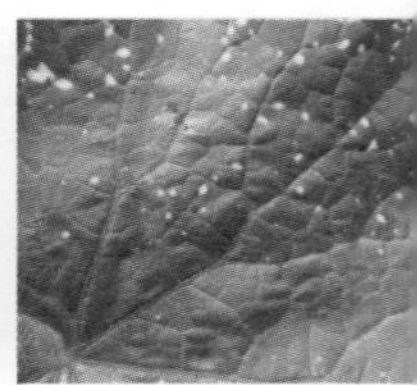

图5–1　丝瓜细菌性角斑病

2.病原及发病规律

病原为丁香假单胞杆菌黄瓜角斑病假单胞菌致病变种，属细菌。

病原菌在种子内、外或随病残体在土壤中越冬，成为翌年初侵染源。病菌由叶片或果实伤口、自然孔口侵入，进入胚乳组织或胚幼根的外皮层，造成种子内带菌。此外采种时病瓜接触污染的种子，导致种子外带菌，可在种子内存活1年，土壤中病残体上的病菌可存活3～4个月。生产上如果播种带菌种子，出苗后子叶即可发病。病菌在细胞间繁殖，丝瓜病部溢出的菌脓借大量雨珠下落，或借结露及叶缘吐水滴落、飞溅传播蔓延，进行多次重复侵染。

昼夜温差大、结露重且持续时间长发病重。在田间浇水次日叶背出现大量水浸状病斑或菌脓。有时只要有少量菌源即可引起病害的发生和流行。

3.防治妙招

（1）农业防治　可选用夏棠1号、天河夏丝瓜等抗角斑病的品种。从无病瓜上选留种，种子可用70℃恒温干热灭菌72小时。或用50℃温水浸种20分钟，捞出晾干后催芽播种。或用40%福尔马林150倍液浸种1.5小时，冲洗干净后催芽播种。采用无病土育苗，与非瓜类作物实行2年以上轮作。加强田间管理，生长期及收获后清除病叶，及时深埋。

（2）生态防治　保护地丝瓜重点抓好生态防治，调控好温室内的温湿度，利用温室封闭的特点，创造一个高温、低湿的生态环境条件，控制病害的发生与发展。白天上午棚温控制在28～30℃，不超过35℃，湿度控制在60%～70%。太阳出来后，棚温28℃时开始通风，超过32℃加大通风量。下午棚内温度降到20～25℃，湿度降到60%，此时虽然温度适合侵染，但湿度不适合。夜间棚温缓慢降至13℃避免水膜形成。棚温降至20℃时开始闭棚。棚温降至10℃时放1小时夜风，通风排湿降低室内空气湿度，避免结露和水膜。

（3）药剂防治　棚室用药时可选粉尘剂。可喷5%百菌清，或10%脂铜粉尘剂，用量均为1千克/667平方米。

露地推广避雨栽培，开展预防性药剂防治。发病初期或蔓延开始期可喷72%农用硫酸链霉素（或新植霉素）4000～5000倍液，或47%加瑞农可湿性粉剂800～1000倍液，或14%络氨铜水剂300倍液，或77%可杀得可湿性粉剂500倍液。

霜霉病、细菌性角斑病混发时可喷60%琥·乙膦铝（或70%乙·锰）可湿性粉剂500倍液，或72%霜脲·锰锌可湿性粉剂800倍液，可兼治2种病害。每667平方米喷兑好的药液60 ～ 70升。采收前5天停止用药。

二、丝瓜白斑病

1.症状及快速鉴别

主要为害叶片。叶片初生湿润斑点，初为白色，后逐渐扩大，变为黄白至灰白或黄褐色，大小0.5 ～ 7毫米，圆形至不规则形，边缘紫色至深褐色。严重时全叶变黄枯死（图5-2）。

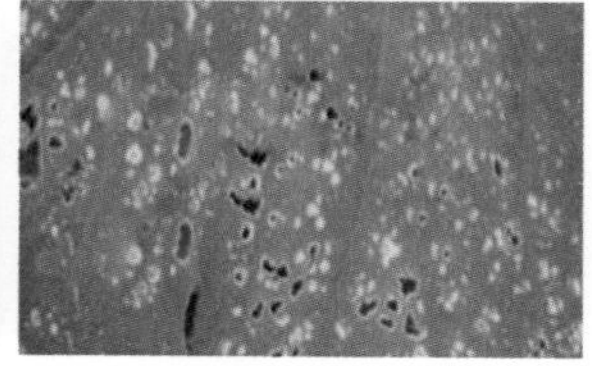

图5–2　丝瓜白斑病

2.病原及发病规律

病原为瓜类尾孢菌，属半知菌亚门真菌。

以菌丝块或分生孢子在病残体及种子上越冬。翌年产生分生孢子，借气流及雨水传播，从气孔侵入，经7 ～ 10天发病后产生新的分生孢子进行再侵染。多雨季节易发生和流行。

3.防治妙招

（1）农业防治　选用无病种子，或用2年以上的陈种播种。种子可用55℃温水恒温浸种15分钟。实行与非瓜类蔬菜2年以上轮作。

（2）药剂防治　发病初期可喷洒50%多霉威（多菌灵+万霉灵）可湿性粉剂1000倍液，或50%苯菌灵可湿性粉剂1500倍液，或60%防霉宝超微可湿性粉剂800倍液，或50%多·硫悬浮剂600倍液等药剂。每隔10天喷1次，连续2 ～ 3次。采收前5天停止用药。

三、丝瓜白粉病

1.症状及快速鉴别

发病初期，叶片局部产生圆形小白粉斑，后逐渐扩大形成不规则形、边缘不明显的白粉状小霉斑，即病菌的分生孢子梗和分生孢子。严重时数十个白粉病斑汇集连成一片，但很少布满整张叶片，最后造成叶片发黄，有时病斑上产生小黑点。一般受害叶片只表现为褪绿或变淡黄。茎蔓和果实极少发病（图5-3）。

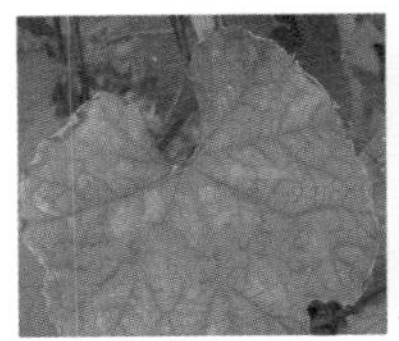

图5-3　丝瓜白粉病

2.病原及发病规律

病原为单丝壳白粉和二孢白粉菌，属子囊菌亚门真菌。

病菌以菌丝体或分生孢子在寄主上越冬、越夏。翌年温湿度条件适宜时分生孢子萌发，通过气流或雨水，落在寄主叶片上形成分生孢子飞散传播，进行再侵染。田间流行温度16～25℃，相对湿度80%。保护地栽培因通风不良、栽培密度过高、氮肥施用过多发病重。地势低洼的田块发病重。

3.防治妙招

（1）农业防治　及时开沟排水。增施磷、钾肥。加强通风透光。及时摘除病叶、老叶。

（2）药剂防治　在发病初期及时喷药防治，可用10%世高水分散粒剂1500倍液，或15%粉锈宁可湿性粉剂1500倍液，或2%武夷菌素水剂200倍液等药剂喷雾。每隔7～10天喷1次，连续2～3次，注意药剂交替使用。

四、丝瓜病毒病

1.症状及快速鉴别

（1）花叶型　病叶呈浓绿与淡绿相间的斑驳状，叶片皱缩，节间短，植株矮化。果实呈浓、淡绿色相间斑驳状，浓绿部分常突起，病果变形。

（2）皱缩型　新叶沿叶脉发生浓绿色隆起的皱纹，或出现蕨叶、裂片或叶片变小。有时沿叶脉坏死，病果大小不等，呈瘤突畸形。

（3）绿斑型　叶片初生黄色斑点，后形成黄色斑驳，绿色部分呈瘤状隆起，病果生浓绿色花斑，畸形。

（4）黄化型　叶片色泽黄绿至黄色，叶脉绿色（图5-4）。

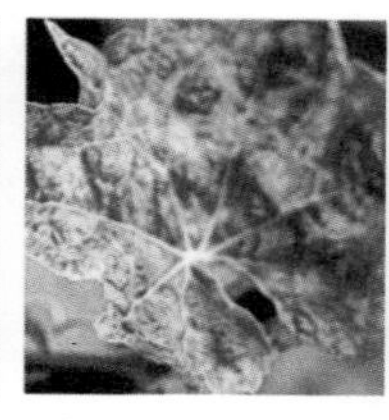

图5–4　丝瓜病毒病

2.病原及发病规律

病原为黄瓜花叶病毒（CMV）和甜瓜花叶病毒（MMV）。

花叶病毒的寄主范围很广，可为害多种瓜类。传毒昆虫介体为多种蚜虫，也极易以汁液接触传染，种子不带毒。田间管理粗放、缺肥缺水，会加重病害。

3.防治妙招

（1）选用耐病品种　各地可根据实际情况选择适合本地的抗病性强的品种。

（2）培育无病壮苗　适当提早定植。栽种前施足底肥，适当增施磷、钾肥，及时铲除田间和周围杂草。打顶、打杈时将病株拔除，接触病株后用肥皂水洗手后再接触健株。

（3）及时防治蚜虫　防止蚜虫传毒。

（4）药剂防治　发病初期可用20%病毒A可湿性粉剂500倍液，或5%菌毒清水剂500倍液，或15%植病灵1000倍液，或农用链霉素300～400倍液等药剂进行喷雾防治。

五、丝瓜炭疽病

1.症状及快速鉴别

生长期均可发生，苗期至成株期均可受害。以生长中、后期发病较重。主要为害叶片、叶柄、茎蔓及果实。

叶片病斑近圆形，边缘不明晰，黑褐色，具轮纹；后病斑常扩展为不规则形。叶柄、茎蔓病斑黄褐色、椭圆或近圆形、稍凹陷。果实病斑初水渍状、圆形或不定形、凹陷。湿度大时各病部可溢出近粉红色黏液，即病菌分生孢子盘及分生孢子（图5-5）。

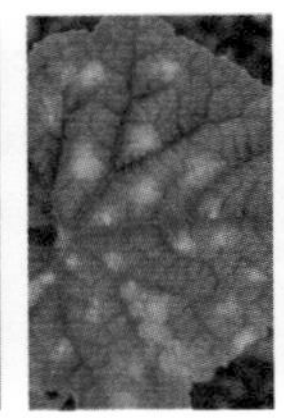

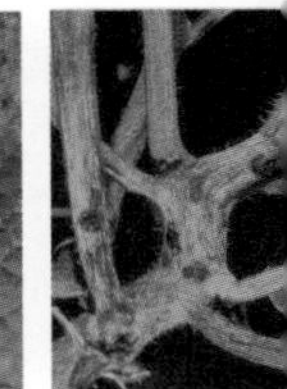

图5–5　丝瓜炭疽病

2.病原及发病规律

病原为瓜类炭疽菌，属半知菌亚门刺盘孢属真菌。

病菌以菌丝体和拟菌核在病株残体或土壤中越冬，也可附着在种子表皮黏膜上越冬。此外病菌还能在温室、大棚内的旧木材上营腐生生活。翌年借种子、灌水、风雨、昆虫等传播。分生孢子可直接由表皮或伤口萌发入侵。

病菌孢子萌发的适温为22～27℃，病菌生长适温为24℃。发病要求较高的空气湿度，相对湿度87%～98%易发病；以相对湿度

95%以上发病最重，可迅速发病；湿度小于54%时病害不能发生。地势低洼、排水不良、密度过大、氮肥过多、通风不良、连作重茬发病重。

3.防治妙招

（1）农业防治　根据各地的适应性，可因地制宜选择抗病品种。播种前种子可用50～55℃的温水浸种15～20分钟，杀灭种子上可能携带的病菌。实行高畦、覆膜栽培，并与非瓜类作物进行轮作至少3年以上。施足基肥，增施磷、钾肥。提高土壤通透性，加强排、灌水管理。大棚加强通风排湿，减少叶面结露和吐水。田间农事操作在露水干后进行。

（2）及时清除田间病株残体　带出园外，专门集中堆放处理病株残体或作物残体。

（3）药剂防治　棚室或露地发病初期，可喷洒50%甲基硫菌灵可湿性粉剂700倍液+75%百菌清可湿性粉剂700倍液，或36%甲基硫菌灵悬浮剂500倍液，或50%苯菌灵可湿性粉剂1500倍液，或80%多菌灵可湿性粉剂600倍液，或50%混杀硫悬浮剂500倍液，或80%炭疽福美可湿性粉剂800倍液，或25%炭特灵可湿性粉剂500倍液等药剂。

六、丝瓜根结线虫病

1.症状及快速鉴别

植株发黄矮小，气候干燥或中午前后地上部萎蔫。拔出病株可见根部产生大小不等的瘤状物或根结。剖开根结内生有许多白色细小的梨状雌虫，即根结线虫（图5-6）。

2.病因及发生规律

病原为根结线虫。多在土壤5～30厘米深处生存，常以卵或2龄幼虫随病残体遗留在土壤中越冬。一般可存活1～3年。病土、病苗及灌溉水是主要传播途径。翌春条件适宜时由埋藏在寄主根内的雌虫

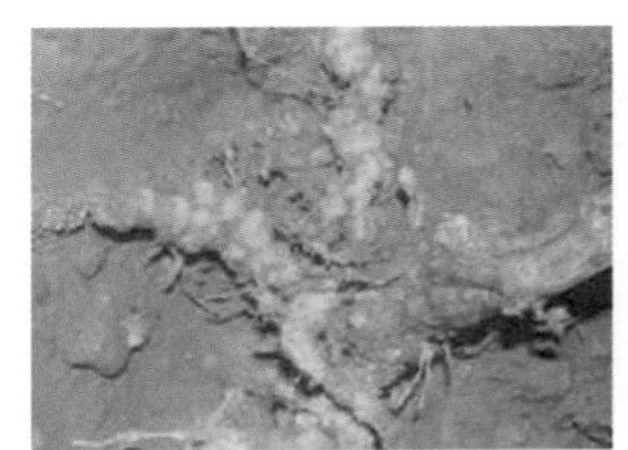
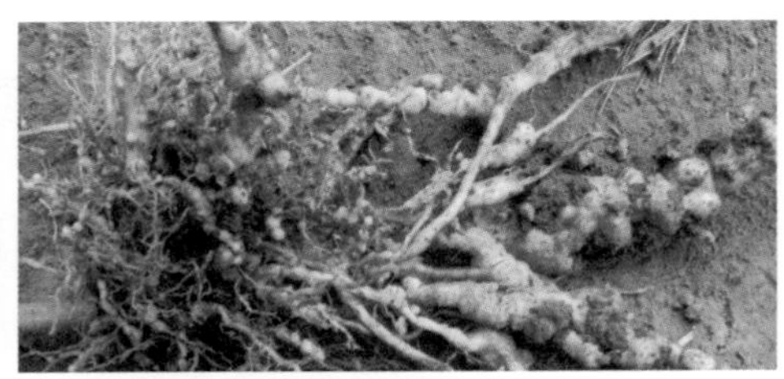

图5-6　丝瓜根结线虫病

产出单细胞的卵，卵产下经几小时形成1龄幼虫，蜕皮后孵出2龄幼虫。离开卵块的2龄幼虫在土壤中移动，寻找根尖，由根冠上方侵入定居在生长锥内，其分泌物刺激导管细胞膨胀，使根形成巨型细胞或虫瘿，形成根结。发育到4龄时交尾产卵，卵在根结里孵化发育。2龄后离开卵块进入土中，进行再侵染或越冬。

在温室或塑料棚中蔬菜单一种植几年后，导致寄主植物抗性衰退时，根结线虫可逐步成为优势种。田间土壤湿度是影响孵化和繁殖的重要条件，土壤湿度适合蔬菜生长也适合根结线虫活动。雨季有利于孵化和侵染，但在干燥或过湿土壤中害虫活动受到抑制。沙土为害常较黏土重，适宜土壤pH值4 ～ 8。

3. 防治妙招

（1）农业防治　发病重的棚室，应与葱、蒜、韭菜、水生蔬菜或禾本科作物等进行2 ～ 3年轮作。保护地前茬收获后及时清除病残体，集中烧毁。土壤深翻50厘米，起高垄30厘米，沟内淹水。覆盖地膜，密闭棚室15 ～ 20天。经夏季高温和水淹防效可达90%以上。

（2）棚室用液氨熏蒸　液氨用量30 ～ 60千克/667平方米，在播种或定植前用机械施入土中，经6 ～ 7天后深翻并通风。将氨气放出

2～3天后再播种或定植。

（3）药剂防治　必要时可选用3%米乐尔颗粒剂，用量1.5～2.0千克/667平方米，在定植前15天撒施在开好的沟中，并覆土压实。定植前2～3天开沟放气，防止产生药害。也可用95%棉隆3～5千克/667平方米进行沟施。

注意

应用药剂防病时，应按照说明严格操作，防止产生药害和毒害。

参考文献

[1] 郎德山.大棚黄瓜栽培答疑.济南：山东科学技术出版社，2011.

[2] 高丽红，吴艳飞，李元.黄瓜栽培技术问答.北京：中国农业大学，2007.

[3] 张青，姜闯.黄瓜栽培实用技术彩色图解.沈阳：辽宁科学技术出版社，2014.

[4] 杨维田，刘立功.黄瓜.北京：金盾出版社，2011.

[5] 戴素英.黄瓜栽培关键技术与疑难问题解答.北京：金盾出版社，2016.

[6] 郭书普.西葫芦、南瓜、苦瓜、冬瓜病虫害鉴别与防治技术图解.北京：化学工业出版社，2012.

[7] 郭书普.黄瓜、瓠瓜、丝瓜病虫害鉴别与防治技术图解.北京：化学工业出版社，2012.

[8] 吕佩珂，苏慧兰，李秀英.瓜类蔬菜病虫害诊治原色图鉴（第二版）.北京：化学工业出版社，2017.